微积分教程(上)

主　编　金义明　李剑秋
副主编　丁嘉华　卢俊峰

浙江工商大学出版社

图书在版编目(CIP)数据

微积分教程. 上 / 金义明，李剑秋主编. —杭州：浙江工商大学出版社，2011.8(2022.8 重印)
ISBN 978-7-81140-351-0

Ⅰ. ①微… Ⅱ. ①金… ②李… Ⅲ. ①微积分—高等学校—教材 Ⅳ. ①O172

中国版本图书馆 CIP 数据核字(2011)第 158367 号

微积分教程(上)

金义明　李剑秋　主编

责任编辑　吴岳婷
封面设计　刘　韵
责任印制　包建辉
出版发行　浙江工商大学出版社
(杭州市教工路 198 号　邮政编码 310012)
(E-mail:zjgsupress@163.com)
(网址:http://www.zjgsupress.com)
电话:0571－88904980,88831806(传真)
排　　版　杭州朝曦图文设计有限公司
印　　刷　杭州高腾印务有限公司
开　　本　787mm×960mm　1/16
印　　张　14
字　　数　289 千
版 印 次　2011 年 8 月第 1 版　2022 年 8 月第 12 次印刷
书　　号　ISBN 978-7-81140-351-0
定　　价　29.00 元

前　言

微积分的建立是人类智慧最伟大的创造之一，一部微积分发展史，是人类一步一步顽强地认识客观事物的历史，是人类理性思维的结晶。它给出一整套的科学方法，开创了科学的新纪元，并因此加强与加深了数学的作用。恩格斯说："在一切理论成就中，未必再有什么像17世纪下半叶微积分的发现那样被看作人类精神的最高胜利了。"目前，微积分的理论与方法不仅广泛地应用于自然科学、工程技术领域，并已渗透到社会、经济各个领域，并日益显示出其重要性。学习和掌握微积分的基础知识，不仅是对理工类学生的要求，也是对经济管理类、人文科学等各类学生的基本要求和必备素质。

但是，囿于文科类学生的知识结构，微积分教与学的双方都存在较大困难。为了编写一本适合经济管理类本科学生学习微积分的教材，本书在以下几个方面做了努力：

(1) 注意与中学数学的衔接，增加或强化了中学数学教材中删去的微积分所必备的知识点，如反三角函数、和差化积与积化和差公式等；

(2) 尽量从实际出发，注重概念与定理的直观描述和实际背景，注重知识的生动性和趣味性，克服学生在数学认知上的心理障碍，逻辑推理做到删繁就简，够用就行，对学生感到疑惑或容易犯错误的知识点，则讲深、讲透；

(3) 例题丰富多样，讲解浅显易懂，多联系实际，培养学生用数学的能力，从而不断提高学生学习数学的主动性和积极性；

(4) 加强微积分各章节内容在经济管理中的应用，增强学生将数学应用到解决经济管理方面问题的意识和能力；

(5) 习题精心挑选，覆盖面广，难易程度呈阶梯型分布，循序渐进。

本书是按照国家教委对经济、管理类大学本科微积分考试大纲，结合编者多年来在经济管理类专业微积分课程的教学实践、教学改革中所积累的经验，充分考虑到独立学院学生的特点，并参考研究生入学考试数学考试大纲，编写而成。

本书编写的宗旨是：坚持"以应用为目的，以必需够用为度"的原则，以"掌握概念，强化应用，培养技能”为重点，以“数学为本，经济为用”为目标。

本书可作为高等学校经济管理各专业及相关专业的微积分教材。全书分上下两册，共分十章，内容包括函数、极限与连续、一元函数微分学、一元函数积分学、多元函数微积分学、无穷级数、常微分方程和差分方程。第一、二、三章由金义明编写，第四、九、十章由李剑秋编写，第五、六章由卢俊峰编写，第七、八章由丁嘉华编写，最后由金义明总纂定稿。以上编写人员均为浙江工商大学杭州商学院教师。本教材由金义明制作了配套的PPT 电子教案。

讲授本教材约需 130 课时。

由于编者的水平有限，书中肯定存在疏漏和不足，敬请广大师生和读者不吝指正。

编　者

2011 年 5 月于浙江工商大学

目　录

第一章　函　数

函数是数学的基本概念之一，是微积分研究的主要对象. 本章介绍函数的相关概念，是中学函数知识的巩固和延伸.

1.1　区间与邻域

1.1.1　区间

在生产实践和经济活动中，会遇到各种不同的量. 有些量在变化过程中保持不变，我们称之为**常量**，通常用字母 a,b,c 等表示；有些量在某一变化过程中可取不同值，我们称之为**变量**，常用字母 x,y,z,t,u 等表示，其取值范围可以用**集合**来表示.

区间和点的邻域是常用的一类实数集.

设 a,b 为两个实数，且 $a<b$，实数集 $\{x \mid a \leqslant x \leqslant b\}$ 称为**闭区间**(图 1－1－1)，记为 $[a,b]$，即

$$[a,b]=\{x \mid a \leqslant x \leqslant b\}.$$

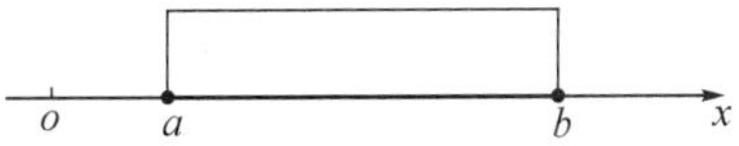

图 1－1－1

实数集 $\{x \mid a<x<b\}$ 称为**开区间**(图 1－1－2)，记为 (a,b)，即

$$(a,b)=\{x \mid a<x<b\}.$$

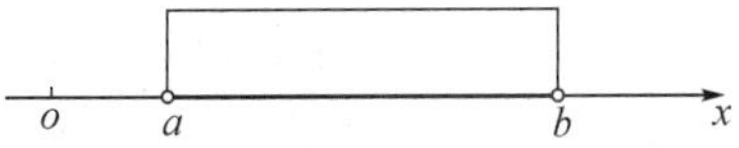

图 1－1－2

类似地，

$$[a,b)=\{x \mid a \leqslant x<b\},$$

$$(a,b]=\{x \mid a<x \leqslant b\}$$

称为**半开半闭区间**，分别如图 1－1－3、图 1－1－4 所示.

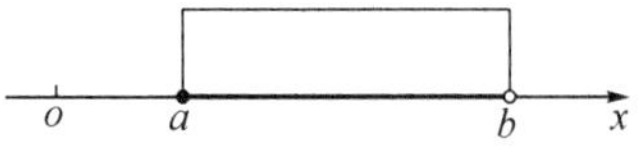

图 1－1－3

图 1－1－4

这些区间称为**有限区间**，a，b 称为区间的**端点**. 在几何上，它们都可以用数轴上长度有限的线段来表示.

引入记号 $+\infty$（读作“正无穷大”）及 $-\infty$（读作“负无穷大”），可类似地表示**无限区间**. 例如

$$[a, +\infty) = \{x \mid x \geqslant a\},$$

$$(-\infty, b) = \{x \mid x < b\}.$$

这两个无限区间在数轴上分别如图 1－1－5、图 1－1－6 所示.

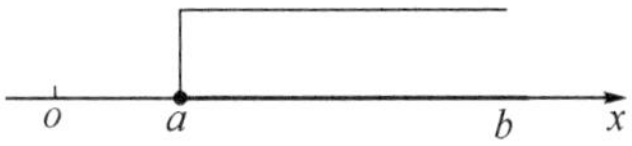

图 1－1－5

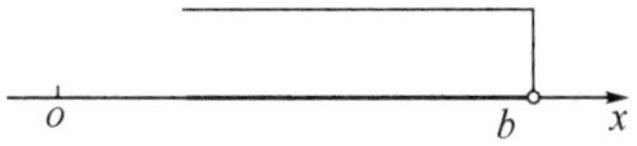

图 1－1－6

全体实数的集合 **R** 也可表示为无限区间$(-\infty, +\infty)$.

当不需要特别辨明区间有限或无限，是否包含端点时，我们将它们简称为“区间”，并常用 I 表示.

1.1.2　邻域

设 δ 是某一正数，则开区间$(a-\delta, a+\delta)$ 称为点 a 的 δ **邻域**，记作 $U(a,\delta)$，即

$$U(a,\delta) = (a-\delta, a+\delta) = \{x \mid a-\delta < x < a+\delta\} = \{x \mid |x-a| < \delta\}.$$

点 a 称为该邻域的**中心**，δ 称为该邻域的**半径**（图 1－1－7）.

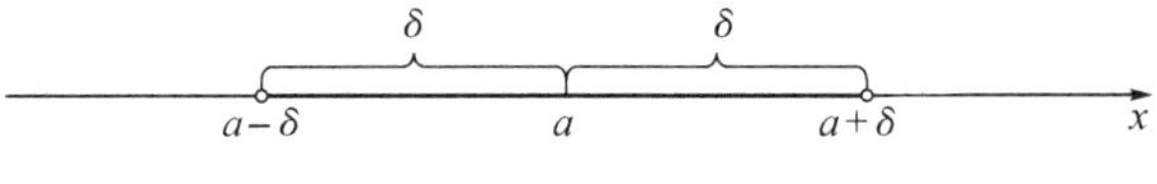

图 1－1－7

在几何上 $U(a,\delta)$ 表示：与点 a 的距离小于 δ 的一切点的全体.

开区间$(a-\delta, a) = \{x \mid a-\delta < x < a\}$ 称点 a 的**左邻域**，

开区间$(a, a+\delta) = \{x \mid a < x < a+\delta\}$ 称点 a 的**右邻域**.

有时需要把邻域的中心去掉，点 a 的 δ 邻域 $U(a,\delta)$ 去掉中心 a 后，称为点 a 的去心 δ 邻域（图 1－1－8），记作 $\overset{o}{U}(a, \delta)$，即

$$\overset{o}{U}(a, \delta) = (a-\delta, a) \cup (a, a+\delta) = \{x \mid 0 < |x-a| < \delta\}.$$

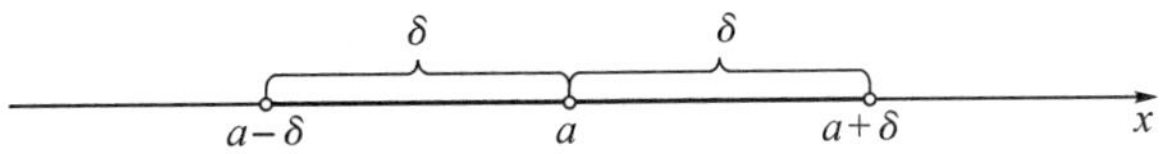

图 1－1－8

为了方便，把开区间 $(a-\delta,a)$ 称为点 a 的左 δ 邻域，把开区间 $(a,a+\delta)$ 称为点 a 的右 δ 邻域.

例　用区间表示满足下列不等式的所有 x 的集合：

(1) $|x|\leqslant 2$　　(2) $|x-1|<1$　　(3) $|x+a|<\varepsilon$(a，ε 为常数，$\varepsilon>0$)

(4) $|x|>5$　　(5) $|x+2|\geqslant 3$　　(6) $x^2<9$

解　(1) 由 $|x|\leqslant 2$，利用绝对值知识，可得 $-2\leqslant x\leqslant 2$，

即有 $\{x \mid |x|\leqslant 2\}=[-2,2]$.

(2) 由 $|x-1|<1$，可得 $-1<x-1<1$，即 $0<x<2$，

于是 $\{x \mid |x-1|<1\}=(0,2)$.

(3) 由 $|x+a|<\varepsilon$，可得 $-\varepsilon<x+a<\varepsilon$，即 $-a-\varepsilon<x<-a+\varepsilon$，

于是 $\{x \mid |x+a|<\varepsilon\}=(-a-\varepsilon,-a+\varepsilon)$.

(4) 由 $|x|>5$，可得 $x>5$ 或 $x<-5$，

因此 $\{x \mid |x|>5\}=(-\infty,-5)\cup(5,+\infty)$.

(5) 由 $|x+2|\geqslant 3$，可得 $x+2\geqslant 3$ 或 $x+2\leqslant -3$，即 $x\geqslant 1$ 或 $x\leqslant -5$，

因此 $\{x \mid |x+2|\geqslant 3\}=(-\infty,-5]\cup[1,+\infty)$.

(6) 由 $x^2<9$，可得 $|x|<3$，故有 $\{x \mid x^2<9\}=(-3,3)$.

习题　1.1

1. 用区间表示满足下面不等式的变量的变化范围：

(1) $-2<x\leqslant 4$　　(2) $x\leqslant 0$

(3) $x^2\leqslant 16$　　(4) $|x-3|<3$

(5) $|3x-2|\geqslant 1$　　(6) $|x-x_0|<\delta$($\delta>0$ 及 x_0 均为常数)

2. 用区间表示下面的邻域：

(1) 1 的 0.01 邻域　　(2) -2 的 1 邻域

(3) 0 的 0.1 去心邻域　　(4) -1 的 2 左邻域

(5) x_0 的 ε 右邻域($\varepsilon>0$)　　(6) x_0 的 δ 去心邻域

1.2　函数的概念

1.2.1　函数的定义

由于实践和各门科学自身发展的需要，到了16世纪，对物体运动的研究成为自然科学的中心问题. 与之相适应，数学在经历了两千多年的发展之后进入了一个新的时代，即变量数学的时代. 作为在运动中变化的量（变量）及它们之间的依赖关系的反映，数学中产生了变量和函数的概念.

例如，伽利略发现自由落体下落的距离 s 与经历的时间 t 的平方成正比，得到著名的公式

$$s = \frac{1}{2}gt^2,$$

确定了变量 t 与 s 之间的依赖关系，即**函数关系**，这就是自由落体运动规律的数学表述.

定义 1.1　设数集 $D \subset \mathbf{R}$，$D \neq \varnothing$，如果对 D 中的每一个 x，按照某个对应法则 f，有唯一的数 $y \in \mathbf{R}$ 与之对应，则称 f 是定义在 D 上的一个**函数**，记为

$$y = f(x), x \in D,$$

其中 D 称为**定义域**，$f(x)$ 称为与 x 对应的函数值. 当 x 取遍 D 中每一个数值时，对应的函数值的全体称为**值域**，记为 $f(D)$，即

$$f(D) = \{y \mid y = f(x), x \in D\}.$$

表示对应法则的记号除了 f 外，还往往可用其他英文字母或希腊字母来表示，如“g”、“F”、“φ”、“Ψ”等. 相应地，函数可记为 $y = g(x)$，$y = F(x)$，$y = \varphi(x)$，$y = \Psi(x)$ 等，有时还直接用因变量的记号来表示对应法则，如记函数为 $y = y(x)$. 在同一问题中，需用不同的记号来表示不同的函数.

由函数的定义可知，定义域 D 和对应法则 f 是构成函数的两个要素，两个函数只有在定义域、对应关系都相同时，才是同一函数.

例 1　判断下列各对函数是否相同：

（1）$y = x + 1$，$s = t + 1$　　（2）$y = x + 2$，$y = \dfrac{x^2 - 4}{x - 2}$

（3）$y = x$，$y = \sqrt{x^2}$　　（4）$y = x$，$y = \sqrt[3]{x^3}$

解　（1）两个函数的定义域和对应法则均相同，所以两个函数相同.

（2）前者的定义域为一切实数，而后者要求 $x \neq 2$，所以两个函数不同.

（3）$y = \sqrt{x^2} = |x|$，当 $x < 0$ 时，后者 $y = -x$，所以对应法则不同，因此两个函数不同.

(4) 两个函数的定义域和对应法则均相同，所以两个函数相同.

在讨论函数时，必须注意函数的定义域. 若讨论的是纯数学问题，函数的定义域约定为使数学表达式有意义的自变量的取值范围，此时定义域又称为**自然定义域**. 而在实际问题中，函数的定义域要根据问题的实际意义来确定. 例如，函数 $y = x^2$，当在数学上作一般讨论时，定义域为$(-\infty, +\infty)$，而若把它看作是正方形的面积 y 与边长 x 的函数关系时，定义域就为$(0, +\infty)$.

例 2　求函数 $f(x) = \dfrac{\sqrt{x-2}}{\ln(5-x)}$ 的(自然)定义域.

解　要使表达式有意义，必须满足

$$\begin{cases} x-2 \geqslant 0 \\ 5-x > 0, \\ 5-x \neq 1 \end{cases} \qquad \text{解得} \begin{cases} x \geqslant 2 \\ x < 5. \\ x \neq 4 \end{cases}$$

所以函数的(自然)定义域为 $D = [2, 4) \cup (4, 5)$.

1.2.2　函数的表示法

函数的表示法通常有三种：表格法、图象法和解析法.

例 3　某一时期银行的人民币定期储蓄存期与年利率如下表所示.

存　期	三个月	六个月	一年	两年	三年	五年
年利率(%)	0.55	0.82	1.05	1.45	1.82	2.20

该例表明了年利率与存期之间的对应函数关系，这种表示函数关系的方法称为**表格法**.

例 4　某城市规定出租车收费标准如下：路程不超 3 公里时，车费是 10 元，超过 3 公里的部分每公里加收 2 元，出租车车费与公里数的函数关系如图 1-2-1 所示.

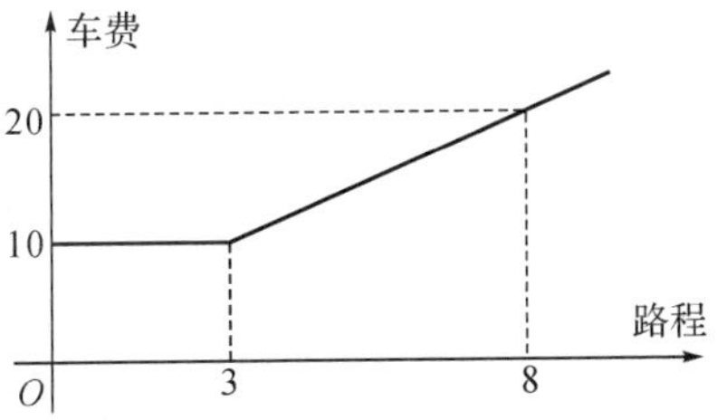

图 1-2-1

这种表示函数关系的方法称为**图象法**.

表格法和图象法直观明了，而**解析法**简洁准确，易于运算，便于理论研究. 例如，$y =$

$\lg x$，$y=\sin\sqrt{x}$ 都是用解析法来表示函数.

在用解析法表示函数时，有时一个函数要用几个式子表示. 这种在自变量的不同范围中用不同的数学式子来表示的函数，通常称为**分段函数**. 例如，例 4 中，路程 x 与车费 y 的函数关系也可用解析法表示为一个分段函数

$$y=\begin{cases}10, & 0<x\leqslant 3\\ 10+2(x-3), & x>3\end{cases},$$

它的定义域为 $(0,+\infty)$.

我们再来举几个分段函数的例子.

例 5　绝对值函数

$$y=|x|=\begin{cases}x, & x\geqslant 0\\ -x, & x<0\end{cases}$$

的定义域 $D=(-\infty,+\infty)$，值域 $f(D)=[0,+\infty)$，图形如图 1-2-2 所示.

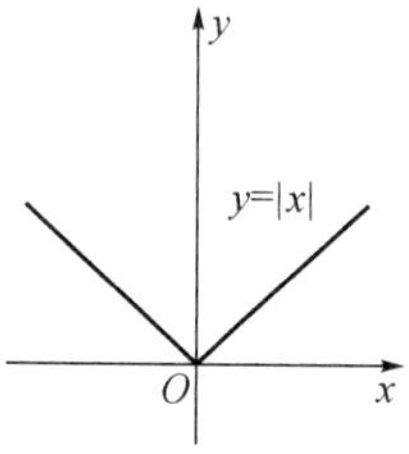

图 1-2-2

例 6　符号函数

$$y=\operatorname{sgn}(x)=\begin{cases}-1, & x<0\\ 0, & x=0\\ 1, & x>0\end{cases}$$

的定义域 $D=(-\infty,+\infty)$，值域 $f(D)=\{-1,0,1\}$，图形如图 1-2-3 所示.

例 7　取整函数 $y=[x]$，$[x]$ 表示不超过 x 的最大整数. 例如，$[2.8]=2$，$[-\pi]=-4$，$[\sqrt{3}]=1$. 易知，取整函数 $y=[x]$ 的定义域 $D=(-\infty,+\infty)$，值域 $f(D)=\mathbf{Z}$. 图形如图 1-2-4 所示.

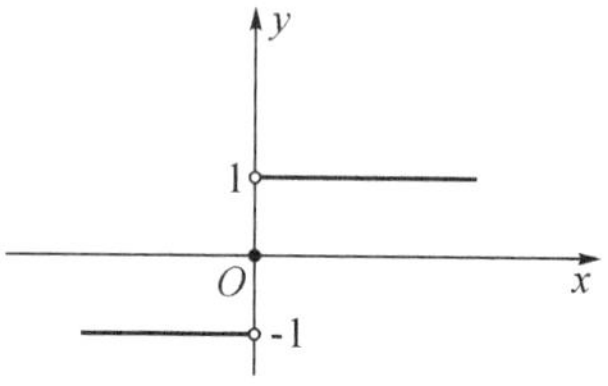

图 1-2-3

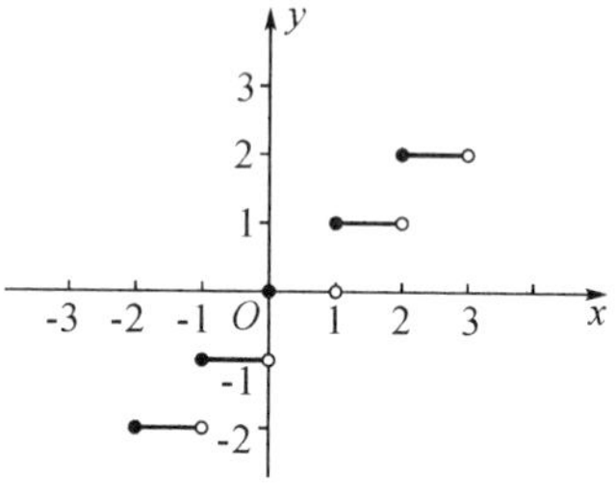

图 1-2-4

例 8　求函数 $f(x)=\begin{cases}x+2, & x<0\\ 2, & 0\leqslant x<1\\ 2-x, & x\geqslant 1\end{cases}$ 的定义域，并作出其图形.

解　分段函数的定义域是各段定义域的并集，因此 $D=(-\infty,+\infty)$，图形如图 1-2-5 所示.

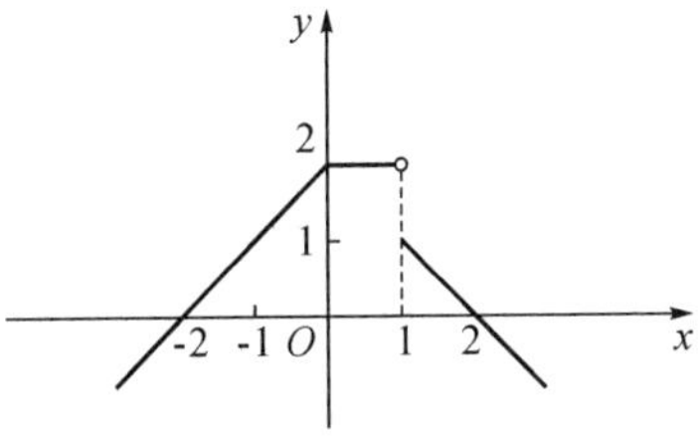

图 1-2-5

在自然科学和经济学中，经常会遇到分段函数情形. 在作分段函数的图形时，应将各段图形作在同一坐标系内. 注意：分段函数表示的是一个函数而非多个函数.

1.2.3　函数关系的建立

我们通过实例介绍如何建立变量之间的函数关系.

为了建立函数关系，需要明确问题中的因变量与自变量，再根据题意确定因变量与自变量的关系，从而得出函数关系，并根据实际背景确定函数的定义域.

例 9　某企业对某产品制订了如下的销售策略：购买不超过 20 公斤，每公斤 10 元；购买不超过 200 公斤，其中超过 20 公斤的部分，每公斤 7 元；购买超过 200 公斤的部分，每公斤 5 元. 试建立购买费用与购买量间的函数关系.

解　设购买量为 x(公斤) 时，费用为 y(元). 则

$$y=\begin{cases}10x, & 0\leqslant x\leqslant 20\\ 10\times 20+7(x-20), & 20<x\leqslant 200,\\ 10\times 20+7\times 180+5(x-200), & x>200\end{cases}$$

即得

$$y=\begin{cases}10x, & 0\leqslant x\leqslant 20\\ 60+7x, & 20<x\leqslant 200,\\ 460+5x, & x>200\end{cases}$$

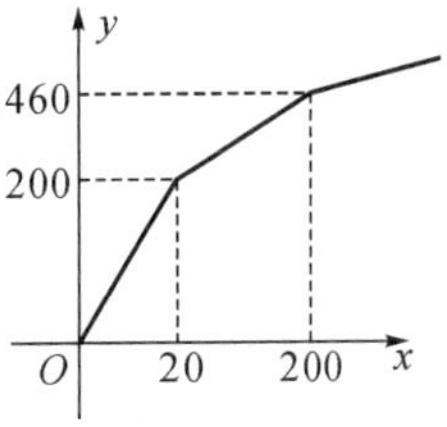

图 1-2-6

这个分段函数的图形如图 1-2-6 所示.

例 10　某人从美国到加拿大去度假，他把美元兑换成加元时币面数值增加 12%，回国后他发现把加元兑换成美元时，币面数值减少 12%. 把两次兑换的方式用函数表示出来，问：若他先将 x 美元兑换成加元之后再兑换回美元是赚了还是赔了？

解　设 $f(x)$ 为将 x 美元兑换成的加元数，$g(x)$ 为将 x 加元兑换成的美元数，则

$$f(x)=x+x\cdot 12\%=1.12x,\quad x\geqslant 0,$$
$$g(x)=x-x\cdot 12\%=0.88x,\quad x\geqslant 0.$$

由于 $g[f(x)]=0.88f(x)=0.88\cdot 1.12x=0.9856x<x$，因此，他最终赔了.

例 11 如图 1-2-7,从边长为 a 的正三角形铁皮上剪一个矩形,设矩形的一条边长为 x,周长为 l,面积为 A,试分别将 l 和 A 表示为 x 的函数.

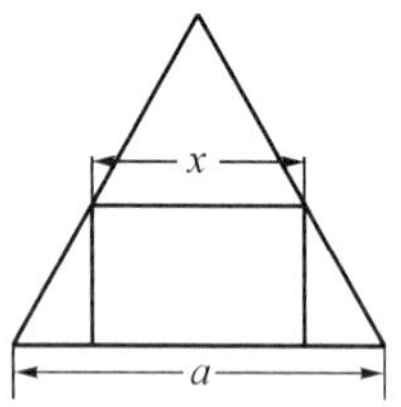

图 1-2-7

解 矩形的另一条边长为 $\frac{a-x}{2}\cdot\tan 60^\circ=\frac{\sqrt{3}(a-x)}{2}$,

该矩形周长 $l=\sqrt{3}(a-x)+2x=(2-\sqrt{3})x+\sqrt{3}a, x\in(0,a)$,

矩形面积 $A=\frac{\sqrt{3}(a-x)}{2}\cdot x=\frac{\sqrt{3}}{2}ax-\frac{\sqrt{3}}{2}x^2, x\in(0,a)$.

习题 1.2

1. 下列函数是否相同,为什么?

(1) $y=\frac{x^2-1}{x+1}$ 与 $y=x-1$ (2) $y=1$ 与 $y=\sin^2x+\cos^2x$

(3) $y=x\sqrt{x^2-1}$ 与 $y=\sqrt{x^4-x^2}$ (4) $y=\ln x^2$ 与 $y=2\ln x$

(5) $y=\begin{cases}\frac{x}{|x|}, & x\neq 0\\ 0, & x=0\end{cases}$ 与 $y=\begin{cases}-1, & x<0\\ 0, & x=0\\ 1, & x>0\end{cases}$

2. 求下列函数的自然定义域:

(1) $y=\frac{x-2}{x^2-4x}$ (2) $y=\sqrt{\frac{1+x}{1-x}}$ (3) $y=\frac{1}{\lg(x-\pi)}+\lg\frac{x}{2}$

(4) $y=\arcsin(x+1)$ (5) $y=\frac{\arctan x}{\log_3\sqrt{x+2}}$ (6) $y=\sqrt{6+x-x^2}+\ln(x+1)$

3. 某工厂生产某产品总数量为 1000 吨,规定向某客户销售时每吨定价为 130 元,但若销售量超过 700 吨,则超出部分可按每吨降价一成予以优惠. 试求该厂在向客户销售时,其销售总收入与销售量的函数关系.

4. 某餐店开始营业前,作如下估计:如设置 40 ~ 80 个座位,每个座位每周可获利润 8 元,但如果座位超过 80 个,每增加 1 个,每周每个将少赚 0.04 元. 试将每周利润 L 表示为座位个数 x 的函数,并求:当座位数超过多少个时,预计将亏本.

5. 某产品年产量为 x 台,每台售价为 200 元. 当年产量不超过 500 台时,可以全部售出;当年产量超过 500 台时,须经广告宣传后才可再售出一些,这时超额销售部分需花广告费每台 2 元和销售杂务费每台 15 元,但最多也只能售出 200 台. 试求该产品年销售总收入与年产量 x 的函数关系.

6. 将边长 10cm 的一块正方形铁皮的四角各截去一个大小相同的小正方形,然后将四边折起做成一个无盖的方盒,试求所得方盒体积与截去的小正方形边长的函数关系.

1.3　函数的基本性质

1.3.1　函数的单调性

设函数 $f(x)$ 的定义域为 D，区间 $I \subset D$. 如果对于区间 I 上任意两点 x_1 及 x_2，当 $x_1 < x_2$ 时，恒有

$$f(x_1) < f(x_2),$$

则称函数 $f(x)$ 在区间 I 上是**单调增加**的(图 1-3-1)；如果对于区间 I 上任意两点 x_1 及 x_2，当 $x_1 < x_2$ 时，恒有

$$f(x_1) > f(x_2),$$

则称函数 $f(x)$ 在区间 I 上是**单调减少**的(图 1-3-2).

单调增加和单调减少的函数统称为**单调函数**.

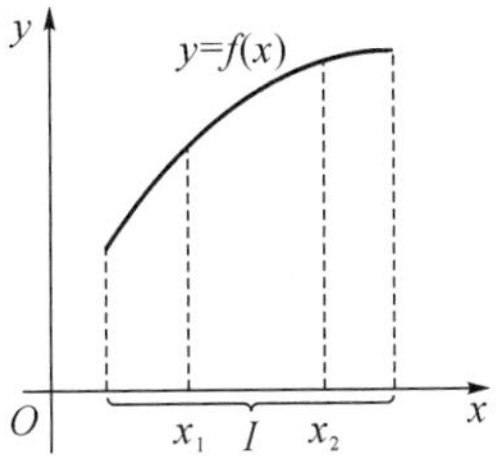

图 1-3-1

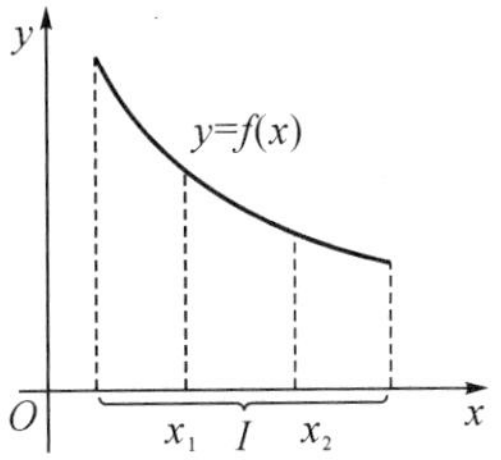

图 1-3-2

例如，函数 $f(x) = x^2$ 在区间$[0, +\infty)$上是单调增加的，在区间$(-\infty, 0]$上是单调减少的，在区间$(-\infty, +\infty)$内函数 $f(x) = x^2$ 不是单调的(图 1-3-3).

又如，函数 $f(x) = x^3$ 在区间$(-\infty, +\infty)$内是单调增加的(图 1-3-4).

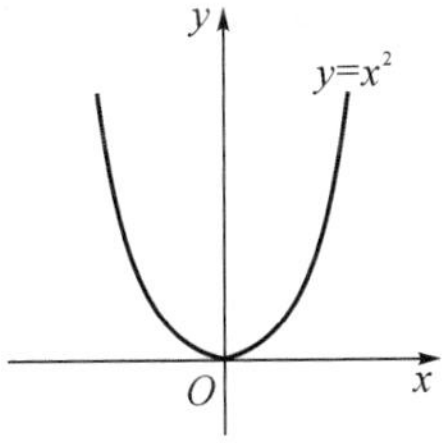

图 1-3-3

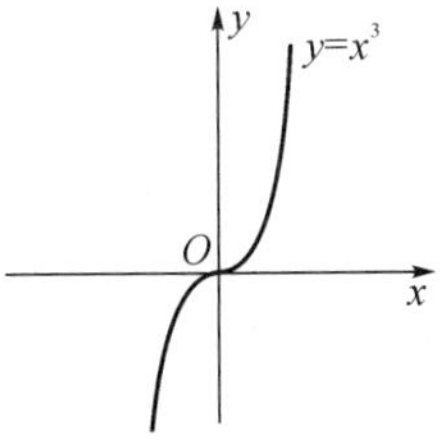

图 1-3-4

函数的单调性将在学习导数后，在第四章中作进一步的研究.

1.3.2　函数的奇偶性

设函数 $f(x)$ 的定义域 D 关于原点对称，若对于任一 $x \in D$，恒有

$$f(-x)=f(x),$$
则称 $f(x)$ 为**偶函数**. 若对于任一 $x\in D$,恒有
$$f(-x)=-f(x),$$
则称 $f(x)$ 为**奇函数**.

例如,$f(x)=x^2$ 是偶函数,因为 $f(-x)=(-x)^2=x^2=f(x)$. 而 $f(x)=x^3$ 是奇函数,因为 $f(-x)=(-x)^3=-x^3=-f(x)$.

偶函数的图形关于 y 轴是对称的(图1-3-5),奇函数的图形关于原点是对称的(图1-3-6).

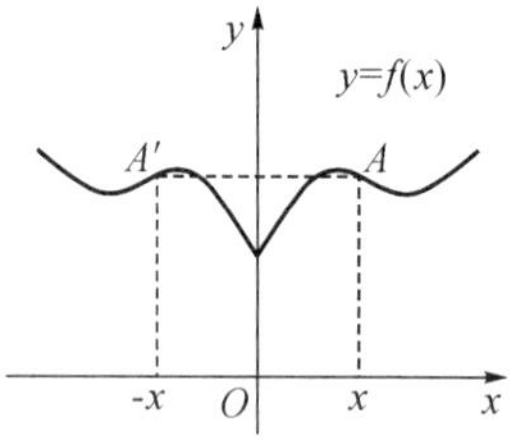

图 1-3-5

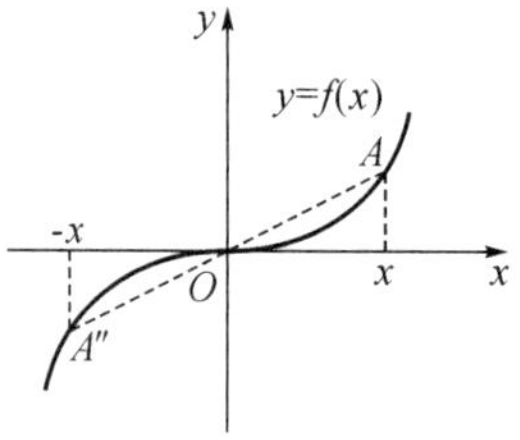

图 1-3-6

例 判断下列函数的奇偶性:

(1) $f(x)=2^x+2^{-x}$　　(2) $f(x)=\dfrac{2^x-1}{2^x+1}$

(3) $f(x)=\ln(\sqrt{1+x^2}+x)$　　(4) $f(x)=\begin{cases}1-e^{-x}, & x\leqslant 0\\ e^x-1, & x>0\end{cases}$

解 (1) $f(-x)=2^{-x}+2^x=f(x)$,所以 $f(x)$ 是偶函数.

(2) $f(-x)=\dfrac{2^{-x}-1}{2^{-x}+1}=\dfrac{1-2^x}{1+2^x}=-f(x)$,所以 $f(x)$ 是奇函数.

(3) $f(x)+f(-x)=\ln(\sqrt{x^2+1}+x)+\ln(\sqrt{x^2+1}-x)=\ln 1=0$,所以 $f(x)$ 是奇函数.

(4) $f(-x)=\begin{cases}1-e^{-(-x)}, & -x\leqslant 0\\ e^{-x}-1, & -x>0\end{cases}=\begin{cases}1-e^x, & x\geqslant 0\\ e^{-x}-1, & x<0\end{cases}=\begin{cases}1-e^x, & x>0\\ e^{-x}-1, & x\leqslant 0\end{cases}$ $=-f(x)$,所以 $f(x)$ 是奇函数.

1.3.3 函数的周期性

设函数 $f(x)$ 的定义域为 D,如果存在一个正数 T,使得对于任一 $x\in D$,有 $x\pm T\in D$,且
$$f(x+T)=f(x),$$
则称 $f(x)$ 为**周期函数**,T 称为 $f(x)$ 的**周期**,通常我们说的周期是指**最小正周期**(如果存

在的话).

例如,$\sin x$,$\cos x$ 都是以 2π 为周期的周期函数;$\tan x$,$\cot x$ 都是以 π 为周期的周期函数;常值函数 $y = C$(常数) 以任何实数为周期,但没有最小正周期.

若 $f(x)$ 是周期为 T 的周期函数,则在长度为 T 的两个相邻的区间上,函数 $f(x)$ 的图形有相同的形状. 于是,只要知道了周期函数在一个周期内的局部性态就可以推知它的全局性态.

1.3.4　函数的有界性

设函数 $f(x)$ 的定义域为 D,数集 $X \subset D$. 如果存在正数 M,使得对任一 $x \in X$,恒有

$$|f(x)| \leqslant M, \tag{1-1}$$

则称函数 $f(x)$ 在 X 上**有界**,$f(x)$ 是 X 上的**有界函数**,每一个使不等式(1-1) 成立的 M 称为 $f(x)$ 的**界**.

界为 M 的有界函数的图形夹在两条水平直线 $y = M$ 和 $y = -M$ 之间.

如果对任意的正数 M,都存在 $x \in X$,使得 $|f(x)| > M$,则称函数 $f(x)$ 在 X 上**无界**,$f(x)$ 是 X 上的**无界函数**.

例如,函数 $y = \sin x$ 在定义域 $(-\infty, +\infty)$ 内有界,因为对任一 $x \in (-\infty, +\infty)$,恒有 $|\sin x| \leqslant 1$ 成立(图 1-3-7).

又如,函数 $y = \ln x$ 在定义域 $(0, +\infty)$ 内无界(图 1-3-8). 因为对任意的正数 M,只要取 $x = e^{M+1}$,就有 $|\ln x| = \ln e^{M+1} = M + 1 > M$.

函数 $y = \ln x$ 在区间 $[1, +\infty)$ 内虽然无界,但由于函数在区间 $[1, +\infty)$ 内有 $\ln x \geqslant 0$,我们称函数 $y = \ln x$ 在区间 $[1, +\infty)$ 内有下界. 类似地,函数 $y = \ln x$ 在区间 $(0, 1]$ 内虽然无界,但由于在区间 $(0, 1]$ 内有 $\ln x \leqslant 0$,我们称函数 $y = \ln x$ 在区间 $(0, 1]$ 内有上界.

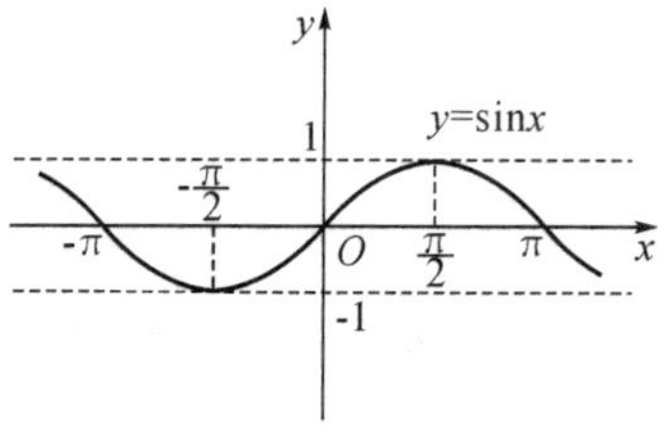

图 1-3-7

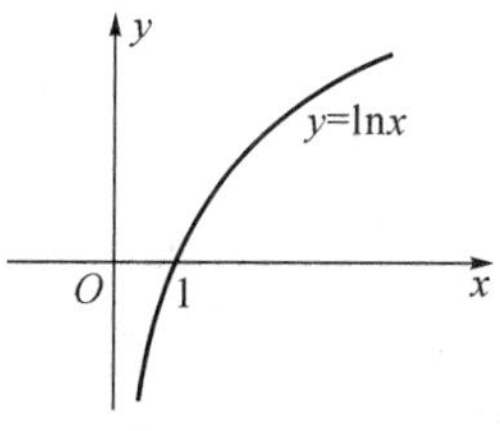

图 1-3-8

一般地,如果对任一 $x \in X$,恒有 $f(x) \geqslant A$,则称函数 $f(x)$ 在 X 上**下有界**,A 称为一个**下界**;如果对任一 $x \in X$,恒有 $f(x) \leqslant B$,则称函数 $f(x)$ 在 X 上**上有界**,B 称为一个**上界**;显然,若 $f(x)$ 有界,则必上有界且下有界;反之,若 $f(x)$ 上有界且下有界,则必有界,只要取 $M = \max\{|A|, |B|\}$ 即可.

习题 1.3

1. 判断下列函数的奇偶性：

(1) $f(x) = x(x-1)$　　(2) $f(x) = x(x-1)(x+1)$

(3) $f(x) = \dfrac{\sin x}{x}$　　(4) $f(x) = \lg \dfrac{1-x}{1+x}$

(5) $f(x) = \dfrac{e^x - e^{-x}}{2}$　　(6) $f(x) = \begin{cases} \cos x, & 0 < x < \pi \\ -\cos x, & -\pi < x < 0 \end{cases}$

2. 判断下列函数是否有界，若有界，试指出其一个界：

(1) $y = \sin^2 x + \cos x - 3$　　(2) $y = 3\sin \dfrac{1}{x}$

(3) $y = 2^{\frac{1}{x}}$　　(4) $y = -\dfrac{1+3x^2}{1+x^2}$

3. 下列函数是否是周期函数？如是，试指出其最小正周期：

(1) $f(x) = \sin 2x$　　(2) $f(x) = x\tan x$　　(3) $f(x) = 2 - \cos \pi x$

4. 设 $f(x)$ 为定义在 $(-l, l)$ 内的奇函数，若 $f(x)$ 在 $(0, l)$ 内单调增加，证明 $f(x)$ 在 $(-l, 0)$ 内也单调增加.

5. 设下面所考虑的函数都是定义在区间 $(-l, l)$ 上的，证明：

(1) 两个偶函数的和是偶函数，两个奇函数的和是奇函数；

(2) 两个偶函数的乘积是偶函数，两个奇函数的乘积是偶函数，偶函数与奇函数的乘积是奇函数.

1.4　反函数与反三角函数

1.4.1　反函数

在函数的概念中有两个地位不同的变量，一个是自变量，一个是随自变量的变化而变化的因变量. 但在实际问题中，自变量与因变量并非是一成不变的，在一定的条件下它们的角色可以转换.

设函数 $y = f(x)$ 的定义域为 D，值域为 $f(D)$，若对每一个 $y \in f(D)$，存在唯一的 $x \in D$，使得 $y = f(x)$，则这个由 $f(D)$ 到 D 的法则确定了一个函数，称为函数 $y = f(x)$ 的**反函数**，记为

$$x = f^{-1}(y),$$

其中 y 为自变量，x 为因变量，定义域为 $f(D)$，值域为 D. 相对于反函数 $x = f^{-1}(y)$，函数

$y=f(x)$ 称为**直接函数**. 习惯上，自变量常用 x 表示，因变量常用 y 表示，于是反函数的表达式 $x=f^{-1}(y)$ 中，常将变量字母 x 与 y 互换，得

$$y=f^{-1}(x),$$

互为反函数的 $y=f(x)$ 与 $x=f^{-1}(y)$ 实质上仅是 x 与 y 同一关系式的不同表达形式，因此在同一直角坐标系中，它们表示的是同一条曲线；而互为反函数的 $y=f(x)$ 与 $y=f^{-1}(x)$ 由于互换了变量字母，因而它们的图形在同一直角坐标系中关于直线 $y=x$ 对称(图 1-4-1). 因为如果 $P(a, b)$ 是 $y=f(x)$ 图形上的点，则 $Q(b, a)$ 是 $y=f^{-1}(x)$ 图形上的点，反之，若 $Q(b, a)$ 是 $y=f^{-1}(x)$ 上的点，则 $P(a, b)$ 是 $y=f(x)$ 图形上的点，而 $P(a, b)$ 和 $Q(b,a)$ 关于直线 $y=x$ 是对称的(即直线 $y=x$ 垂直且平分线段 PQ).

但是，并不是每一个函数都存在反函数. 例如，函数 $y=x^2$，在定义域 $(-\infty, +\infty)$ 内不是一一对应的，由反函数的定义知，$y=x^2$ 在 $(-\infty, +\infty)$ 内不存在反函数. 但若将函数 $y=x^2$ 的定义域限制在单调区间 $[0, +\infty)$ 上，则由反函数的定义不难知，$y=x^2$ 存在反函数 $x=\sqrt{y}$，或按习惯写成 $y=\sqrt{x}$ (图 1-4-2).

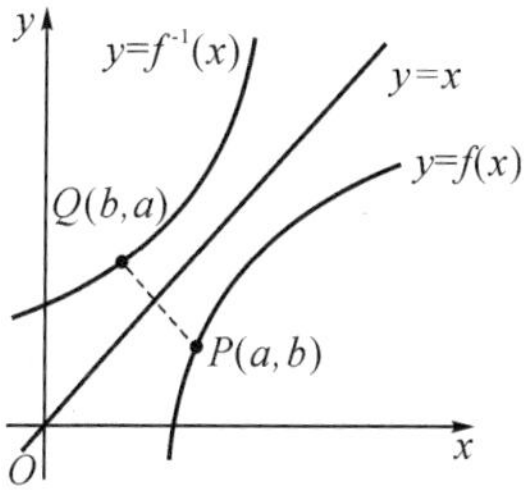

图 1-4-1

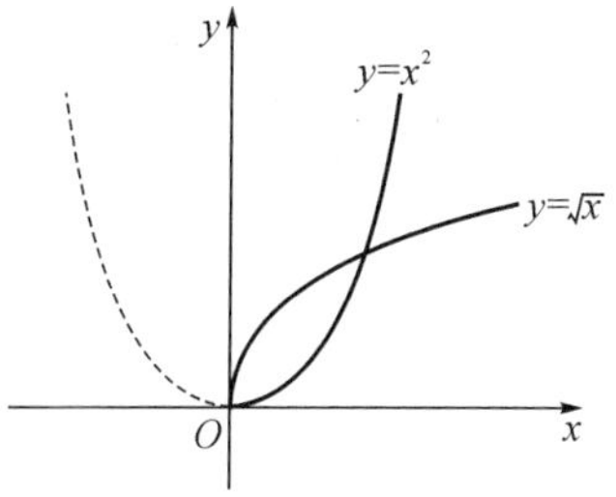

图 1-4-2

一般地，若函数 $y=f(x)$ 在其定义域上单调递增(减)，则 $y=f(x)$ 存在反函数，且其反函数也是单调递增(减)的.

指数函数 $y=a^x\ (a>1)$ 在定义域 $(-\infty, +\infty)$ 内单调递增(图 1-4-3)，其反函数为对数函数 $y=\log_a x\ (a>1)$，它在定义域 $(0, +\infty)$ 内也单调递增.

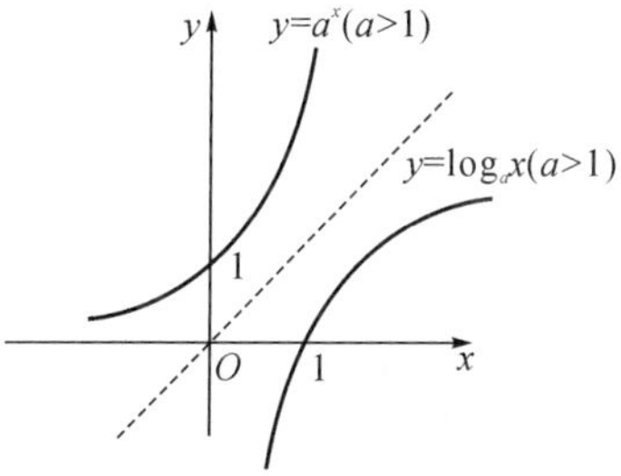

图 1-4-3

1.4.2　反三角函数

现在我们来讨论正弦函数 $y=\sin x$ 的反函数(图 1-4-4). 由于 $y=\sin x$ 在其定义域 $(-\infty, +\infty)$ 内不具单调性，因此，正弦函数 $y=\sin x, x\in(-\infty, +\infty)$ 不存在反函数. 若将定义域限制为 $\left[-\frac{\pi}{2}, \frac{\pi}{2}\right]$，易见 $y=\sin x$ 在 $\left[-\frac{\pi}{2}, \frac{\pi}{2}\right]$ 上单调递增，因此存在反函数，其反函数的定义域为 $[-1, 1]$，

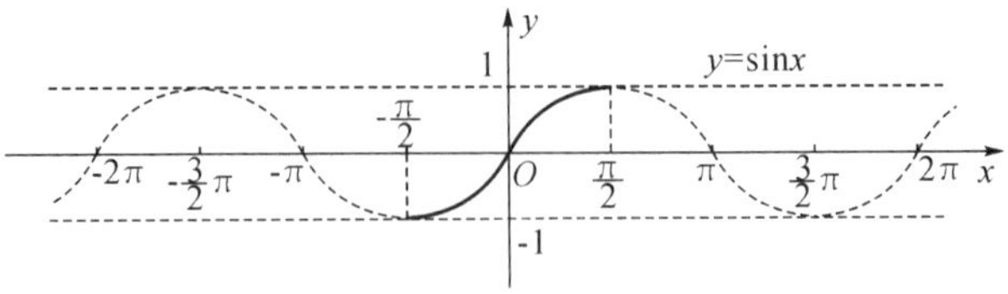

图 1-4-4

值域为$\left[-\frac{\pi}{2}, \frac{\pi}{2}\right]$. 将函数 $y = \sin x$ 在$\left[-\frac{\pi}{2}, \frac{\pi}{2}\right]$上的反函数称为反正弦函数，记作 $x = \arcsin y$，按习惯写为 $y = \arcsin x$. 即函数

$$y = \sin x,\ x \in \left[-\frac{\pi}{2}, \frac{\pi}{2}\right]$$

的反函数为**反正弦函数**

$$y = \arcsin x,\ x \in [-1, 1],$$

它们的图形关于直线 $y = x$ 对称(图 1-4-5).

类似地，我们定义函数

$$y = \cos x,\ x \in [0, \pi]$$

的反函数为**反余弦函数**

$$y = \arccos x, x \in [-1, 1]\ (图\ 1-4-6),$$

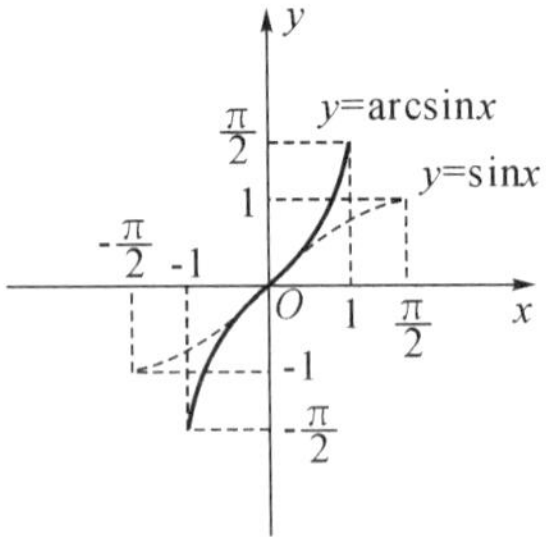

图 1-4-5

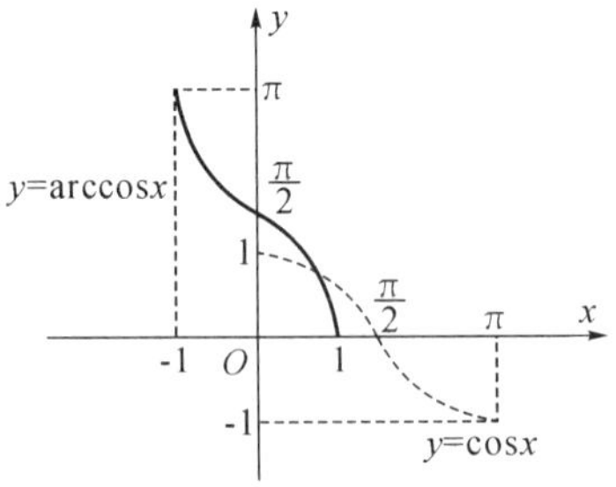

图 1-4-6

函数 $y = \tan x, x \in \left(-\frac{\pi}{2}, \frac{\pi}{2}\right)$的反函数定义为**反正切函数**

$$y = \arctan x, x \in (-\infty, +\infty)\ (图\ 1-4-7),$$

函数 $y = \cot x, x \in (0, \pi)$ 的反函数定义为**反余切函数**

$$y = \operatorname{arccot} x, x \in (-\infty, +\infty)\ (图\ 1-4-8),$$

反正弦函数、反余弦函数、反正切函数和反余切函数统称为**反三角函数**(类似可定义反正割函数和反余割函数，但它们很少用到，故这里略去不提).

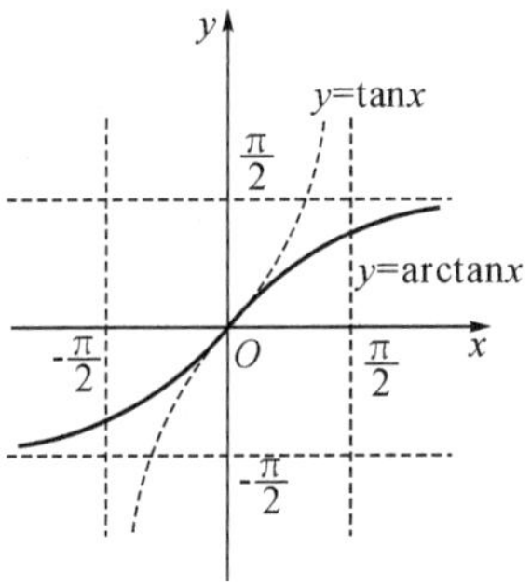

图 1-4-7

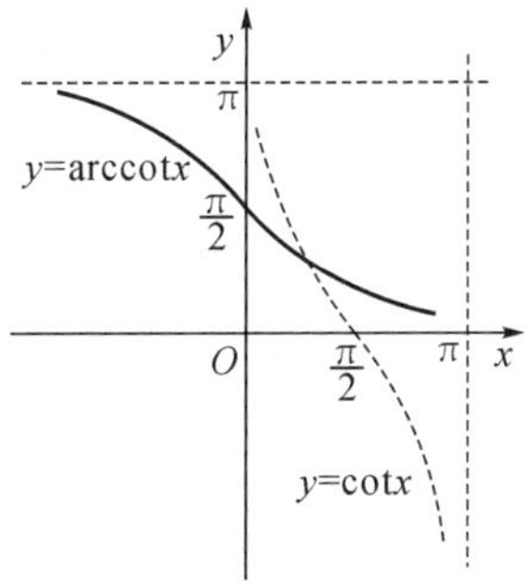

图 1-4-8

表 1-1 中列出了反三角函数的一些基本性质，例如单调性、奇偶性、有界性等.

表 1-1

函数＼性质	定义域	值　域	单调性	奇偶性	有界性
$y=\arcsin x$	$[-1, 1]$	$\left[-\frac{\pi}{2}, \frac{\pi}{2}\right]$	递增	奇	有界
$y=\arccos x$	$[-1, 1]$	$[0, \pi]$	递减	无	有界
$y=\arctan x$	$(-\infty, +\infty)$	$\left(-\frac{\pi}{2}, \frac{\pi}{2}\right)$	递增	奇	有界
$y=\operatorname{arccot} x$	$(-\infty, +\infty)$	$(0, \pi)$	递减	无	有界

由定义可以导出下列三角函数的基本关系：

当 $x\in[-1, 1]$ 时，　　$\sin(\arcsin x)=x$.

当 $x\in\left[-\frac{\pi}{2}, \frac{\pi}{2}\right]$时，　　$\arcsin(\sin x)=x$.

当 $x\in[-1, 1]$ 时，　　$\cos(\arccos x)=x$.

当 $x\in[0, \pi]$ 时，　　$\arccos(\cos x)=x$.

当 $x\in(-\infty, +\infty)$ 时，　　$\tan(\arctan x)=x$.

当 $x\in\left(-\frac{\pi}{2}, \frac{\pi}{2}\right)$ 时，　　$\arctan(\tan x)=x$.

当 $x\in(-\infty, +\infty)$ 时，　　$\cot(\operatorname{arccot} x)=x$.

当 $x\in(0, \pi)$ 时，　　$\operatorname{arccot}(\cot x)=x$.

除此之外，我们还有以下一些基本关系：

当 $x \in [-1, 1]$ 时，　　$\arccos(-x) = \pi - \arccos x$.

当 $x \in (-\infty, +\infty)$ 时，　　$\operatorname{arccot}(-x) = \pi - \operatorname{arccot} x$.

当 $x \in [-1, 1]$ 时，　　$\arcsin x + \arccos x = \frac{\pi}{2}$.

当 $x \in (-\infty, +\infty)$ 时，　　$\arctan x + \operatorname{arccot} x = \frac{\pi}{2}$.

请读者自行给出证明.

例 1　求下列函数的定义域：

(1) $y = \arcsin(3x^2 - 5x + 1)$　　(2) $y = \arctan\sqrt{1-x}$

解　(1) $-1 \leqslant 3x^2 - 5x + 1 \leqslant 1$，

由 $3x^2 - 5x + 1 \leqslant 1$，解得 $0 \leqslant x \leqslant \frac{5}{3}$；

由 $3x^2 - 5x + 1 \geqslant -1$，解得 $x \geqslant 1$ 或 $x \leqslant \frac{2}{3}$.

所以定义域为 $\left[0, \frac{2}{3}\right] \cup \left[1, \frac{5}{3}\right]$.

(2) $1 - x \geqslant 0$，所以定义域为 $(-\infty, 1]$.

例 2　求下列各式的值：

(1) $\arcsin\frac{1}{2}$　　(2) $\arcsin\left(-\frac{1}{2}\right)$　　(3) $\arctan\sqrt{3}$；　(4) $\operatorname{arccot}(-\sqrt{3})$

解　(1) 因为 $\sin\frac{\pi}{6} = \frac{1}{2}$，所以 $\arcsin\frac{1}{2} = \frac{\pi}{6}$.

(2) $\arcsin\left(-\frac{1}{2}\right) = -\arcsin\frac{1}{2} = -\frac{\pi}{6}$.

(3) 因为 $\tan\frac{\pi}{3} = \sqrt{3}$，所以 $\arctan\sqrt{3} = \frac{\pi}{3}$.

(4) 因为 $\cot\frac{\pi}{6} = \sqrt{3}$，所以 $\operatorname{arccot}\sqrt{3} = \frac{\pi}{6}$，

而 $\operatorname{arccot}(-\sqrt{3}) = \pi - \operatorname{arccot}\sqrt{3} = \pi - \frac{\pi}{6} = \frac{5}{6}\pi$.

例 3　指出下列各式的错误：

(1) $\arcsin\left(\sin\frac{5}{6}\pi\right) = \frac{5}{6}\pi$　　(2) $\arcsin(\sin 6) = 6$

(3) $\arccos\left(-\frac{\sqrt{3}}{2}\right) = -\frac{\pi}{6}$　　(4) $\operatorname{arccot}(-1) = -\frac{\pi}{4}$

(5) 若 $y = \sin x, x \in \left[\frac{\pi}{2}, \pi\right]$，则 $x = \arcsin y$

解　(1) $\arcsin\left(\sin\frac{5}{6}\pi\right)=\arcsin\frac{1}{2}=\frac{\pi}{6}\neq\frac{5}{6}\pi$.

(2) 因为 $6-2\pi\in\left[-\frac{\pi}{2},\frac{\pi}{2}\right]$,所以 $\arcsin(\sin 6)=\arcsin[\sin(6-2\pi)]=6-2\pi\neq 6$.

(3) $\arccos\left(-\frac{\sqrt{3}}{2}\right)=\pi-\arccos\frac{\sqrt{3}}{2}=\pi-\frac{\pi}{6}=\frac{5}{6}\pi\neq\frac{\pi}{6}$.

(4) $\operatorname{arccot}(-1)=\pi-\operatorname{arccot}1=\pi-\frac{\pi}{4}=\frac{3}{4}\pi\neq-\frac{\pi}{4}$.

(5) 因为 $x\in\left[\frac{\pi}{2},\pi\right]$,所以 $\pi-x\in\left[0,\frac{\pi}{2}\right]\subset\left[-\frac{\pi}{2},\frac{\pi}{2}\right]$,

而 $y=\sin x=\sin(\pi-x)$,所以 $\pi-x=\arcsin y$,即 $x=\pi-\arcsin y$.

例 4　计算下列各式:

(1) $\arccos(\cos 1)$　(2) $\arccos(\cos 2)$　(3) $\arctan(\tan 2)$

(4) $\cos\left[\arcsin\left(-\frac{1}{4}\right)\right]$

解　(1) 因为 $0\leqslant 1\leqslant\pi$, 所以 $\arccos(\cos 1)=1$.

(2) 因为 $0\leqslant 2\leqslant\pi$,所以 $\arccos(\cos 2)=2$.

注意比较:$\arccos(\cos 4)=\arccos[\cos(2\pi-4)]=2\pi-4$.

(3) 因为 $-\frac{\pi}{2}\leqslant 2-\pi\leqslant\frac{\pi}{2}$, 所以 $\arctan(\tan 2)=\arctan[\tan(2-\pi)]=2-\pi$.

(4) 令 $x=\arcsin\left(-\frac{1}{4}\right)\Rightarrow\sin x=-\frac{1}{4}$, $-\frac{\pi}{2}<x<0\Rightarrow\cos x=\frac{\sqrt{15}}{4}$,

故 $\cos\left[\arcsin\left(-\frac{1}{4}\right)\right]=\cos x=\frac{\sqrt{15}}{4}$.

习题　1.4

1. 求下列函数的反函数:

(1) $y=\sqrt[3]{x-1}$　　(2) $y=\frac{e^x}{e^x+1}$　　(3) $y=1+\lg(x+2)$

2. 当实常数 a, b, c, d 满足什么条件时,函数 $y=\frac{ax+b}{cx+d}$(其中 $c\neq 0$) 与它的反函数是相同的函数?

3. 若函数 $f(x)=\frac{1}{2}x+b$ 与函数 $g(x)=ax-5$ 互为反函数,求常数 a, b 的值.

4. 求下列函数的定义域:

(1) $y=\arcsin(3x-2)$　　(2) $y=\arcsin\sqrt{x^2-1}$

(3) $y=\dfrac{x}{\arccos x}$　　(4) $y=\sqrt{3-x}+\arctan\dfrac{1}{x}$

5. 求下列各反三角函数的值：

(1) $\arccos\dfrac{\sqrt{2}}{2}$　　(2) $\arccos\left(-\dfrac{\sqrt{2}}{2}\right)$　　(3) $\arcsin 1$

(4) $\arcsin(-1)$　　(5) $\operatorname{arccot}(-\sqrt{3})$　　(6) $\arctan(-1)$

6. 利用反正弦函数的概念，写出函数 $f(x)=\sin x, x\in\left(\dfrac{\pi}{2},\dfrac{3\pi}{2}\right)$ 的反函数的解析表示式.

7. 试证 $y=\arccos x-\dfrac{\pi}{2}$ 是奇函数.

1.5　复合函数与初等函数

1.5.1　复合函数

实际问题中经常出现这样的情形：在某过程中，第一个量依赖于第二个量，而第二个量又依赖于第三个量. 因此，第一个量实际上可以由第三个量确定.

例如，设 $y=\sqrt{u}$，而 $u=2-x^2$，以 $2-x^2$ 代替第一式中的 u，得 $y=\sqrt{2-x^2}$，我们说，这个函数 $y=\sqrt{2-x^2}$ 是由 $y=\sqrt{u}$ 及 $u=2-x^2$ 复合而成的复合函数.

定义 1.2　设函数 $y=f(u)$ 的定义域为D_f，函数 $u=\varphi(x)$ 的值域为 M_φ，若 $M_\varphi\cap D_f\neq\varnothing$，则将 $y=f[\varphi(x)]$ 称为 $y=f(u)$ 与 $u=\varphi(x)$ 复合而成的**复合函数**，u 称为**中间变量**，x 为自变量.

如函数 $y=\tan(x^2)$ 可看作由 $y=\tan u$ 及 $u=x^2$ 复合而成的，这个函数的定义域为 $(-\infty,+\infty)$，它也是 $u=x^2$ 的定义域. 又如函数 $y=\ln\sin x$ 可以看成是由 $y=\ln u$ 和 $u=\sin x$ 复合而成的，这里，$u=\sin x$ 的值域的一部分在 $y=\ln u$ 的定义域内.

必须注意，不是任何两个函数都可以合成一个复合函数的. 例如，$y=\sqrt{u}$ 和 $u=-2-x^2$ 就不能复合成一个复合函数，因为 $u=-2-x^2$ 的值域完全不在 $y=\sqrt{u}$ 的定义域内.

当然，一个复合函数也可以由两个以上的函数复合而成，因此准确地判断出一个复合函数是由哪些函数复合而成的是非常必要的. 例如 $y=\sqrt{\cot\dfrac{x}{2}}$ 就是由 $y=\sqrt{u}$，$u=\cot v$，$v=\dfrac{x}{2}$ 复合而成(这里 u 及 v 都是中间变量). 一般地，函数复合过程中的每个函数都是基本初等函数，或者是由常数及基本初等函数经过四则运算(加、减、乘、除)得到的表达式.

在微积分的学习中，常需要我们将复杂的函数进行分解，因此分清复合结构非常重要.

例 指出下列函数的复合过程.

(1) $y=\cos^2 x$ (2) $y=(\arcsin\sqrt{x})^2$

(3) $y=e^{\frac{1}{\sin^2 x}}$ (4) $y=\sqrt{\lg(\sin x^2)}$

解 (1) 函数 $y=\cos^2 x$ 由函数 $y=u^2$, $u=\cos x$ 复合而成.

(2) 函数 $y=(\arcsin\sqrt{x})^2$ 由函数 $y=u^2, u=\arcsin v, v=\sqrt{x}$ 复合而成.

(3) 函数 $y=e^{\frac{1}{\sin^2 x}}$ 由函数 $y=e^u, u=\dfrac{1}{v}$, $v=w^2$, $w=\sin x$ 复合而成.

(4) 函数 $y=\sqrt{\lg(\sin x^2)}$ 由函数 $y=\sqrt{u}, u=\lg v, v=\sin w, w=x^2$ 复合而成.

在分解复合函数时，遵循"由表及里，逐层分解"的原则. 当复合函数的结构较复杂时，它可分解成两个以上较简单的函数.

1.5.2 基本初等函数与初等函数

基本初等函数是指以下六类函数：

(1) 常值函数 $y=C$ (C 是常数)；

(2) 幂函数 $y=x^\alpha$($\alpha\in\mathbf{R}$ 是常数)；

(3) 指数函数 $y=a^x$($a>0$, $a\neq1$)；

(4) 对数函数 $y=\log_a x$ ($a>0$, $a\neq1$)；

(5) 三角函数 $y=\sin x$, $y=\cos x$, $y=\tan x$, $y=\cot x$, $y=\sec x$, $y=\csc x$；

(6) 反三角函数 $y=\arcsin x$, $y=\arccos x$, $y=\arctan x$, $y=\operatorname{arccot} x$.

基本初等函数在微积分的学习中至关重要，一定要熟练掌握.

下面给出基本初等函数的图形和一些主要性质.

(1) **常值函数** $y=C$

定义域$(-\infty,+\infty)$，值域$\{C\}$，是偶函数且有界(图 1-5-1).

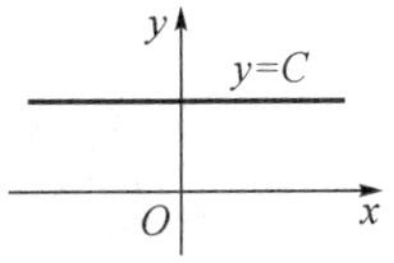

图 1-5-1

(2) **幂函数** $y=x^\alpha$

定义域依 α 的取值变化而变化，但无论 α 为何值，它在第 Ⅰ 象限总有图象，且经过点(1, 1).

$\alpha=1,2,3,\dfrac{1}{2},\dfrac{1}{3}$ 时的幂函数在第 Ⅰ 象限的图形交汇在(0, 0), (1, 1)，都单调递增(图 1-5-2).

$\alpha=-1,-2,-\frac{1}{2}$ 时的幂函数在第 Ⅰ 象限的图形交汇在(1, 1),都单调递减(图 1-5-3).

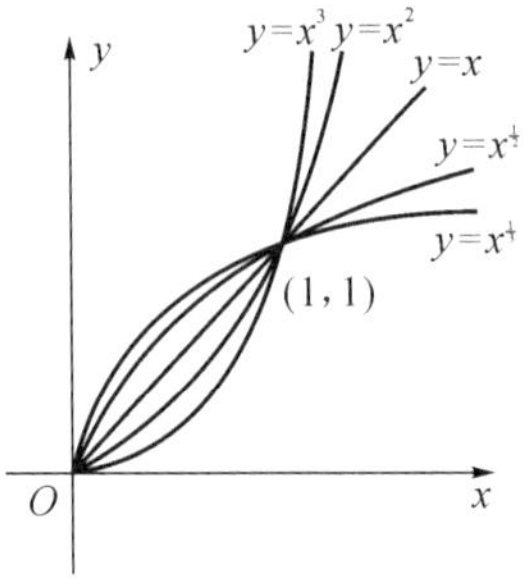

图 1-5-2

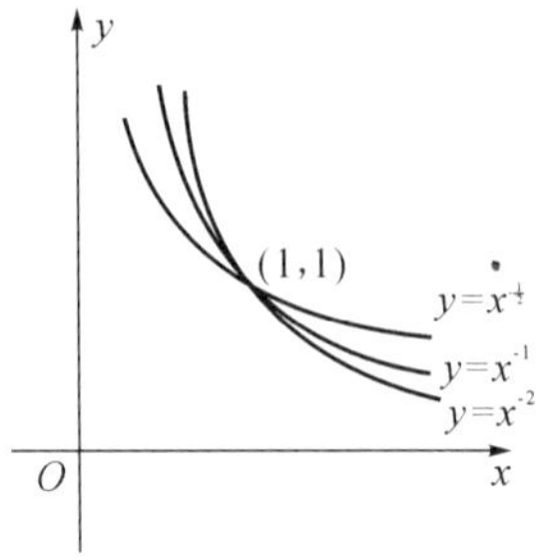

图 1-5-3

(3) **指数函数**　$y=a^x(a>0,\ a\neq 1)$

定义域$(-\infty,+\infty)$,值域$(0,+\infty)$,过点(0,1). 当 $a>1$ 时,$y=a^x$ 单调递增;当 $0<a<1$ 时,$y=a^x$ 单调递减(图 1-5-4).

以常数 $\mathrm{e}=2.718281828453045\cdots$ 为底的指数函数 $y=\mathrm{e}^x$ 是常用的指数函数,称为**自然对数函数**.关于常数 e 的意义将在 2.4 节中说明.

(4) **对数函数**　$y=\log_a x\ (a>0,\ a\neq 1)$

$y=\log_a x$ 与 $y=a^x$ 互为反函数.定义域$(0,+\infty)$,值域$(-\infty,+\infty)$,过点(1,0). 当 $a>1$ 时,$y=\log_a x$ 单调递增;当 $0<a<1$ 时,$y=\log_a x$ 单调递减(图 1-5-5).

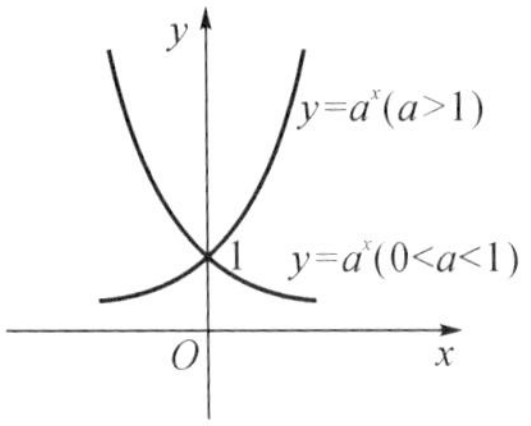

图 1-5-4

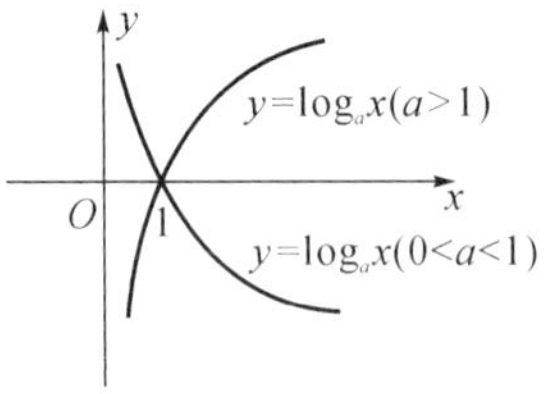

图 1-5-5

(5) **三角函数**

① **正弦函数**　$y=\sin x$

定义域$(-\infty,+\infty)$,值域$[-1,1]$,是奇函数及周期为 2π 的周期函数(图 1-5-6).

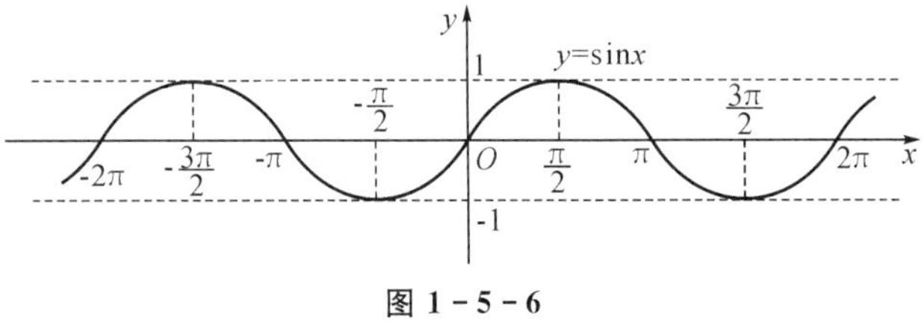

图 1-5-6

② **余弦函数**　$y=\cos x$

定义域$(-\infty, +\infty)$，值域$[-1, 1]$，是偶函数及周期为2π的周期函数(图 1-5-7).

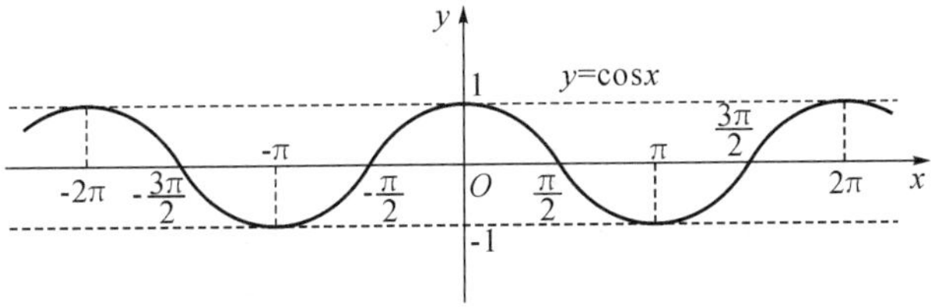

图 1-5-7

③ **正切函数**　$y=\tan x=\dfrac{\sin x}{\cos x}$

定义域$\left\{x \mid x \neq \dfrac{\pi}{2}+k\pi,\ k \in \mathbf{Z}\right\}$，值域$(-\infty, +\infty)$，是奇函数及周期为$\pi$的周期函数(图 1-5-8).

④ **余切函数**　$y=\cot x=\dfrac{\cos x}{\sin x}$

定义域$\{x \mid x \neq k\pi,\ k \in \mathbf{Z}\}$，值域$(-\infty, +\infty)$，是奇函数及周期为$\pi$的周期函数(图 1-5-9).

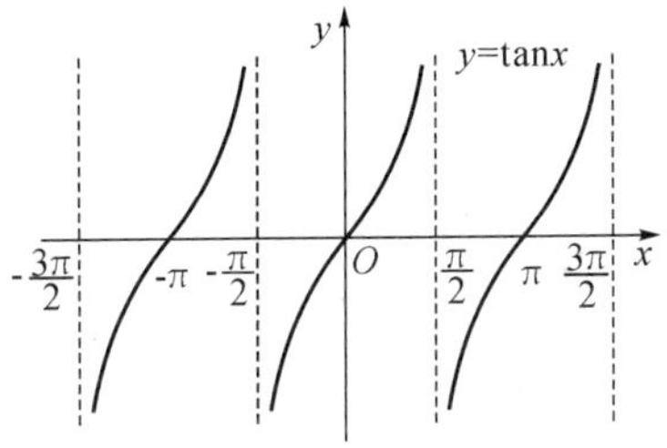

图 1-5-8

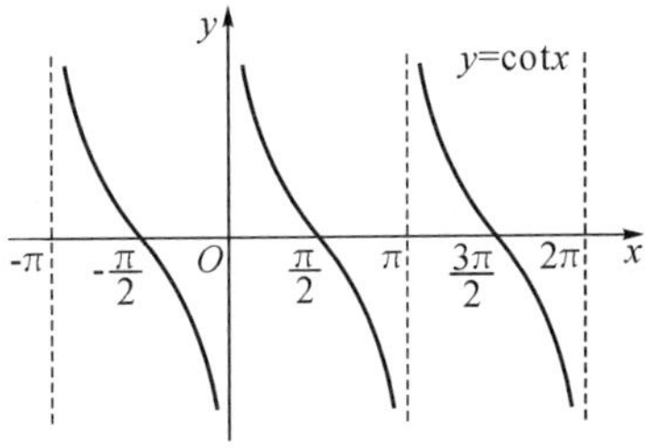

图 1-5-9

⑤ **正割函数**　$y=\sec x=\dfrac{1}{\cos x}$

定义域为

$$\left\{x \mid x \in \mathbf{R},\ x \neq k\pi+\frac{\pi}{2},\ k \in \mathbf{Z}\right\}=\left(k\pi+\frac{\pi}{2}, (k+1)\pi+\frac{\pi}{2}\right),\ k=0, \pm 1, \pm 2, \cdots$$

值域为$\{y \mid y \geqslant 1 \text{ 或 } y \leqslant -1\}=(-\infty, -1] \cup [1, +\infty)$，周期为$2\pi$，正割函数的递增递减区间恰与余弦函数相反，且为偶函数，其图象如图 1-5-10 所示.

其图象以点$\left(n\pi+\dfrac{\pi}{2}, 0\right)$，$n \in \mathbf{Z}$为对称中心，以直线$x=n\pi(n \in \mathbf{Z})$为对称轴，以直线$x=n\pi+\dfrac{\pi}{2}(n \in \mathbf{Z})$为其渐近线.

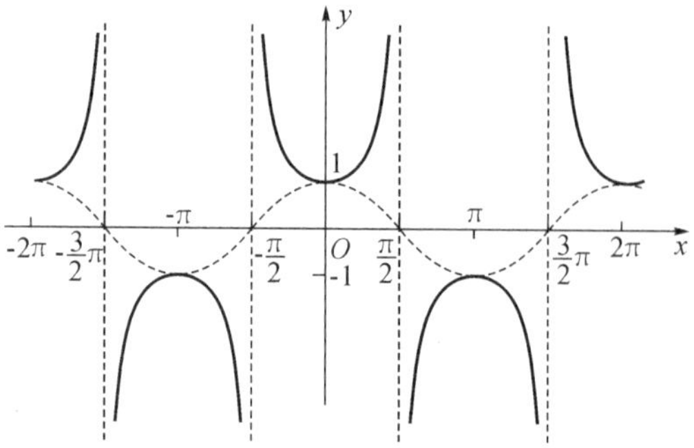

图 1-5-10

⑥ **余割函数**　$y=\csc x=\dfrac{1}{\sin x}$

定义域为$\{x \mid x\in \mathbf{R},\ x\neq k\pi,\ k\in \mathbf{Z}\}=(k\pi,(k+1)\pi)$，$k=0,\pm 1,\pm 2,\cdots$，值域为$\{y \mid y\geqslant 1$ 或 $y\leqslant -1\}=(-\infty,-1]\cup[1,+\infty)$，周期为$2\pi$，余割函数的递增递减区间恰与正弦函数相反，且为奇函数，其图象如图1-5-11所示. 图象以点$(n\pi,0)(n\in \mathbf{Z})$为对称中心，以直线$x=n\pi+\dfrac{\pi}{2}(n\in \mathbf{Z})$为对称轴，以直线$x=n\pi(n\in \mathbf{Z})$为其渐近线.

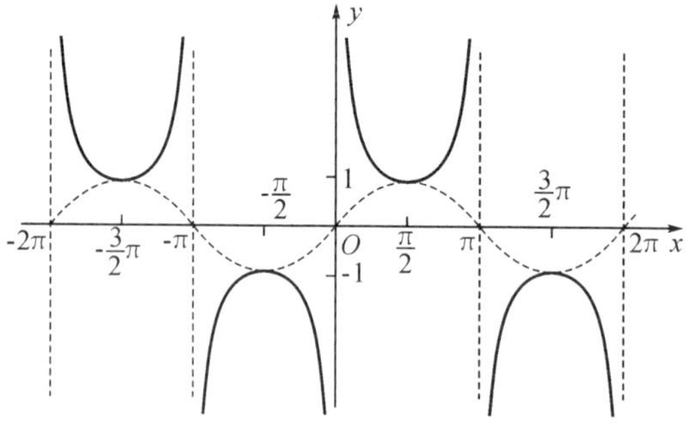

图 1-5-11

（6）**反三角函数**

① **反正弦函数**　$y=\arcsin x$

定义域$[-1,1]$，值域$\left[-\dfrac{\pi}{2},\dfrac{\pi}{2}\right]$，是奇函数且单调递增（图1-5-12）.

② **反余弦函数**　$y=\arccos x$

定义域$[-1,1]$，值域$[0,\pi]$，单调递减（图1-5-13）.

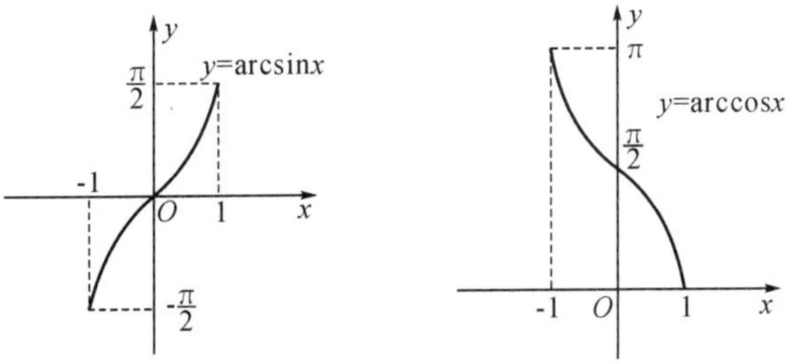

图 1-5-12　　图 1-5-13

③ **反正切函数**　$y=\arctan x$

定义域$(-\infty,+\infty)$,值域$\left(-\frac{\pi}{2},\frac{\pi}{2}\right)$,是奇函数,单调递增且有界. $y=\pm\frac{\pi}{2}$是它的两条渐近线(图 1-5-14).

④ **反余切函数**　$y=\operatorname{arccot}x$

定义域$(-\infty,+\infty)$,值域$(0,\pi)$,单调递减且有界. $y=0$和$y=\pi$是它的两条渐近线(图 1-5-15).

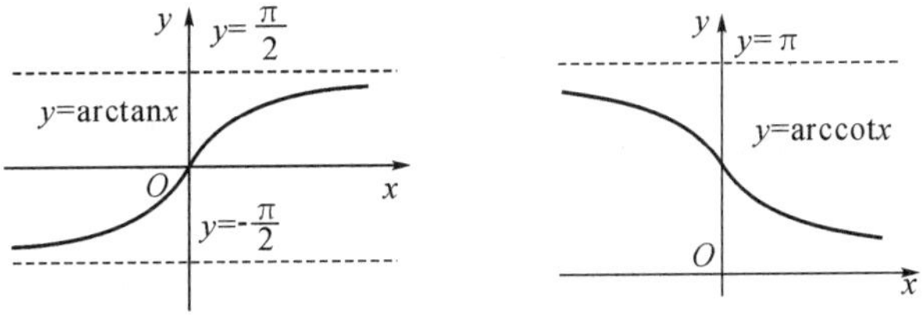

图 1-5-14　　图 1-5-15

定义 1.3　由基本初等函数经过有限次四则运算和有限次复合运算而产生的函数,总称为**初等函数**. 例如,$y=\ln(1-\sin x)$,$y=e^{3x}\sin(5x+4)$,$y=\sqrt[3]{\sin x}+\arctan(x^2+1)$,…,都是初等函数. 分段函数通常不是初等函数,但个别分段函数是初等函数. 例如

$$y=|x|=\begin{cases}x, & x\geqslant 0\\ -x, & x<0\end{cases},$$

这是因为它可表达为$y=\sqrt{x^2}$,故可看作是初等函数.

形如$u(x)^{v(x)}$(其中$u(x)>0$,$u(x)$,$v(x)$都是初等函数)的函数称为**幂指函数**. 由于

$$u(x)^{v(x)}=e^{v(x)\cdot\ln u(x)},$$

因此幂指函数是初等函数.

在微积分的学习中,我们主要研究的是初等函数及分段函数.

习题 1.5

1. 已知 $f(x)$ 的定义域为$[-1, 1]$,求 $f(\ln x)$ 的定义域.

2. 设 $f(x)$ 的定义域为$[0, 1]$,求下列各函数的定义域:

(1) $f(x^2)$　　(2) $f(x+2)$　　(3) $f\left(x+\frac{1}{4}\right)+f\left(x-\frac{1}{4}\right)$

3. 设 $f(x)=\begin{cases}-x, & x<0 \\ x^2, & 0\leqslant x<2 \\ x+2, & x>2\end{cases}$,求 $f(-2)$,$f(3)$, $f(1)$, $f(2)$.

4. 设 $f(1-x)=\dfrac{1+x}{2x-1}$,求 $f(x)$.

5. 设 $f(x)=\dfrac{1}{1-x}$,求 $f(f(x))$,$f(f(f(x)))$.

6. 设 $f(x)=\dfrac{x}{\sqrt{1+x^2}}$,求$\underbrace{f(f(f\cdots(f}_{n\text{个}f}(x)\cdots)))$.

7. 设 $f(x^2-1)=\ln\dfrac{x^2}{x^2-2}$, 且 $f(\varphi(x))=\ln x$, 求 $\varphi(x)$.

8. 设置中间变量,将下列复合函数分解为简单函数(由基本初等函数或其四则运算所成的函数):

(1) $y=10^{x^2}$　　(2) $y=\lg(\cos\sqrt{x})$　　(3) $y=\sqrt{\arccos(2^x)}$

(4) $y=\dfrac{1}{\lg(\tan^3 x)}$　　(5) $y=\mathrm{e}^{\sin\frac{1}{x}}$　　(6) $y=\cos^3\sqrt{2-x^2}$

(7) $y=(\arcsin\sqrt{x})^2$　　(8) $y=\arctan\sqrt{x^2-1}$　　(9) $y=x^{\sin x}(x>0)$

复习题一

一、单项选择题

1. 下列各对函数 $f(x)$ 与 $g(x)$ 是相同函数的是(　　).

A. $f(x)=x\sqrt{x-1}$,$g(x)=\sqrt{x^4-x^2}$

B. $f(x)=\arcsin(\sin x)$,$g(x)=x$

C. $f(x)=\lg x^2$,$g(x)=2\lg x$

D. $f(x)=1-\cos 2x$,$g(x)=2\sin^2 x$

2. 若在区间$(-\infty, +\infty)$内,$f(x)$ 单调增,$g(x)$ 单调减,则 $f[g(x)]$ 在区间$(-\infty, +\infty)$内是(　　).

A. 单调增　　B. 单调减

C. 非单调函数　　D. 单调增减性无法判定

3. $f(x)=\sin(x^2-x)$ 是(　　).

A. 有界函数　　B. 周期函数　　C. 奇函数　　D. 偶函数

4. 函数 $y=\dfrac{1}{\arcsin x}$ 是(　　).

A. 偶函数　　B. 奇函数　　C. 单调函数　　D. 有界函数

5. 下列函数为偶函数的是(　　).

A. $\dfrac{a^x-1}{a^x+1}$　　B. $\lg(\sqrt{1+x^2}+x)$

C. $f(x)=\begin{cases}x^3, & x\geqslant 0\\ -x^3, & x<0\end{cases}$　　D. $f(x)=\dfrac{a^x}{a^x-1}-\dfrac{1}{2}$

6. 若 $f(x)=\begin{cases}\left(\dfrac{1}{2}\right)^x, & x>0\\ g(x), & x<0\end{cases}$ 为奇函数,则当 $x<0$ 时,$g(x)=$(　　).

A. $\dfrac{1}{2^x}$　　B. $-\dfrac{1}{2^x}$　　C. 2^x　　D. -2^x

7. 若函数 $f(x)$ 满足 $f(x+y)=f(x)+f(y)$,则 $f(x)$ 是(　　).

A. 奇函数　　B. 偶函数

C. 非奇非偶函数　　D. 奇偶性不确定

8. 下列等式中,正确的是(　　).

A. $\arcsin\dfrac{\pi}{5}+\arccos\dfrac{\pi}{5}=\dfrac{2}{5}\pi$　　B. $\arcsin\dfrac{\pi}{4}+\arccos\dfrac{\pi}{4}=\dfrac{1}{2}\pi$

C. $\arcsin\dfrac{\pi}{6}+\arccos\dfrac{\pi}{6}=\dfrac{1+\sqrt{3}}{2}$　　D. $\arcsin\dfrac{\pi}{3}+\arccos\dfrac{\pi}{3}=\dfrac{\pi}{2}$

9. 设函数 $y=f(x+1)$ 的定义域为$[-1, 1]$,则 $f(\arcsin x)$ 的定义域为(　　).

A. $[-1, 1]$　　B. $[0, 1]$　　C. $[0, 2]$　　D. $\left[0, \dfrac{\pi}{2}\right]$

10. 下列函数中,周期是 π,且在$\left(0, \dfrac{\pi}{2}\right)$上为增函数的是(　　).

A. $y=\tan|x|$　　B. $y=\cot|x|$　　C. $y=|\tan x|$　　D. $y=|\cot x|$

11. 设函数 $y=2\arcsin(\cos x)$ 的定义域为$\left(-\dfrac{\pi}{3}, \dfrac{2\pi}{3}\right)$,则其值域是(　　).

A. $\left(\dfrac{\pi}{3}, \dfrac{\pi}{2}\right]$　　B. $\left(\dfrac{\pi}{3}, \pi\right]$　　C. $\left(-\dfrac{\pi}{3}, \dfrac{\pi}{2}\right]$　　D. $\left(-\dfrac{\pi}{3}, \pi\right]$

12. 已知 $\varphi(x)=\begin{cases}x^3, & x\geqslant 0\\ -x^3, & x<0\end{cases}$，则 $\varphi(\varphi(x))=($　　$)$.

A. $\varphi(x)$　　B. $|\varphi(x)|$　　C. $(\varphi(x))^3$　　D. x^9

二、填空题

1. 函数 $y=\sqrt{6+x-x^2}+\ln(x+1)$ 的(自然)定义域是________(用区间表示).

2. 函数 $y=\lg(3^x-9)+\dfrac{1}{|x|-3}$ 的(自然)定义域是________(用区间表示).

3. 函数 $y=\sqrt{-x^2+2x+1}$ 的值域是________.

4. 函数 $y=\dfrac{1}{\pi-\operatorname{arccot}x}$ 是______界函数.

5. 函数 $y=x^2-2x-1$，$x\in(0,1)$ 的反函数是________.

6. 函数 $y=1-\sqrt{1-x^2}(-1<x<0)$ 的反函数是________.

7. 函数 $y=\lg(\sqrt{4x^2+1}-2x)$ 的图象关于________对称.

8. $\arcsin(\sin 6)=$________.

9. $\arctan 2+\arctan 3=$________.

10. 若 $\sin x=-\dfrac{1}{4}$，$x\in\left(\pi,\dfrac{3\pi}{2}\right)$，则 $x=$________.

11. 函数 $y=\arcsin x+\arctan x$ 的定义域为________，值域为________.

12. 设 $0<a<1$，在 $[0,2\pi]$ 上满足 $\sin x\geqslant a$ 的 x 的范围是________.

三、计算题、证明题

1. 求下列函数的定义域：

(1) $y=\sqrt{16-x^2}+\ln\sin x$　　(2) $y=\dfrac{1}{\sqrt{3-x^2}}+\arcsin\left(\dfrac{x}{2}-1\right)$

2. 已知 $f(3x-2)=4x^2-5$，求 $f(x+1)$.

3. 设 $f(x)=\begin{cases}\ln x, & x\geqslant 1\\ x^3, & x<1\end{cases}$，$g(x)=2x+3$，求 $f[g(x)]$，$g[f(x)]$.

4. 求下列函数的反函数：

(1) $y=\ln(x+\sqrt{1+x^2})$　　(2) $y=\begin{cases}x, & x<0\\ \sqrt{x}, & 0\leqslant x<4\\ \log_2 x, & x\geqslant 4\end{cases}$

5. 将下列复合函数分解为简单函数：

(1) $y = \arctan e^{\sqrt{x}}$　　(2) $y = x^x (x > 0)$

(3) $y = \sin^3(\cos 3x)$　　(4) $y = \ln\sqrt{\ln\sin x}$

6. 判断下列函数的奇偶性：

(1) $f(x) = x\sin x$　　(2) $f(x) = \ln\dfrac{1+x}{1-x}$

7. 设函数 $f(x)$ 的定义域为 $(-a, a)$ $(a > 0)$，判断下列函数的奇偶性：

(1) $g(x) = f(x) + f(-x)$　　(2) $h(x) = f(x) - f(-x)$

8. 设函数 $f(x)$ 的定义域为 $(-a, a)$ $(a > 0)$，证明：$f(x)$ 必可表示为一个偶函数与一个奇函数之和.

9. 试比较下列各组函数值的大小：

(1) $\arccos\dfrac{1}{\pi}$ 与 $\arctan\dfrac{\sqrt{2}}{2}$　　(2) $\tan 1$ 与 $\arctan 1$

10. 设 $\alpha = \arcsin\left(-\dfrac{1}{3}\right)$，$\beta = \arctan(-\sqrt{2})$，$\gamma = \arccos\left(-\dfrac{2}{3}\right)$，试比较 α，β，γ 的大小.

11. 计算：

(1) $\sin\left[\dfrac{1}{2}\operatorname{arccot}\left(-\dfrac{3}{4}\right)\right]$　　(2) $\operatorname{arccot}\left(-\dfrac{1}{2}\right) + \operatorname{arccot}(-2)$

(3) $\arcsin\left[\sin\left(-\dfrac{5\pi}{4}\right)\right]$　　(4) $\arccos(\cos 4)$

12. 某工厂生产某产品，年产量为若干台，每台售价为 300 元，当年产量超过 600 台时，超过部分只能打 8 折出售，这样可出售 200 台，如果再多生产，则本年就销售不出去了，试写出本年的收益函数关系.

13. 收音机每台售价 90 元，成本为 60 元，厂方为鼓励销售商大量采购，决定凡是订购量超过 100 台的，每多订购 100 台就每台降低 1 元，但最低价为每台 75 元.

(1) 将每台的实际售价 P 表示为订购量 x 的函数；

(2) 将厂方所获的利润 L 表示成订购量的函数；

(3) 某一商行订购了 1000 台，厂方可获利润多少？

14. 一下水道的截面是矩形加半圆形（如图），截面积为 A. A 是一常量，这常量取决于预定的排水量. 设截面的周长为 s，底宽为 x，试建立 s 与 x 的函数关系.

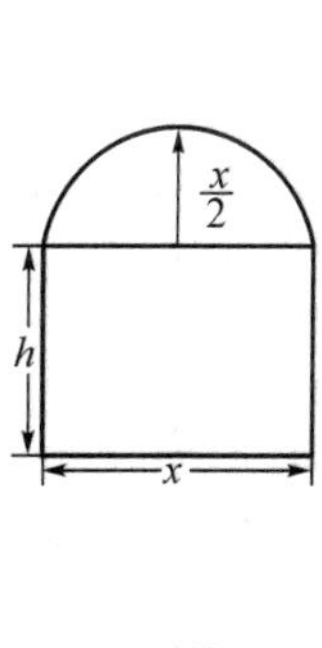

第二章　极限与连续

极限概念是贯穿整个微积分的基本概念，微分运算、定积分运算、级数运算等等这些高等数学运算的实质都是某种极限运算. 极限观念的建立，使我们从初等数学走向了高等数学，因此，学好极限的概念及极限运算对于本课程的学习是非常重要的. 本章将介绍数列的极限，函数的极限，无穷大与无穷小，极限的运算法则以及函数的连续性.

2.1　数列的极限

2.1.1　数列极限的概念

极限的思想起源于某些实际问题的精确值的解决. 例如，我国古代数学家刘徽（公元3世纪）利用圆内接正多边形来推算圆面积的方法——割圆术，就是极限思想在几何上的应用.

设有一个圆，首先作内接正六边形，把它的面积记为 A_1，再作内接正十二边形，其面积记为 A_2，如图 2－1－1 所示.

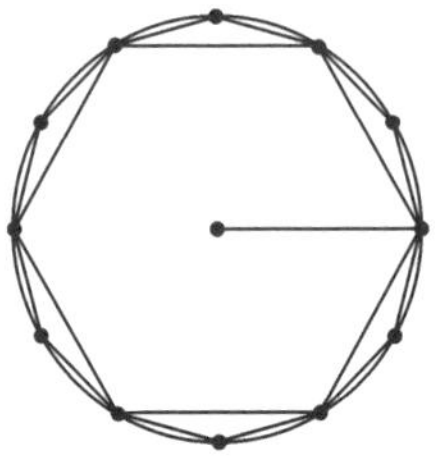

图 2－1－1

再作内接正二十四边形，其面积记为 A_3；循此下去，每次边数加倍，一般地把内接正 $6\times 2^{n-1}$ 边形的面积记为 $A_n(n\in \mathbf{N})$. 这样就得到一系列内接正多边形的面积：

$$A_1,\ A_2,\ A_3,\ \cdots,\ A_n,\ \cdots$$

它们构成一列有次序的数，当 n 越大，内接正多边形与圆的差别就越小，从而以 A_n 作为圆面积的近似值也就越精确，但是无论 n 取得如何大，只要 n 取定了，A_n 终究只是多边形的面积，还不是圆的面积，因此设想 n 无限增大（记为 $n \to \infty$，读作 n 趋向无穷大），即内接正多边形的边数无限增加，在这个过程中，内接正多边形就无限接近于圆，同时 A_n 也无限接近于某个确定的数值，这个确定的数值就可认为是圆的面积，这个确定的数值在数学上被称为这列有次序的数（所谓数列）A_1，A_2，A_3，…，A_n，… 当 $n \to \infty$ 时的极限. 在求圆面积的问题中我们看到，正是这个数列的极限才精确地表达了圆的面积.

在这个问题中，我们无法直接计算圆的面积，而是计算一系列圆内接正多边形面积. 通过考察这一系列圆的面积的近似值的变化趋势，从而得到圆的面积. 这种方法就是极限方法.

按一定次序排列的无穷多个数

$$x_1,\ x_2,\ \cdots,\ x_n,\ \cdots$$

称为无穷数列，简称**数列**，可简记为 $\{x_n\}$. 其中每一个数叫做数列的**项**，第 n 项 x_n 叫做数列的**通项（一般项）**. 例如：

(1) $\left\{\dfrac{1}{n}\right\}$表示数列：$1,\ \dfrac{1}{2},\ \dfrac{1}{3},\ \dfrac{1}{4},\ \cdots,\ \dfrac{1}{n},\ \cdots$；

(2) $\left\{\dfrac{n}{n+1}\right\}$表示数列：$\dfrac{2}{3},\ \dfrac{3}{4},\ \cdots,\ \dfrac{n}{n+1},\ \cdots$；

(3) $\{(-1)^n\}$ 表示数列：$-1,\ 1,\ -1,\ 1,\ \cdots,\ (-1)^n,\ \cdots$；

(4) $\left\{1+\dfrac{(-1)^{n-1}}{n}\right\}$表示数列：$2,\ \dfrac{1}{2},\ \dfrac{4}{3},\ \cdots,\ 1+\dfrac{(-1)^{n-1}}{n},\ \cdots$.

我们关注的问题是，当 n 无限增大时（即 $n \to \infty$ 时），数列 $\{x_n\}$ 的变化趋势，是否能无限接近于某个确定的常数.

现在来考察 n 无限增大时，数列 $\left\{\dfrac{1}{n}\right\}$ 和 $\left\{\dfrac{n}{n+1}\right\}$ 的变化趋势. 为了清楚起见，我们把这两个数列的前 n 项：x_1，x_2，…，x_n 分别在数轴上表示出来（如图 2－1－2，图 2－1－3 所示）.

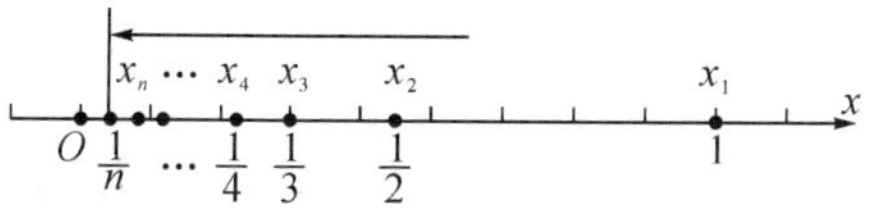

图 2－1－2

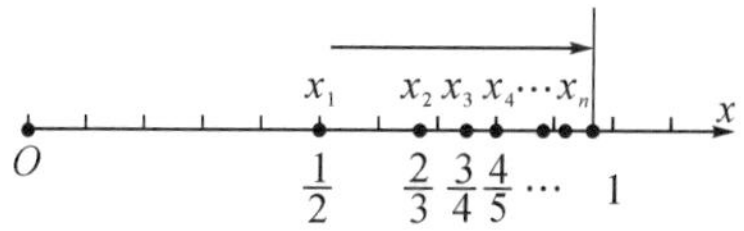

图 2－1－3

由图 2－1－2 可以看出，当 n 无限增大时，表示 $x_n = \dfrac{1}{n}$ 的点逐渐聚集在点 $x=0$ 的右侧，且 $x_n = \dfrac{1}{n}$ 无限接近于 0；由图 2－1－3 可以看出，当 n 无限增大时，表示 $x_n = \dfrac{n}{n+1}$ 的点逐渐聚集在点 $x=1$ 的左侧，且 $x_n = \dfrac{n}{n+1}$ 无限接近于 1.

上述两个数列具有相同的变化特征，即当 n 无限增大时，它们都无限接近于一个确定的常数. 对于具有这样特征的数列 $\{x_n\}$，我们就说当 n 无限增大 $(n \to \infty)$ 时，对应的 x_n 无限趋近于一个确定的常数 a，则称 a 为数列 x_n 的极限，记作 $\lim\limits_{n\to\infty} x_n = a$ 或 $x_n \to a(n \to \infty)$.

显然上述例子比较简单，很容易从通项的变化趋势上分析出数列的极限，当然如果数列的通项比较复杂，想从直观上得出数列的极限就不太容易了，况且上述定义只是一种形象的描述性定义，在数学上不够准确和严谨，为了定量地、确切地表明“无限增大”和“无限趋近”的意义，揭示数列极限的实质，我们必须用定量的、精确的数学语言来描述这一概念.

考察数列 $\left\{1+\dfrac{1}{n}\right\}$. 从数列的变化趋势来看，当 $n \to \infty$ 时，$x_n = 1+\dfrac{1}{n} \to 1$，这就意味着，当 n 充分大时，点 $x_n = 1+\dfrac{1}{n}$ 与 1 可以任意接近，按绝对值的几何意义，即 $|x_n - 1|$ 可以任意地小，换句话说，只要 n 充分大，$|x_n - 1| = \dfrac{1}{n}$ 就可以小于预先给定的任意小的正数 ε，对此，可由下表进行观察：

表 2 - 1

$\varepsilon =$	…	0.1	0.01	0.001	0.0001	0.00001	…	ε	…
$n >$	…	10	10^2	10^3	10^4	10^5	…	$1/\varepsilon$	…
$\lvert x_n - 1 \rvert <$	…	0.1	0.01	0.001	0.0001	0.00001	…	ε	…

从表 2 - 1 可看出，对于任意给定的正数 ε(不论它多么小)，总存在着正整数 $N\left(比如取 N = \left[\dfrac{1}{\varepsilon}\right]\right)$，当 $n > N$ 时，即数列 $\left\{1+\dfrac{1}{n}\right\}$ 从第 $N+1$ 项开始，后面的一切项：x_{N+1}，x_{N+2}，… 都能使不等式

$$|x_n - 1| = \frac{1}{n} < \frac{1}{N} = \varepsilon$$

成立.

上述特点清楚地表明：“欲使 $x_n = 1+\dfrac{1}{n}$ 与 1 接近到小于任意小的正数 ε 的程度，总是可以做到的，即总存在相应的正整数 N，对于大于 N 的一切 n，就可以达到上述要求.”这就是当 $n \to \infty$ 时，$x_n \to 1$ 的实质. 由此推广到一般，可得数列极限的定义如下：

定义 2.1 设有数列 $\{x_n\}$，a 为一常数，如果对于任意给定的正数 ε（不论它多么小），总存在着正整数 N，使得对于 $n > N$ 时的一切 x_n，不等式

$$|x_n - a| < \varepsilon$$

都成立，则称常数 a 是数列 x_n 的**极限**，或称数列 x_n **收敛**于 a，记作 $\lim\limits_{n\to\infty} x_n = a$ 或 $x_n \to a$

$(n \to \infty)$.

如果数列没有极限，即数列极限不存在，则称数列是**发散**的.

此定义简称数列极限的“$\varepsilon - N$”定义.

上面定义中正数 ε 可以任意给定是很重要的，并且是任意小的正数，想它有多小就有多么小，因为只有这样，不等式 $|x_n - a| < \varepsilon$ 才能表达出 x_n 与 a 无限接近的意思，此外还应注意到：定义中的正整数 N 与正数 ε 有关，它随着 ε 的给定而选定.

在几何上，常数 a 和数列的各项都可用数轴上的对应点表示. 因为 $|x_n - a| < \varepsilon$ 相当于 $a - \varepsilon < x_n < a + \varepsilon$，所以数列 $\{x_n\}$ 以 a 为极限的几何意义就是：对于任意给定的正数 ε，总能找到正整数 N，使得从第 $N+1$ 项开始，后面的所有项 $x_{N+1}, x_{N+2}, \cdots$ 的对应点都落在以 a 为中心，ε 为半径的邻域 $(a-\varepsilon, a+\varepsilon)$ 内，至多只有有限个点落在此邻域外（如图 2－1－4）.

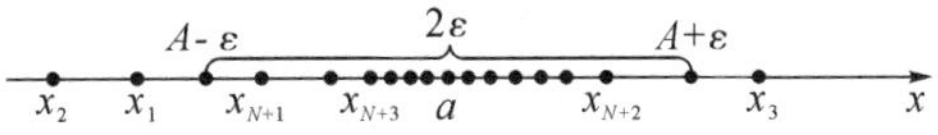

图 2－1－4

例 1 观察 $n \to \infty$ 时数列 $\left\{\dfrac{n}{n+1}\right\}$ 的极限，并用定义验证之.

解 由观察可知：当 $n \to \infty$ 时数列 $\dfrac{n}{n+1} \to 1$，即 $\lim\limits_{n \to \infty} \dfrac{n}{n+1} = 1$. 下面按定义验证之.

分析：对于任意给定的正数 ε（不论它有多么小），欲使

$$\left|\frac{n}{n+1} - 1\right| < \varepsilon,$$

只须

$$\left|\frac{n}{n+1} - 1\right| = \frac{1}{n+1} < \varepsilon,$$

即

$$n > \frac{1}{\varepsilon} - 1,$$

故取正整数 $N = \left[\dfrac{1}{\varepsilon} - 1\right]$，当 $n > N$，便有 $n \geqslant N + 1 > \dfrac{1}{\varepsilon} - 1$. 再层层倒推回去，便可以得到如下证明过程：

证 对于任意给定的正数 ε（可简写为 $\forall \varepsilon > 0$），取正整数 $N = \left[\dfrac{1}{\varepsilon} - 1\right]$，则当 $n > N$ 时，便有 $n > \dfrac{1}{\varepsilon} - 1$，从而有 $\left|\dfrac{n}{n+1} - 1\right| = \dfrac{1}{n+1} < \varepsilon$，由极限的定义有

$$\lim_{n \to \infty} \frac{n}{n+1} = 1.$$

例 2 证明 $\lim\limits_{n \to \infty} \dfrac{1}{3^n} = 0$.

证 $\forall \varepsilon > 0$，要使 $\left|\dfrac{1}{3^n} - 0\right| = \dfrac{1}{3^n} < \varepsilon$，即 $\dfrac{1}{3^n} < \varepsilon$，$3^n > \dfrac{1}{\varepsilon}$，只要 $n > \log_3 \dfrac{1}{\varepsilon}$，故取正整

数 $N=\left[\log_3\dfrac{1}{\varepsilon}\right]$,则当 $n>N$ 时,就有 $\left|\dfrac{1}{3^n}-0\right|<\varepsilon$,即 $\lim\limits_{n\to\infty}\dfrac{1}{3^n}=0$.

注意:对于任意给定的正数 ε,能求出满足定义要求的正整数 N 即可,它并不是唯一的,也没有必要是最小的.

2.1.2 收敛数列的性质

性质 1(数列极限的唯一性) 若数列 $\{x_n\}$ 收敛,则其极限唯一.

证 (反证法)设 $\{x_n\}$ 有两个相异的极限 a 和 b,不妨设 $a<b$,取 $\varepsilon=\dfrac{b-a}{2}$.

因为 $\lim\limits_{n\to\infty}x_n=a$,则存在正整数 N_1,使得当 $n>N_1$ 时 $|x_n-a|<\dfrac{b-a}{2}$,即

$$\frac{3a-b}{2}<x_n<\frac{a+b}{2} \qquad (*)$$

又因为 $\lim\limits_{n\to\infty}x_n=b$,则存在正整数 N_2,使得当 $n>N_2$ 时 $|x_n-b|<\dfrac{b-a}{2}$,即

$$\frac{a+b}{2}<x_n<\frac{3b-a}{2} \qquad (**)$$

取 $N=\max\{N_1,N_2\}$,则当 $n>N$ 时,$(*)$ 式及 $(**)$ 式同时成立,而这是不可能的,这说明假设是错误的. 于是定理得证.

上述性质表明:当 $n\to\infty$ 时,如果 x_n 不趋向一个确定的常数,则数列 $\{x_n\}$ 的极限不存在,即 $\lim\limits_{n\to\infty}x_n$ 不存在,数列 $\{x_n\}$ 是发散的.

例如,数列 $\{(-1)^n\}$ 是发散的,不能说其极限为 1 或 -1.

对于数列 $\{x_n\}$,如果存在着正数 M,使得对任何自然数 n,都有

$$|x_n|\leqslant M$$

成立,则称数列 $\{x_n\}$ 是有界的;如果这样的正数 M 不存在,就说数列 $\{x_n\}$ 是**无界**的.

例如,数列 $\left\{\dfrac{n}{n+1}\right\}$,$\{(-1)^n\}$ 是有界数列,$\{n^2\}$ 是无界数列.

性质 2(收敛数列的有界性) 若数列 $\{x_n\}$ 收敛,则数列 $\{x_n\}$ 必有界.

证 设 $\lim\limits_{n\to\infty}x_n=a$,由定义对 $\varepsilon=1$,存在自然数 N,当 $n>N$ 时,$|x_n-a|<\varepsilon=1$,所以当 $n>N$ 时,$|x_n|\leqslant|x_n-a|+|a|<1+|a|$.

令 $M=\max\{|x_1|,|x_2|,\cdots,|x_N|,1+|a|\}$,显然对一切 n,$|x_n|\leqslant M$.

根据性质 2,如果数列 $\{x_n\}$ 无界,那么数列 $\{x_n\}$ 一定发散,但如果数列 $\{x_n\}$ 有界,却不能断定它一定收敛,例如数列 $\{(-1)^n\}$,它是有界的,但它却是发散的,所以数列有界是数列收敛的必要条件而非充分条件.

性质 3(收敛数列的保号性) 设 $\lim\limits_{n\to\infty}x_n=a$. 若 $a>0$(或 $a<0$),则存在正整数 N,使

当 $n > N$ 时，有 $x_n > 0$（或 $x_n < 0$）.

证 不妨设 $a > 0$. 取 $\varepsilon = \frac{a}{2}$，则存在正整数 N，当 $n > N$ 时，有 $|x_n - a| < \varepsilon = \frac{a}{2}$，即 $-\frac{a}{2} < x_n - a < \frac{a}{2}$，所以 $x_n > a - \frac{a}{2} = \frac{a}{2} > 0$.

对于 $a < 0$ 的情形，类似可以证明之.

推论 设对一切 n，$x_n \geqslant 0$（或 $x_n \leqslant 0$），且 $\lim\limits_{n\to\infty} x_n = a$，则 $a \geqslant 0$（或 $a \leqslant 0$）.（请读者自己用性质 3 的结论证明之）.

注意：推论中的条件 $x_n \geqslant 0$（或 $x_n \leqslant 0$）即使改为 $x_n > 0$（或 $x_n < 0$），结论也只能得出 $a \geqslant 0$（或 $a \leqslant 0$）. 如 $x_n = \frac{1}{n} > 0$，但 $\lim\limits_{n\to\infty} x_n = \lim\limits_{n\to\infty} \frac{1}{n} = 0$.

将数列 $\{x_n\}$ 保持原有顺序情况下，任取其中无穷多项所构成的数列称作原数列 $\{x_n\}$ 的**子数列**，简称**子列**，例如：

$\{x_{2n-1}\}$：$x_1, x_3, x_5, x_7, \cdots, x_{2n-1}, \cdots$，

$\{x_{2n}\}$：$x_2, x_4, x_6, x_8, \cdots, x_{2n}, \cdots$

均为 $\{x_n\}$ 的子数列.

一般地，取出

$$x_{n_1}, x_{n_2}, \cdots, x_{n_k}, \cdots (n_k \geqslant k)$$

构成的数列 $\{x_{n_k}\}$ 是原数列的一个子列.

性质 4（收敛数列与其子数列间的关系） 如果数列 $\{x_n\}$ 收敛于 a，则其任一子列也收敛，且极限也为 a.

证 设数列 $\{x_{n_k}\}$ 是数列 $\{x_n\}$ 的任一子列.

由于 $\lim\limits_{n\to\infty} x_n = a$，则对于任意给定的正数 ε，存在正整数 N，当 $n > N$ 时，$|x_n - a| < \varepsilon$.

现在取 $K = N$，则对一切 $k > K$，有 $n_k > n_K = n_N \geqslant N$. 这时就有 $|x_{n_k} - a| < \varepsilon$，定理得证.

注意：这个定理常用来证明 $\{x_n\}$ 发散.

推论 若数列 $\{x_n\}$ 有两个子列其极限不相等，或有一个子列其极限不存在，则数列 $\{x_n\}$ 发散.

例如，取数列 $\{(-1)^{n+1}\}$ 的奇数项子列 $\{(-1)^{2k}\}$ 和偶数项子列 $\{(-1)^{2k+1}\}$，它们分别收敛于 1 和 -1，由上述推论知数列 $\{(-1)^{n+1}\}$ 是发散的.

这个例子说明了一个发散的数列也可能有收敛的子列.

习题 2.1

1. 观察下列各数列的变化趋势，指出哪些数列收敛，哪些数列发散. 如果收敛，写出

它们的极限.

(1) $\left\{\left(\frac{3}{5}\right)^n\right\}$　(2) $\left\{\ln\frac{1}{n}\right\}$　(3) $\{n+(-1)^n\}$

(4) $\left\{(-1)^n\frac{1}{n}\right\}$　(5) $\left\{\frac{1}{n+1}\sin\frac{n\pi}{3}\right\}$　(6) $\{\arctan 2n\}$

(7) $\left\{\sin\frac{1}{n}\right\}$　(8) $\left\{\frac{1}{1\times 2}+\frac{1}{2\times 3}+\cdots+\frac{1}{n(n+1)}\right\}$

2. 根据数列极限的性质,说明下列数列极限不存在:

(1) $\{2^{(-1)^n}\}$　(2) $\{\cos n\pi\}$

3. 按"$\varepsilon-N$"定义证明:

(1) $\lim\limits_{n\to\infty}\frac{n-1}{n+1}=1$　(2) $\lim\limits_{n\to\infty}\frac{2n-3}{3n+1}=\frac{2}{3}$

(3) $\lim\limits_{n\to\infty}\frac{3n^2+5n+1}{3n^2-n+6}=1$　(4) $\lim\limits_{n\to\infty}\frac{\sin n}{n^2+1}=0$

4. 设$\lim\limits_{n\to\infty}a_n=a$,证明:$\lim\limits_{n\to\infty}|a_n|=|a|$. 当且仅当$a$为何值时反之也成立?

5. 设$\lim\limits_{n\to\infty}a_n=a$,$\lim\limits_{n\to\infty}b_n=b$,且$a<b$. 证明:存在正数$N$,使得当$n>N$时,有$a_n<b_n$.

6. 设数列$\{x_n\}$有界,且$\lim\limits_{n\to\infty}y_n=0$,证明:$\lim\limits_{n\to\infty}x_ny_n=0$.

2.2 函数的极限

数列$\{x_n\}$可看成是自变量为正整数n的函数$x_n=f(n)$(整标函数),其定义域为全体正整数. 因此,数列的极限可看作是一种特殊类型的函数的极限问题. 本节将把它推广到一般函数的极限问题,函数极限就是研究自变量在某种变化过程中函数值的变化趋势.

函数的极限实质上就是在自变量的某种变化趋势下相应的函数值的变化趋势,所以函数值的变化趋势是由自变量的变化趋势所决定的. 自变量的变化趋势一般可分两种情形:(1) 自变量的绝对值$|x|$无限增大,即x趋向于无穷大(记作$x\to\infty$);(2) 自变量x趋向于有限值x_0(记作$x\to x_0$). 下面我们分别就这两种情形来研究函数的极限.

2.2.1 自变量趋于无穷大时函数的极限

$x\to\infty$的含义是指自变量x的绝对值$|x|$无限增大即趋于无穷大,它包括两种趋势:$x\to+\infty$,即$x>0$,且$|x|$无限增大;$x\to-\infty$,即$x<0$,且$|x|$无限增大.

因而,考虑趋势$x\to\infty$意味着同时考虑趋势$x\to+\infty$与$x\to-\infty$.

例 1　考虑函数 $y=\frac{1}{x}$，观察函数图形（图 2-2-1），容易看出，当 $x\to+\infty$ 与 $x\to-\infty$ 时，曲线 $y=\frac{1}{x}$ 都无限接近 x 轴，即对应的函数值 y 都无限接近常数 0，将它记作

$$\lim_{x\to\infty}\frac{1}{x}=0\ .$$

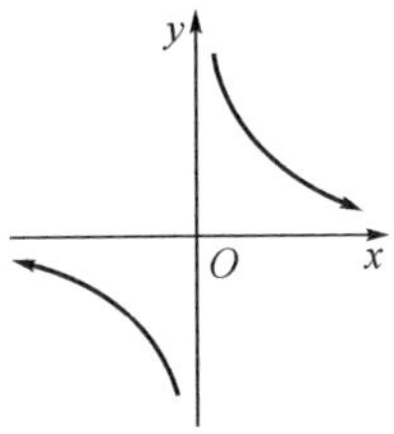

图 2-2-1

对于一般的函数 $y=f(x)$，如果也具有上述性质，即当自变量 $x\to\infty$ 时，函数值无限接近一个常数 A，则常数 A 就称为函数 $y=f(x)$ 当自变量 $x\to\infty$ 时的极限，记为 $\lim\limits_{x\to\infty}f(x)=A$.

仿照数列极限的定义，$\lim\limits_{x\to\infty}f(x)=A$ 定义为：

定义 2.2　设函数 $f(x)$ 在 $|x|>a\ (a>0)$ 时有定义，A 为一常数. 如果对于任意给定的无论多么小的正数 ε，总存在正数 $X\ (X\geqslant a)$，使得对于适合 $|x|>X$ 的一切 x，所对应的函数值 $f(x)$ 都满足不等式

$$|f(x)-A|<\varepsilon,$$

则称常数 A 为函数 $f(x)$ 当 $x\to\infty$ 时的极限，记作

$$\lim_{x\to\infty}f(x)=A\ 或\ f(x)\to A(x\to\infty).$$

类似地，可给出 $x\to+\infty$ 与 $x\to-\infty$ 时函数的极限定义，分别记作 $\lim\limits_{x\to+\infty}f(x)$ 与 $\lim\limits_{x\to-\infty}f(x)$：

如果 $x\to+\infty$，那么只要把上面定义中的 $|x|>X$ 改为 $x>X$，就得到 $\lim\limits_{x\to+\infty}f(x)=A$ 的定义. 同样，如果 $x\to-\infty$，那么只要把 $|x|>X$ 改为 $x<-X$，便得 $\lim\limits_{x\to-\infty}f(x)=A$ 的定义.

由 $x\to\infty$ 与 $x\to+\infty$，$x\to\infty$ 的关系即得：

定理 2.1　极限 $\lim\limits_{x\to\infty}f(x)$ 存在的充分必要条件是 $\lim\limits_{x\to+\infty}f(x)$ 和 $\lim\limits_{x\to-\infty}f(x)$ 都存在且相等.

$\lim\limits_{x\to+\infty}f(x)$ 与 $\lim\limits_{x\to-\infty}f(x)$ 中只要有一个不存在，或者虽然都存在但不相等，则极限 $\lim\limits_{x\to\infty}f(x)$ 不存在.

例如，$\lim\limits_{x\to+\infty}e^x=+\infty$，$\lim\limits_{x\to-\infty}e^x=0$，所以 $\lim\limits_{x\to\infty}e^x$ 不存在（图 2-2-2）.

再如，$\lim\limits_{x\to+\infty}\arctan x=\frac{\pi}{2}$，$\lim\limits_{x\to-\infty}\arctan x=-\frac{\pi}{2}$，两者不等，所以 $\lim\limits_{x\to\infty}\arctan x$ 也不存在（图 2-2-3）.

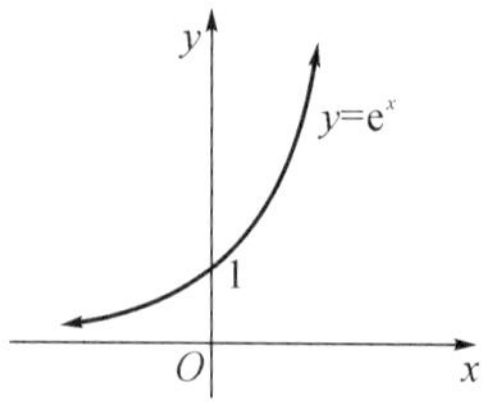

图 2-2-2

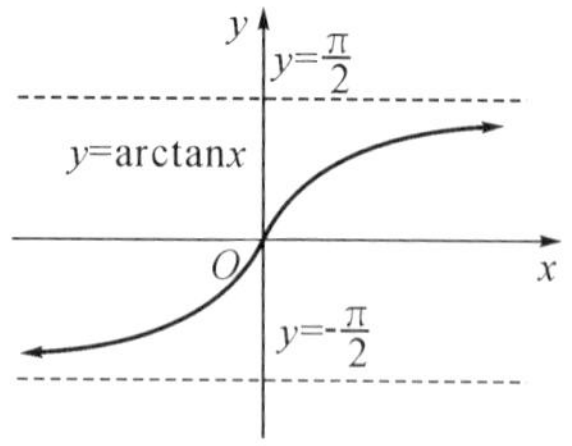

图 2-2-3

例 2　讨论极限 $\lim\limits_{x\to\infty}\sin x$.

解　观察 $y=\sin x$ 的图形(图 2-2-4),容易看出:无论当 $x\to+\infty$ 还是当 $x\to-\infty$ 时,函数值 y 在区间$[-1,\ 1]$上摆动,不能无限接近任何常数. 所以$\lim\limits_{x\to\infty}\sin x$ 不存在.

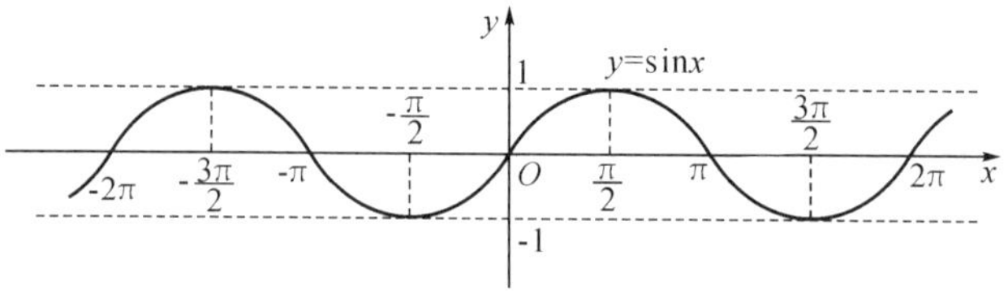

图 2-2-4

$\lim\limits_{x\to\infty}f(x)=A$ 的几何解释是:对于任意给定的正数 ε,作直线 $y=A+\varepsilon$ 和 $y=A-\varepsilon$ 得一带形区域,不论这一带形区域多么窄,总存在正数 X,使得只要当 x 落入$(-\infty,-X)$和$(X,+\infty)$时,所对应的 $y=f(x)$ 的图形就都落在这两直线 $y=A+\varepsilon$ 和 $y=A-\varepsilon$ 之间(图 2-2-5).

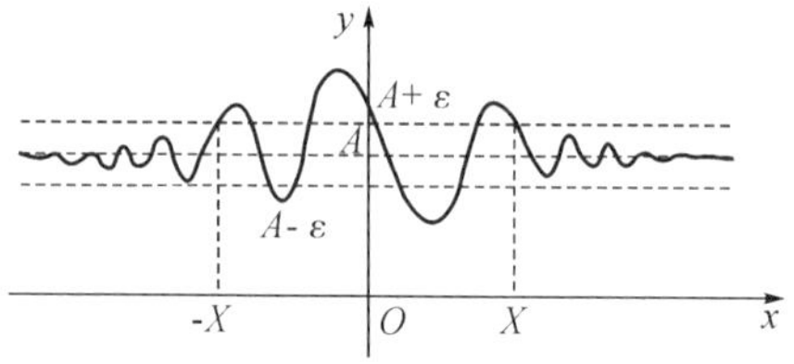

图 2-2-5

例 3　证明 $\lim\limits_{x\to\infty}\dfrac{1}{x}=0$.

证　设 ε 是任意给定的正数,要证存在正数 X,当 $|x|>X$ 时,不等式 $\left|\dfrac{1}{x}-0\right|<\varepsilon$ 成立,因这个不等式相当于 $\dfrac{1}{|x|}<\varepsilon$,或 $|x|>\dfrac{1}{\varepsilon}$. 由此可知,如果取 $X=\dfrac{1}{\varepsilon}$,那么对于适合 $|x|>X=\dfrac{1}{\varepsilon}$ 的一切 x,不等式 $\left|\dfrac{1}{x}-0\right|<\varepsilon$ 成立,按定义有 $\lim\limits_{x\to\infty}\dfrac{1}{x}=0$.

例 4　证明$\lim\limits_{x\to\infty}\dfrac{\sin x}{x}=0$.

证　对 $\forall\varepsilon>0$,因为$\left|\dfrac{\sin x}{x}-0\right|=\left|\dfrac{\sin x}{x}\right|\leqslant\dfrac{1}{|x|}$,所以要使得$\left|\dfrac{\sin x}{x}-0\right|<\varepsilon$,只须$\dfrac{1}{|x|}<\varepsilon$,即$|x|>\dfrac{1}{\varepsilon}$,故取$X=\dfrac{1}{\varepsilon}$,所以当$|x|>X$时,有$\left|\dfrac{\sin x}{x}-0\right|<\varepsilon$,由定义证得$\lim\limits_{x\to\infty}\dfrac{\sin x}{x}=0$.

一条伸展到无穷远的曲线 $y=f(x)$,当动点 $P(x, f(x))$ 沿曲线无限远离原点时,点 P 到直线 $y=A$ 的距离趋于 0,这时我们称直线 $y=A$ 是曲线 $y=f(x)$ 的**水平渐近线**(图 2-2-6).

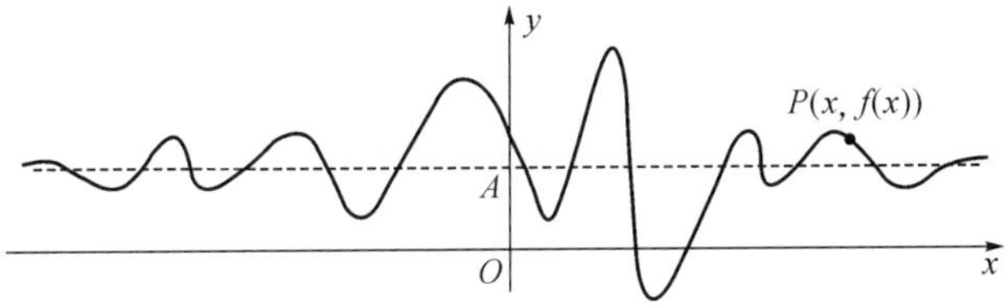

图 2-2-6

一般地,若$\lim\limits_{x\to\infty}f(x)=A$,或$\lim\limits_{x\to+\infty}f(x)=A$,或$\lim\limits_{x\to-\infty}f(x)=A$,则 $y=A$ 是曲线 $y=f(x)$ 的水平渐近线.

例如,由$\lim\limits_{x\to\infty}\dfrac{1}{x}=0$知,直线 $y=0$ 是曲线 $y=\dfrac{1}{x}$ 的水平渐近线(图 2-2-1);由$\lim\limits_{x\to-\infty}e^x=0$知,直线 $y=0$ 是曲线 $y=e^x$ 的水平渐近线(图 2-2-2);由$\lim\limits_{x\to+\infty}\arctan x=\dfrac{\pi}{2}$与$\lim\limits_{x\to-\infty}\arctan x=-\dfrac{\pi}{2}$知,直线 $y=\dfrac{\pi}{2}$ 与直线 $y=-\dfrac{\pi}{2}$ 都是曲线 $y=\arctan x$ 的水平渐近线(图 2-2-3).

2.2.2　自变量趋于有限值时函数的极限

基本概念

先看两个例子.

例 5　考虑函数 $y=2x-1$,观察函数图形(图 2-2-7),容易看出,当自变量 x 无限趋近于 2 时(记为 $x\to2$ 时),函数 $y=2x-1$ 的函数值无限接近常数 3,这时我们就说常数 3 是函数 $y=2x-1$ 当 $x\to2$ 时的极限,记为$\lim\limits_{x\to2}(2x-1)=3$.

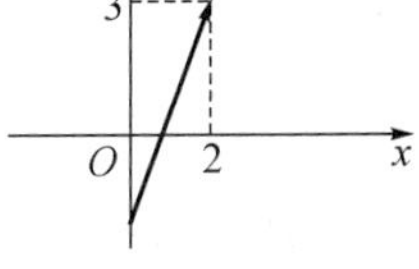

图 2-2-7

例 6 函数 $f(x)=\dfrac{x^2-1}{x-1}$ 的图象如图 2-2-8 所示，很显然此函数的定义域为 $x \neq 1$ 的全体实数，从图上直观看到，当自变量 x 无限趋近于 1 时(记为 $x \to 1$ 时)，函数 $f(x)=\dfrac{x^2-1}{x-1}$ 的函数值无限接近常数 2，即称函数 $f(x)=\dfrac{x^2-1}{x-1}$ 当 $x \to 1$ 时的极限为 2，记为 $\lim\limits_{x \to 1}\dfrac{x^2-1}{x-1}=2$.

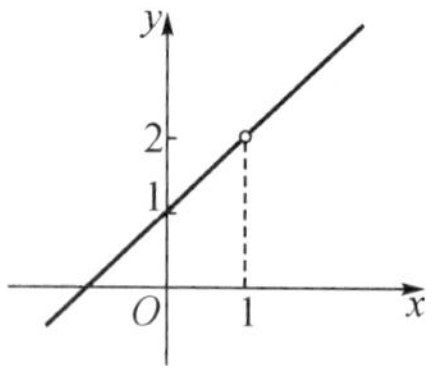

图 2-2-8

可以看到，x 趋近于一个点时函数的极限存在与否，与函数在该点处是否有定义无关.

对于一般函数 $y=f(x)$ 来说，在自变量 x 无限趋近有限值 x_0 的过程中(即 $x \to x_0$)，对应的函数值 $f(x)$ 无限接近于 A，就是 $|f(x)-A|$ 能任意小，这件事可以用 $|f(x)-A|<\varepsilon$ (ε 是事先任意给定的正数) 来描述，因为函数值 $f(x)$ 无限接近于 A 是在 $x \to x_0$ 的过程中实现的，所以对于任意给定的正数 ε，要求充分接近 x_0 的 x 所对应的函数值 $f(x)$ 满足不等式 $|f(x)-A|<\varepsilon$；而充分接近 x_0 的 x 可表达为 $0<|x-x_0|<\delta$ ($\delta>0$)，从几何上看，适合不等式 $0<|x-x_0|<\delta$ 的 x 的全体，就是点 x_0 的去心 δ 邻域 $\overset{o}{U}(x_0,\delta)$，而邻域半径 δ 则体现了 x 接近 x_0 的程度.

基于以上的分析，我们给出当 $x \to x_0$ 时函数极限的定义如下：

定义 2.2 设函数 $f(x)$ 在 x_0 的某去心 δ 邻域 $\overset{o}{U}(x_0,\delta)$ 内有定义. A 为一确定的常数. 如果对于任意给定的正数 ε(无论它多么小)，总存在正数 δ，使得对于满足不等式 $0<|x-x_0|<\delta$ 的一切 x (即 $x \in \overset{o}{U}(x_0,\delta)$)，总有不等式

$$|f(x)-A|<\varepsilon$$

成立，则称 A 是函数 $f(x)$ 当 $x \to x_0$ 时的极限，记作

$$\lim_{x \to x_0} f(x)=A \text{ 或 } f(x) \to A(\text{当 } x \to x_0).$$

此定义简称为函数的“$\varepsilon-\delta$”定义.

注意：“x 与 x_0 充分接近”在定义中表现为：$\exists \delta>0$，有 $0<|x-x_0|<\delta$，即 $x \in \overset{o}{U}(x_0,\delta)$. 显然 δ 越小，x 与 x_0 接近程度就越好，此 δ 与数列极限中的 N 所起的作用是一样的，它也依赖于 ε. 一般地，ε 越小，δ 相应地也小一些.

定义 2.2 中的 $0<|x-x_0|<\delta$ 表示 $x \neq x_0$，因为 $x \to x_0$ 时函数 $f(x)$ 是否有极限与函数 $f(x)$ 在点 x_0 处的情况无关.

从几何上来说，$\lim\limits_{x \to x_0} f(x)=A$ 的几何意义是：对于任意给定的正数 ε，作直线 $y=A+\varepsilon$ 和 $y=A-\varepsilon$ 得一带状区域，不论这一带状区域多么窄，总存在着 x_0 的某去心 δ 邻域，使

得只要当 x 落入该邻域内时，其所对应的函数 $y=f(x)$ 的图形就都在这两直线 $y=A+\varepsilon$ 和 $y=A-\varepsilon$ 之间（如图 2-2-9）.

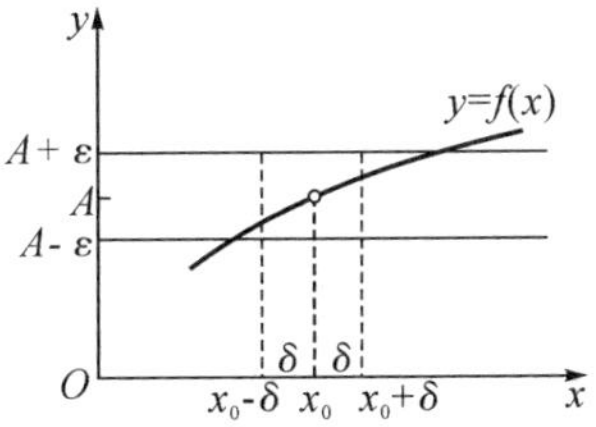

图 2-2-9

例 7　用定义证明 $\lim\limits_{x\to x_0} c=c$，此处 c 为一常数.

证　这里 $|f(x)-A|=|c-c|=0$，因此对于任意给定的正数 ε，可任取一正数 δ，当 $0<|x-x_0|<\delta$ 时，能使不等式

$$|f(x)-A|=0<\varepsilon$$

成立，所以按定义有 $\lim\limits_{x\to x_0} c=c$.

一般地，一个常数的极限等于这个常数本身，即 $\lim\limits_{x\to x_0} c=c$（$c$ 为常数）.

例 8　用定义证明 $\lim\limits_{x\to x_0} x=x_0$.

证　这里 $|f(x)-A|=|x-x_0|$，因此对于任意给定的正数 ε，取 $\delta=\varepsilon$，当 $0<|x-x_0|<\delta$ 时，能使不等式

$$|f(x)-A|<\varepsilon$$

成立，所以按定义有 $\lim\limits_{x\to x_0} x=x_0$.

例 9　用定义证明 $\lim\limits_{x\to 2}(2x-1)=3$.

分析：为使 $|(2x-1)-3|=|2x-4|=2|x-2|<\varepsilon$，只要 $|x-2|<\dfrac{\varepsilon}{2}$，故取 $\delta=\dfrac{\varepsilon}{2}$ 即可.

证　$\forall\varepsilon>0$，取 $\delta=\dfrac{\varepsilon}{2}>0$，则当 $0<|x-2|<\delta$ 时，就有

$$|(2x-1)-3|=|2x-4|=2|x-2|<2\times\frac{\varepsilon}{2}=\varepsilon,$$

故 $\lim\limits_{x\to 2}(2x-1)=3$.

例 10　用定义证明 $\lim\limits_{x\to 1}\dfrac{x^2-1}{x-1}=2$.

证　因为 $x\neq 1$，$\left|\dfrac{x^2-1}{x-1}-2\right|=|x+1-2|=|x-1|$，对于 $\forall\varepsilon>0$，欲使 $\left|\dfrac{x^2-1}{x-1}-2\right|<\varepsilon$，只要 $|x-1|<\varepsilon$，取 $\delta=\varepsilon$，则当 $0<|x-1|<\delta$ 时，就有不等式 $\left|\dfrac{x^2-1}{x-1}-2\right|<\varepsilon$ 成立，所以按定义证得 $\lim\limits_{x\to 1}\dfrac{x^2-1}{x-1}=2$.

单侧极限

在上述 $x \to x_0$ 时函数 $f(x)$ 的极限概念中，x 是从 x_0 的左右两侧趋近于 x_0 的. 如果 $x < x_0$ 且趋近于 x_0（记作 $x \to x_0^-$ 或 $x \to x_0 - 0$）时，$f(x) \to A$，则称常数 A 是函数 $f(x)$ 当 $x \to x_0$ 时的**左极限**，记作 $\lim\limits_{x \to x_0^-} f(x) = A$（或 $\lim\limits_{x \to x_0 - 0} f(x) = A$ 或 $f(x_0^-) = A$ 或 $f(x_0 - 0) = A$）.

类似地，如果当 $x > x_0$ 且趋近于 x_0（记作 $x \to x_0^+$ 或 $x \to x_0 + 0$）时，$f(x) \to A$，则称常数 A 是函数 $f(x)$ 当 $x \to x_0$ 时的**右极限**，记作 $\lim\limits_{x \to x_0^+} f(x) = A$（或 $\lim\limits_{x \to x_0 + 0} f(x) = A$ 或 $f(x_0^+) = A$ 或 $f(x_0 + 0) = A$）.

左、右极限统称为**单侧极限**.

极限与左、右极限之间有以下结论：

定理 2.2 $\lim\limits_{x \to x_0} f(x) = A$ 的充分必要条件是 $\lim\limits_{x \to x_0^-} f(x) = \lim\limits_{x \to x_0^+} f(x) = A$.

于是即知，极限 $\lim\limits_{x \to x_0} f(x)$ 存在的充分必要条件是左极限 $\lim\limits_{x \to x_0^-} f(x)$、右极限 $\lim\limits_{x \to x_0^+} f(x)$ 都存在且相等. $\lim\limits_{x \to x_0^-} f(x)$ 与 $\lim\limits_{x \to x_0^+} f(x)$ 中只要有一个不存在，或者虽然都存在但不相等，则 $\lim\limits_{x \to x_0} f(x)$ 不存在.

例 11 考察函数

$$f(x) = \begin{cases} x - 1, & x < 0 \\ 0, & x = 0, \\ x + 1, & x > 0 \end{cases}$$

当 $x \to 0$ 时，$f(x)$ 的极限是否存在.

解 因为当 $x \to 0$ 时，$f(x)$ 的左极限是 $\lim\limits_{x \to 0^-} f(x) = \lim\limits_{x \to 0^-} (x - 1) = -1$，
而右极限是 $\lim\limits_{x \to 0^+} f(x) = \lim\limits_{x \to 0^+} (x + 1) = 1$，
左极限和右极限存在但不相等，所以 $\lim\limits_{x \to 0} f(x)$ 不存在（如图 2-2-10）.

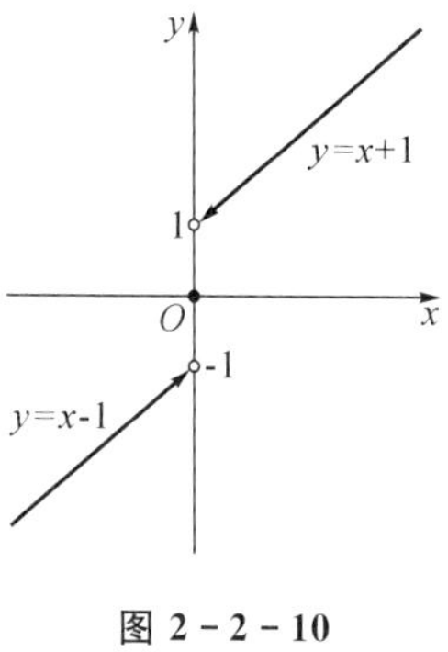

图 2-2-10

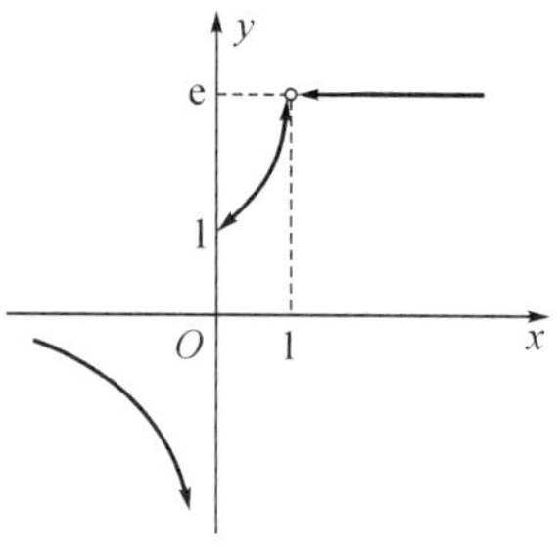

图 2-2-11

例 12　讨论函数 $f(x)=\begin{cases} x^{-1}, & x<0 \\ e^{x}, & 0\leqslant x<1 \\ e, & x>1 \end{cases}$ 在 $x=0$ 及 $x=1$ 处的极限.

解　在 $x=0$ 处,左极限 $\lim\limits_{x\to 0^-}f(x)=\lim\limits_{x\to 0^-}\dfrac{1}{x}$ 不存在,此时有 $\dfrac{1}{x}\to-\infty$,我们把它记为 $\lim\limits_{x\to 0^-}\dfrac{1}{x}=-\infty$. 因此,$\lim\limits_{x\to 0}f(x)$ 不存在.

在 $x=1$ 处,左极限 $\lim\limits_{x\to 1^-}f(x)=\lim\limits_{x\to 1^-}e^{x}=e$,右极限 $\lim\limits_{x\to 1^+}f(x)=\lim\limits_{x\to 1^+}e=e$,由于 $\lim\limits_{x\to 1^-}f(x)=\lim\limits_{x\to 1^+}f(x)=e$,所以 $\lim\limits_{x\to 1}f(x)=e$.

分段函数 $f(x)$ 的图形见图 2-2-11.

例 13　设函数 $f(x)=\begin{cases} x+a, & x\leqslant 1 \\ \dfrac{1}{x+1}, & x>1 \end{cases}$,问 a 为何值时,$\lim\limits_{x\to 1}f(x)$ 存在?

解　左极限 $f(1-0)=\lim\limits_{x\to 1^-}(x+a)=1+a$,右极限 $f(1+0)=\lim\limits_{x\to 1^+}\dfrac{1}{x+1}=\dfrac{1}{2}$,根据定理 2.2,只有当 $1+a=\dfrac{1}{2}$,即 $a=-\dfrac{1}{2}$ 时极限存在,且有 $\lim\limits_{x\to 1}f(x)=\dfrac{1}{2}$.

2.2.3　函数极限的性质

相应于数列,我们不加证明给出收敛函数的几个性质.

性质 1(唯一性)　若 $\lim\limits_{x\to x_0}f(x)$ 存在,则其极限唯一.

性质 2(局部有界性)　若 $\lim\limits_{x\to x_0}f(x)=A$,则 $f(x)$ 在 x_0 处局部有界,即存在常数 $M>0$ 和 $\delta>0$,使得当 $x\in \overset{o}{U}(x_0,\delta)$ 时,有 $|f(x)|\leqslant M$.

性质 3(局部保号性)　若 $\lim\limits_{x\to x_0}f(x)=A$,且 $A>0$ (或 $A<0$),则存在常数 $\delta>0$,使得当 $x\in \overset{o}{U}(x_0,\delta)$ 时,有 $f(x)>0$ (或 $f(x)<0$).

推论　若 $\lim\limits_{x\to x_0}f(x)=A$,且在 x_0 的某去心邻域内有 $f(x)\geqslant 0$ (或 $f(x)\leqslant 0$),则 $A\geqslant 0$(或 $A\leqslant 0$).

以上性质及推论,对于 $x\to\infty$ 的情形,相应成立.

2.2.4　无穷小与无穷大

无穷小

定义 2.3　若 $\lim\limits_{x\to x_0}f(x)=0$,则称此函数 $f(x)$ 是 $x\to x_0$ 时的**无穷小量**,简称为**无穷**

小. 类似可以定义 $x\to x_0^+, x\to x_0^-, x\to\infty, x\to+\infty, x\to-\infty$ 以及数列情形的无穷小.

如函数 $f(x)=x^2-1$,因为$\lim\limits_{x\to 1}(x^2-1)=0$,所以函数 $f(x)=x^2-1$ 是当 $x\to 1$ 时的无穷小.

又如函数 $f(x)=\dfrac{1}{x}$,因为$\lim\limits_{x\to\infty}\dfrac{1}{x}=0$,所以函数 $f(x)=\dfrac{1}{x}$ 是当$x\to\infty$ 时的无穷小.

值得注意的是:

(1) 说一个函数是无穷小,必须指明自变量的变化趋势. 如$f(x)=x^2-1$是当$x\to 1$的无穷小,而当 x 趋向于其他数值时,$f(x)=x^2-1$ 就不一定是无穷小.

(2) 常数中只有"0"可以看成无穷小,其他常数无论其绝对值多么小都不是无穷小.

无穷小具有如下性质:

(1) **有界变量与无穷小的乘积为无穷小;**

(2) **有限多个无穷小的代数和为无穷小;**

(3) **有限多个无穷小的乘积为无穷小.**

(证明略)

注意:无限多个无穷小的代数和不一定还是无穷小,例如,$\lim\limits_{n\to\infty}(\dfrac{1}{n^2}+\dfrac{2}{n^2}+\cdots+\dfrac{n}{n^2})=\dfrac{1}{2}$;无限多个无穷小的乘积也不一定是无穷小.

例 14 求 $\lim\limits_{x\to\infty}\dfrac{\sin x}{x}$.

解 因$\lim\limits_{x\to\infty}\dfrac{1}{x}=0$, $|\sin x|\leqslant 1$,即$\dfrac{1}{x}$是当$x\to\infty$时的无穷小,$\sin x$ 是有界函数. 所以根据无穷小的性质知,$\dfrac{1}{x}\sin x$ 仍为当 $x\to\infty$ 时的无穷小,即$\lim\limits_{x\to\infty}\dfrac{\sin x}{x}=0$.

下面的定理揭示了无穷小与极限的关系.

定理 2.3 在自变量 x 的某一变化过程中,函数 $f(x)$ 的极限为 A 的充分必要条件是 $f(x)$ 可以表示成 A 与一个同一变化过程中的无穷小量 $\alpha(x)$ 之和. 即

$$\lim f(x)=A \Leftrightarrow f(x)=A+\alpha(x)$$

其中 $\lim\alpha(x)=0$.

(证明略)

无穷大

定义 2.4 如果对于 $\forall M>0$, $\exists\delta>0$(或 $\exists X>0$),使得对于适合不等式 $0<|x-x_0|<\delta$(或$|x|>X$) 的一切 x,相应的函数值 $f(x)$ 都满足不等式

$$|f(x)|>M,$$

则称函数 $f(x)$ 当 $x\to x_0$(或 $x\to\infty$) 时是**无穷大**,记作

$$\lim_{x\to x_0} f(x)=\infty\text{（或}\lim_{x\to\infty} f(x)=\infty\text{）}.$$

如果在上述定义中，不等式 $|f(x)|>M$ 还可加强成 $f(x)>M$（或 $f(x)<-M$），则这时可称函数 $f(x)$ 是**正无穷大（或负无穷大）**，记作

$$\lim_{\substack{x\to x_0\\(x\to\infty)}} f(x)=+\infty \quad \text{（或}\lim_{\substack{x\to x_0\\(x\to\infty)}} f(x)=-\infty\text{）}.$$

根据上面定义，我们应该注意到无穷大（∞）不是数，不可与很大的数（如 10^{10}，10^{100} 等）混为一谈，它指的是一个有无限远离原点变化趋势（相应于自变量的某个极限过程而言）的**变量**．我们还应注意到如果不指明自变量的某个具体极限过程，而单说“某个函数是无穷大”，是毫无意义的．

我们也可以给出当自变量是单侧极限过程 $x\to x_0^+$，$x\to x_0^-$，$x\to+\infty$ 或 $x\to-\infty$ 时，函数 $f(x)$ 是无穷大的定义，读者不妨将它们作为练习．

注意：这里采用极限记号只为方便起见，并不表明极限存在．

例如，$\frac{1}{x}$ 是当 $x\to 0$ 时的无穷大，记作 $\lim\limits_{x\to 0}\frac{1}{x}=\infty$；当 $x\to\infty$ 时，x^2 总取正值而无限增大，所以 x^2 是当 $x\to\infty$ 时的正无穷大，记作 $\lim\limits_{x\to\infty}x^2=+\infty$；当 $x\to 0^+$ 时，$\ln x$ 取负值而绝对值无限增大，所以 $\ln x$ 是当 $x\to 0^+$ 时的无穷大，记作 $\lim\limits_{x\to 0^+}\ln x=-\infty$．

在几何上，若 $\lim\limits_{x\to x_0} f(x)=\infty$ 或 $\lim\limits_{\substack{x\to x_0^+\\(x\to x_0^-)}} f(x)=\infty$，则直线 $x=x_0$ 是曲线 $y=f(x)$ 的一条**铅直渐近线**．

例如，因为 $\lim\limits_{x\to 0}\frac{1}{x}=\infty$，所以 $x=0$ 是曲线 $y=\frac{1}{x}$ 的铅直渐近线（如图 2-2-12）；因为 $\lim\limits_{x\to 0^+}\ln x=-\infty$，所以 $x=0$ 是曲线 $y=\ln x$ 的铅直渐近线（如图 2-2-13）．

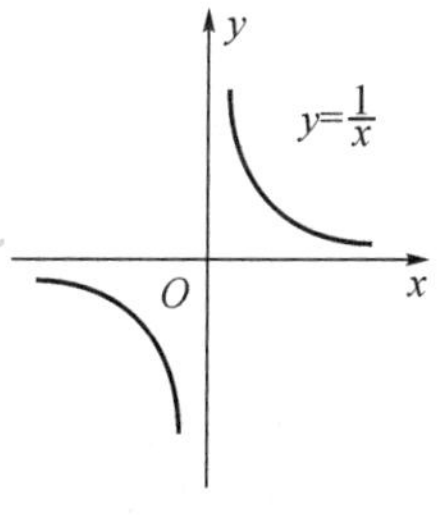

图 2-2-12

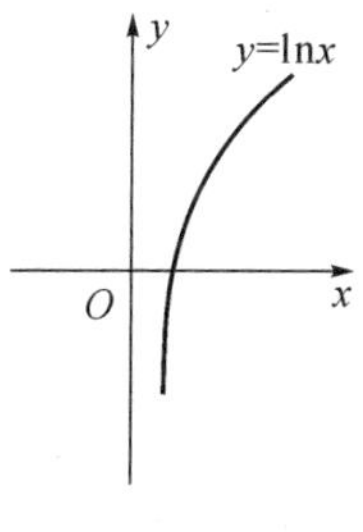

图 2-2-13

定理 2.4（无穷小与无穷大的关系）　当自变量在同一变化过程中时，

(1) 若 $f(x)$ 为无穷大，则 $\frac{1}{f(x)}$ 为无穷小．

(2) 若 $f(x)$ 为无穷小，且 $f(x)\neq 0$，则 $\frac{1}{f(x)}$ 为无穷大．

(证明略)

根据这个关系,我们可以将关于无穷大的讨论转化为关于无穷小的讨论.

习题 2.2

1. 根据极限定义,验证下列极限:

(1) $\lim\limits_{x \to 4} \dfrac{x-4}{\sqrt{x}-2} = 4$　　(2) $\lim\limits_{x \to 2}(5x-2) = 8$

(3) $\lim\limits_{x \to -2} \dfrac{x^2-4}{x+2} = -4$　　(4) $\lim\limits_{x \to 3} \dfrac{x^2-4x+3}{2x-6} = 1$

2. 设 $f(x) = \begin{cases} x+1, & x \geqslant 0 \\ 1, & x < 0 \end{cases}$,写出当 $x \to 0$ 时,$f(x)$ 的左、右极限,并判别当 $x \to 0$ 时,$f(x)$ 的极限是否存在?

3. 设 $f(x) = \begin{cases} \dfrac{x^2-1}{x-1}, & x > 1 \\ 4, & x = 1 \\ 3x-1, & x < 1 \end{cases}$,求:$\lim\limits_{x \to 0} f(x)$,$\lim\limits_{x \to 2} f(x)$ 和 $\lim\limits_{x \to 1} f(x)$.

4. 求下列函数 $f(x)$ 在点 $x = 0$ 处的左极限和右极限,若极限存在,写出极限值.

(1) $f(x) = \dfrac{x}{x}$　　(2) $f(x) = \dfrac{|x|}{x}$

(3) $f(x) = \arctan \dfrac{1}{x}$　　(4) $f(x) = \begin{cases} e^x - 1, & x < 0 \\ \sin x, & x \geqslant 0 \end{cases}$

5. 设 $f(x) = \begin{cases} x^2+x-2, & x \geqslant a \\ x+a, & x < a \end{cases}$,当 a 为何值时,$\lim\limits_{x \to a} f(x)$ 存在?

6. 已知 $f(x) = \begin{cases} ax^3+bx+2, & x > 1 \\ 3ax^2-bx-8, & x < 1 \end{cases}$,且 $\lim\limits_{x \to 1} f(x) = 1$,求常数 a 与 b 的值.

7. 选择题

(1) 下列说法正确的是(　　).

A. 非常小的数是无穷小　　B. 常数 0 是无穷小

C. 无限大的数称为无穷大　　D. 无限个无穷小的和还是无穷小

(2) 下列变量在自变量给定的变化过程中不是无穷大的是(　　).

A. $\dfrac{x^2}{\sqrt{x^3+1}}$ $(x \to +\infty)$　　B. $\ln x$ $(x \to +\infty)$

C. $\ln x$ $(x \to 0^+)$　　D. $x\cos x$ $(x \to \infty)$

(3) 以下命题正确的是(　　).

A. 无界变量一定是无穷大

B. 无穷大一定是无界变量

C. 趋于正无穷大的变量一定在充分大时单调增

D. 不趋于无穷大的变量必有界

(4) 若 $\lim\limits_{x\to x_0} f(x)=\infty$，$\lim\limits_{x\to x_0} g(x)=\infty$，则下列极限成立的是(　　).

A. $\lim\limits_{x\to x_0}[f(x)+g(x)]=\infty$　　B. $\lim\limits_{x\to x_0}[f(x)+g(x)]=0$

C. $\lim\limits_{x\to x_0}\dfrac{1}{f(x)+g(x)}=\infty$　　D. $\lim\limits_{x\to x_0} f(x)g(x)=\infty$

(5) 从 $\lim\limits_{x\to x_0} f(x)=1$ 不能推出(　　).

A. $\lim\limits_{x\to x_0^-} f(x)=1$　　B. $f(x_0+0)=1$

C. $f(x_0)=1$　　D. $\lim\limits_{x\to x_0^-}[f(x)-1]=0$

8. 下列各题中，指出：哪些是无穷小？哪些是无穷大？

(1) $\dfrac{1+x}{x^2}\ (x\to\infty)$　　(2) $\dfrac{3x-1}{x}\ (x\to 0)$

(3) $\ln|x|\ (x\to 0)$　　(4) $e^{\frac{1}{x}}\ (x\to 0)$

(5) $e^{x-1}-1\ (x\to 1)$　　(6) $\ln x^2\ (x\to 1)$

9. 求下列函数的极限：

(1) $\lim\limits_{x\to 0} x\sin\dfrac{1}{x}$　　(2) $\lim\limits_{x\to\infty}\dfrac{\sin x}{x}$　　(3) $\lim\limits_{x\to\infty} x\sin x$

(4) $\lim\limits_{x\to\infty}\dfrac{1}{x}\sin\dfrac{1}{x}$　　(5) $\lim\limits_{x\to 0}\dfrac{1}{x}\sin\dfrac{1}{x}$　　(6) $\lim\limits_{x\to 0} x\,\mathrm{arccot}\dfrac{1}{x}$

2.3　极限的四则运算法则

本节建立函数极限的四则运算法则和复合函数的极限运算法则，利用这些法则，可以求某些函数的极限.

2.3.1　极限的四则运算

在本节及以后的讨论中，记号“lim”下面没有表明自变量的变化趋势，是指对 $x\to x_0$ 和 $x\to\infty$ 以及单侧极限均成立.

定理 2.5　设 $\lim f(x)=A$，$\lim g(x)=B$，则

(1) $\boldsymbol{\lim[f(x)\pm g(x)]=\lim f(x)\pm\lim g(x)=A\pm B}$；

(2) $\lim[f(x)\cdot g(x)]=\lim f(x)\cdot\lim g(x)=A\cdot B$;

(3) $\lim\dfrac{f(x)}{g(x)}=\dfrac{\lim f(x)}{\lim g(x)}=\dfrac{A}{B}\ (B\neq 0)$.

(证明略)

其中法则(1)、(2)可推广到有限多个函数的情形. 例如,设 $\lim f(x)$,$\lim g(x)$,$\lim h(x)$ 都存在,则有

$\lim[f(x)+g(x)-h(x)]=\lim f(x)+\lim g(x)-\lim h(x)$;

$\lim[f(x)\cdot g(x)\cdot h(x)]=\lim f(x)\cdot\lim g(x)\cdot\lim h(x)$.

推论 设 $\lim f(x)$ 存在,则

(1) $\lim[c\cdot f(x)]=c\cdot\lim f(x)$ (c 为常数);

(2) $\lim[f(x)]^n=[\lim f(x)]^n$($n$ 为正整数).

前面证得 $\lim\limits_{x\to x_0}x=x_0$,由上述推论可得 $\lim\limits_{x\to x_0}x^n=x_0^n$($n$ 为正整数).

在运用函数极限的四则运算法则时,应注意前提条件是函数的极限存在,对法则(3)还须满足分母的极限 $B\neq 0$.

例 1 求 $\lim\limits_{x\to 1}(x^2-2x+3)$.

解
$$\begin{aligned}\lim_{x\to 1}(x^2-2x+3)&=\lim_{x\to 1}x^2-\lim_{x\to 1}(2x)+\lim_{x\to 1}3\\&=(\lim_{x\to 1}x)^2-2\lim_{x\to 1}x+\lim_{x\to 1}3\\&=1^2-2\times 1+3=2.\end{aligned}$$

例 2 求 $\lim\limits_{x\to 2}\dfrac{x^2+2}{2x^3-5x+3}$.

解 因为 $\lim\limits_{x\to 2}(2x^3-5x+3)=9\neq 0$,即分母的极限不为零,故

$$\begin{aligned}\lim_{x\to 2}\frac{x^2+2}{2x^3-5x+3}&=\frac{\lim\limits_{x\to 2}(x^2+2)}{\lim\limits_{x\to 2}(2x^3-5x+3)}\\&=\frac{(\lim\limits_{x\to 2}x)^2+\lim\limits_{x\to 2}2}{2(\lim\limits_{x\to 2}x)^3-5\lim\limits_{x\to 2}x+\lim\limits_{x\to 2}3}\\&=\frac{2^2+2}{2\times 2^3-5\times 2+3}=\frac{2}{3}.\end{aligned}$$

一般地,设有理整函数(多项式)

$$P(x)=a_0x^n+a_1x^{n-1}+\cdots+a_n,$$

则有
$$\begin{aligned}\lim_{x\to x_0}P(x)&=a_0(\lim_{x\to x_0}x)^n+a_1(\lim_{x\to x_0}x)^{n-1}+\cdots+\lim_{x\to x_0}a_n\\&=a_0x_0^n+a_1x_0^{n-1}+\cdots+a_n\\&=P(x_0).\end{aligned}$$

也即：求多项式当 $x \to x_0$ 时的极限，只需将 x_0 代入即可.

又设**有理(分式)函数**

$$\frac{P(x)}{Q(x)},$$

其中 $P(x)$，$Q(x)$ 都是多项式，于是

$$\lim_{x \to x_0} P(x) = P(x_0), \quad \lim_{x \to x_0} Q(x) = Q(x_0),$$

如果 $Q(x_0) \neq 0$，则有

$$\lim_{x \to x_0} \frac{P(x)}{Q(x)} = \frac{P(x_0)}{Q(x_0)}.$$

也即：求有理函数当 $x \to x_0$ 的极限时，若代入后分母不为 0，也只需将 x_0 代入即可.

如果分母的极限为 0，则不能直接运用关于商的极限运算法则，我们来看下面的几个例题.

例 3 求 $\lim\limits_{x \to 1} \dfrac{x+1}{x^2+x-2}$.

解 因为 $\lim\limits_{x \to 1} \dfrac{x^2+x-2}{x+1} = 0$，由定理 2.4，得 $\lim\limits_{x \to 1} \dfrac{x+1}{x^2+x-2} = \infty$.

例 4 求 $\lim\limits_{x \to 1} \dfrac{x^2-1}{x^2+2x-3}$.

解 因为 $\lim\limits_{x \to 1}(x^2+2x-3) = 0$，因此，不能直接用商的极限运算法则. 又由于 $\lim\limits_{x \to 1}(x^2-1) = 0$，这说明分子、分母有公因子 $(x-1)$. 此时，应先约去不为 0 的无穷小公因子 $(x-1)$ 后再求极限.

$$\lim_{x \to 1} \frac{x^2-1}{x^2+2x-3} = \lim_{x \to 1} \frac{(x+1)(x-1)}{(x+3)(x-1)} = \lim_{x \to 1} \frac{x+1}{x+3} = \frac{1}{2}.$$

例 5 求 $\lim\limits_{x \to 3} \dfrac{x^2-2x-3}{x^2-6x+9}$.

解 $\lim\limits_{x \to 3} \dfrac{x^2-2x-3}{x^2-6x+9} = \lim\limits_{x \to 3} \dfrac{(x-3)(x+1)}{(x-3)^2} = \lim\limits_{x \to 3} \dfrac{x+1}{x-3} = \infty$.

由例 4 及例 5 可知，在自变量的某一变化趋势下，若函数 $f(x)$ 与 $g(x)$ 都趋向于 0，那么 $\lim \dfrac{f(x)}{g(x)}$ 可能存在，也可能不存在. 通常把这类极限称为**未定式**，记为"$\dfrac{0}{0}$".

求有理函数的极限，若是"$\dfrac{0}{0}$"型未定式，应先设法约去趋于 0 的公因子，再求极限.

例 6 求 $\lim\limits_{x \to 0} \dfrac{\sqrt{1+x}-\sqrt{1-x}}{x}$.

解 这是"$\dfrac{0}{0}$"型未定式，说明分子、分母有公因子 x，可通过分子有理化约去公因子

x 后再求极限.

$$\lim_{x\to0}\frac{\sqrt{1+x}-\sqrt{1-x}}{x}=\lim_{x\to0}\frac{(\sqrt{1+x}-\sqrt{1-x})\cdot(\sqrt{1+x}+\sqrt{1-x})}{x\cdot(\sqrt{1+x}+\sqrt{1-x})}$$
$$=\lim_{x\to0}\frac{2x}{x\cdot(\sqrt{1+x}+\sqrt{1-x})}$$
$$=\lim_{x\to0}\frac{2}{\sqrt{1+x}+\sqrt{1-x}}=1\ .$$

求无理(分式)函数的极限,若是“$\frac{0}{0}$”型未定式,一般有理化后约去趋于0的公因子,再求极限.

例 7 求 $\lim\limits_{x\to\infty}\frac{2x^3+3x+2}{5x^3-9x^2+x}$.

解 因为 $\lim\limits_{x\to\infty}(5x^3-9x^2+x)=\infty$,$\lim\limits_{x\to\infty}(2x^3+3x+2)=\infty$,故不能直接运用商的极限运算法则.先将分子、分母同除以分子和分母的最高次幂 x^3,再按商的极限运算法则求极限.

$$\lim_{x\to\infty}\frac{2x^3+3x+2}{5x^3-9x^2+x}=\lim_{x\to\infty}\frac{2+\frac{3}{x^2}+\frac{2}{x^3}}{5-\frac{9}{x}+\frac{1}{x^2}}=\frac{\lim\limits_{x\to\infty}\left(2+\frac{3}{x^2}+\frac{2}{x^3}\right)}{\lim\limits_{x\to\infty}\left(5-\frac{9}{x}+\frac{1}{x^2}\right)}=\frac{2}{5}\ .$$

类似地,运用例 7 的方法,可求得 $\lim\limits_{x\to\infty}\frac{2x^2+3x+2}{5x^3-9x^2+x}=0$,$\lim\limits_{x\to\infty}\frac{2x^3+3x+2}{5x^2-9x+1}=\infty$.

一般地,设有理分式函数$\frac{P(x)}{Q(x)}$,其中

$$P(x)=a_0x^n+a_1x^{n-1}+\cdots+a_n,\quad Q(x)=b_0x^m+b_1x^{m-1}+\cdots+b_m$$

都是多项式,其中 $a_0\neq0$,$b_0\neq0$,m 和 n 为非负整数,则有

$$\lim_{x\to\infty}\frac{P(x)}{Q(x)}=\lim_{x\to\infty}\frac{a_0x^n+a_1x^{n-1}+\cdots+a_n}{b_0x^m+b_1x^{m-1}+\cdots+b_m}=\begin{cases}0, & n<m\\ \frac{a_0}{b_0}, & n=m.\\ \infty, & n>m\end{cases}$$

读者可以自己证明之.此结论可以作为公式来用,但更应该学会处理这类问题的思路和方法.

在自变量的某一变化趋势下,若函数 $f(x)$ 与 $g(x)$ 都趋向于无穷大,那么 $\lim\frac{f(x)}{g(x)}$ 可能存在,也可能不存在,通常把这类极限记为“$\frac{\infty}{\infty}$”,这也是一类未定式.

“$\frac{0}{0}$”与“$\frac{\infty}{\infty}$”是两类基本未定式.

例 8　求 $\lim\limits_{x\to\infty}\dfrac{x^2+x}{x^3-7}\cos(5x^2+1)$.

解　因 $\lim\limits_{x\to\infty}\dfrac{x^2+x}{x^3-7}=0$，$\cos(5x^2+1)$ 是有界函数，根据“无穷小乘以有界变量仍为无穷小”的性质，$\lim\limits_{x\to\infty}\dfrac{x^2+x}{x^3-7}\cos(5x^2+1)=0$.

例 9　求 $\lim\limits_{x\to1}\left(\dfrac{1}{1-x}-\dfrac{3}{1-x^3}\right)$.

解　因为$\lim\limits_{x\to1}\dfrac{1}{1-x}=\infty$，$\lim\limits_{x\to1}\dfrac{3}{1-x^3}=\infty$，因此，不能直接用差的极限运算法则. 可先通分化为有理分式函数，再求极限.

$$\begin{aligned}\lim_{x\to1}\left(\frac{1}{1-x}-\frac{3}{1-x^3}\right)&=\lim_{x\to1}\frac{x^2+x-2}{1-x^3}\\&=\lim_{x\to1}\frac{(x-1)(x+2)}{(1-x)(1+x+x^2)}\\&=-\lim_{x\to1}\frac{x+2}{1+x+x^2}=-1.\end{aligned}$$

通常将把这类极限形式记为“$\infty-\infty$”，这也是一类未定式.

在本例中，“$\infty-\infty$”化为了“$\dfrac{0}{0}$”型未定式.

对于“$\infty-\infty$”型未定式，一般先根据函数的特点，设法化为“$\dfrac{0}{0}$”或“$\dfrac{\infty}{\infty}$”基本未定式，再求极限.

函数极限的四则运算法则也适用于数列.

例 10　求 $\lim\limits_{n\to\infty}\dfrac{3^n-(-1)^n}{2^n+3^{n+1}}$.

解　这是“$\dfrac{\infty}{\infty}$”型未定式，不能直接运用商的极限运算法则. 可仿照例 7 的方法，将分子、分母同除以 3^n，再用商的极限运算法则求极限.

$$\lim_{n\to\infty}\frac{3^n-(-1)^n}{2^n+3^{n+1}}=\lim_{n\to\infty}\frac{1-\left(-\dfrac{1}{3}\right)^n}{\left(\dfrac{2}{3}\right)^n+3}=\frac{1}{3}.$$

例 11　求 $\lim\limits_{n\to\infty}\dfrac{1+2+\cdots+n}{n^2}$.

解　$\lim\limits_{n\to\infty}\dfrac{1+2+\cdots+n}{n^2}=\lim\limits_{n\to\infty}\dfrac{\dfrac{1}{2}n(n+1)}{n^2}=\dfrac{1}{2}\lim\limits_{n\to\infty}\left(1+\dfrac{1}{n}\right)=\dfrac{1}{2}$.

本例若这样求：

$$\lim_{n\to\infty}\frac{1+2+\cdots+n}{n^2}=\lim_{n\to\infty}\frac{1}{n^2}+\lim_{n\to\infty}\frac{2}{n^2}+\cdots+\lim_{n\to\infty}\frac{n}{n^2}$$
$$=0+0+\cdots+0=0,$$

则是错解. 因为法则(1) 不能推广到无限多个函数的情形.

例 12 已知$\lim\limits_{x\to3}\dfrac{x^2-2x+k}{x-3}=4$,求 k.

解 因$\lim\limits_{x\to3}(x-3)=0$, 所以

$$\lim_{x\to3}(x^2-2x+k)=\lim_{x\to3}\frac{x^2-2x+k}{x-3}\times(x-3)$$
$$=4\times0=0,$$

而 $\lim\limits_{x\to3}(x^2-2x+k)=9-6+k$, 故 $9-6+k=0$, 得 $k=-3$.

2.3.2 复合函数的极限运算法则

定理 2.6 设函数 $y=f(u)$ 与 $u=\varphi(x)$ 在点 x_0 的某去心邻域构成复合函数 $y=f[\varphi(x)]$,满足

(1) $\lim\limits_{x\to x_0}u=\lim\limits_{x\to x_0}\varphi(x)=u_0$,且 $x\neq x_0$ 时,$\varphi(x)\neq u_0$,

(2) $\lim\limits_{u\to u_0}f(u)=A$,则

$$\lim_{x\to x_0}f[\varphi(x)]=\lim_{u\to u_0}f(u)=A.$$

(证明略).

定理 2.6 中,将 u_0 或 x_0 改为 ∞,可得相应的结论.

定理 2.6 表明,若函数 $f(u)$ 和 $\varphi(x)$ 满足该定理的条件,作代换 $u=\varphi(x)$,则可把求 $\lim\limits_{x\to x_0}f[\varphi(x)]$ 化为求$\lim\limits_{u\to u_0}f(u)$,其中 $u_0=\lim\limits_{x\to x_0}\varphi(x)$.

例 13 求 $\lim\limits_{x\to0}e^{\cos x}$.

解 令 $u=\cos x$, 由于 $\lim\limits_{x\to0}\cos x=1$, 故 $\lim\limits_{x\to0}e^{\cos x}=\lim\limits_{u\to1}e^u=e$.

例 14 求 $\lim\limits_{x\to+\infty}\sin(\arctan x)$.

解 因为 $\lim\limits_{x\to+\infty}\arctan x=\dfrac{\pi}{2}$,所以 $\lim\limits_{x\to+\infty}\sin(\arctan x)=\sin\dfrac{\pi}{2}=1$.

例 15 求$\lim\limits_{x\to0^+}\dfrac{2}{3-e^{\frac{1}{x}}}$.

解 因为$\lim\limits_{x\to0^+}\dfrac{1}{x}=+\infty$,所以$\lim\limits_{x\to0^+}e^{\frac{1}{x}}=+\infty$,故$\lim\limits_{x\to0^+}\dfrac{2}{3-e^{\frac{1}{x}}}=0$.

思考：$\lim\limits_{x\to 0^-}\dfrac{2}{3-\mathrm{e}^{\frac{1}{x}}}=?$

例 16 求 $\lim\limits_{x\to+\infty}(\sqrt{x^2+x+1}-x)$.

解 $$\lim_{x\to+\infty}(\sqrt{x^2+x+1}-x)=\lim_{x\to+\infty}\frac{(\sqrt{x^2+x+1}-x)(\sqrt{x^2+x+1}+x)}{(\sqrt{x^2+x+1}+x)}$$
$$=\lim_{x\to+\infty}\frac{x+1}{\sqrt{x^2+x+1}+x}$$
$$=\lim_{x\to+\infty}\frac{1+\dfrac{1}{x}}{\sqrt{1+\dfrac{1}{x}+\dfrac{1}{x^2}}+1},$$

又 $x\to+\infty$ 时，$\dfrac{1}{x}\to 0$，$\dfrac{1}{x^2}\to 0$，$1+\dfrac{1}{x}+\dfrac{1}{x^2}\to 1$，由定理 2.6 知，

$$\lim_{x\to+\infty}\sqrt{1+\frac{1}{x}+\frac{1}{x^2}}=1,$$

所以原式 $=\dfrac{\lim\limits_{x\to+\infty}\left(1+\dfrac{1}{x}\right)}{\lim\limits_{x\to+\infty}\left(\sqrt{1+\dfrac{1}{x}+\dfrac{1}{x^2}}+1\right)}=\dfrac{1}{2}$.

思考：$\lim\limits_{x\to-\infty}(\sqrt{x^2+x+1}-x)=?$

习题 2.3

1. 求下列极限：

(1) $\lim\limits_{x\to-1}(4x^3+3x^2-2x+1)$

(2) $\lim\limits_{x\to 1}\dfrac{x^2-1}{2x^2-x-1}$

(3) $\lim\limits_{x\to 3}\dfrac{x^2-2x-3}{x^2-4x+3}$

(4) $\lim\limits_{x\to 1}\left(\dfrac{1}{x-1}-\dfrac{3-x^2}{x^2-1}\right)$

(5) $\lim\limits_{x\to 1}\dfrac{x^n-1}{x^m-1}$ $(n,m\in\mathbf{Z}^+)$

(6) $\lim\limits_{h\to 0}\dfrac{(a+h)^2-a^2}{h}$

(7) $\lim\limits_{x\to\infty}\dfrac{3x^2+4x-1}{x^3-3x^2+1}$

(8) $\lim\limits_{x\to\infty}\dfrac{(2x-1)^{300}(3x-2)^{200}}{(2x+1)^{500}}$

(9) $\lim\limits_{x\to+\infty}(\sqrt{x^2+1}-x)$

(10) $\lim\limits_{x\to+\infty}(\sqrt{x^2+x+1}-\sqrt{x^2-x+1})$

(11) $\lim\limits_{n\to\infty}\dfrac{1^2+2^2+\cdots+n^2}{n^3}$

(12) $\lim\limits_{x\to-\infty}\mathrm{e}^x\sin x$

(13) $\lim\limits_{x\to 0}\dfrac{\sqrt{1-x}-1}{x}$

(14) $\lim\limits_{x\to+\infty}\dfrac{\sqrt{4x^2+x+1}-x-1}{\sqrt{x^2+\sin x}}$

2. 下列说法哪些是对的，哪些是错的？如果是对的，说明理由；如果是错的，试给出一个反例.

(1) 如果 $\lim\limits_{x\to x_0} f(x)$ 存在，但 $\lim\limits_{x\to x_0} g(x)$ 不存在，那么 $\lim\limits_{x\to x_0}[f(x)+g(x)]$ 不存在；

(2) 如果 $\lim\limits_{x\to x_0} f(x)$ 和 $\lim\limits_{x\to x_0} g(x)$ 都不存在，那么 $\lim\limits_{x\to x_0}[f(x)+g(x)]$ 不存在.

3. 已知极限 $\lim\limits_{x\to 2}\dfrac{2x^2-ax-2}{x^2-4}=k$ 存在，求常数 a 与 k 之值.

4. 设 $f(x)=\dfrac{x^3+ax^2+bx+4}{x^2-1}$，$\lim\limits_{x\to 1} f(x)$ 与 $\lim\limits_{x\to -1} f(x)$ 均存在. 试求常数 a 与 b，并求出上述的两个极限值.

5. 已知 $\lim\limits_{x\to\infty}[f(x)+3x^2+x]=5$，求 $\lim\limits_{x\to\infty}\dfrac{f(x)}{x^2}$.

6. 已知 $f(x)=\begin{cases} x^3+2ax-5, & x\geqslant 1 \\ \dfrac{2x^2-6ax+4a}{x-1}, & x<1 \end{cases}$，且 $\lim\limits_{x\to 1} f(x)$ 存在，求：(1) a；(2) $\lim\limits_{x\to 1} f(x)$.

2.4 极限的存在准则　两个重要极限

本节讨论两个重要的极限：$\lim\limits_{x\to 0}\dfrac{\sin x}{x}=1$ 及 $\lim\limits_{x\to\infty}\left(1+\dfrac{1}{x}\right)^x=\mathrm{e}$. 为此，先介绍判定极限存在的两个准则.

定理 2.7(夹逼准则)　设在 x_0 的某去心邻域 $\mathring{U}(x_0,\delta)$ 内(或 $|x|>X>0$)，有

$$g(x)\leqslant f(x)\leqslant h(x) \tag{2-1}$$

且

$$\lim_{\substack{x\to x_0\\(x\to\infty)}} g(x)=\lim_{\substack{x\to x_0\\(x\to\infty)}} h(x)=A, \tag{2-2}$$

则

$$\lim_{\substack{x\to x_0\\(x\to\infty)}} f(x)=A.$$

证　就 $x\to x_0$ 情形证明如下：

由(2-2)式知，$\forall\varepsilon>0$，存在相应的正数 δ，当 $0<|x-x_0|<\delta$ 时，就有

$$|g(x)-A|<\varepsilon \text{ 与 } |h(x)-A|<\varepsilon$$

同时成立，即有

$$A-\varepsilon<g(x)<A+\varepsilon, A-\varepsilon<h(x)<A+\varepsilon$$

再由(2-1)式，有

$$A-\varepsilon<g(x)\leqslant f(x)\leqslant h(x)<A+\varepsilon,$$

于是 $$|f(x)-A|<\varepsilon,$$

由函数极限的定义知 $$\lim_{x\to x_0}f(x)=A.$$

对于 $x\to\infty$ 的情形，读者自己证明之.

函数极限的夹逼准则也适用于数列极限.

定理 2.8（数列极限的夹逼准则） 设数列 $\{x_n\}$，$\{y_n\}$ 和 $\{z_n\}$ 满足

（1）从某项起（即存在正整数 N，当 $n>N$ 时），有 $y_n\leqslant x_n\leqslant z_n$，

（2）$\lim\limits_{n\to\infty}y_n=\lim\limits_{n\to\infty}z_n=a$，

则 $$\lim_{n\to\infty}x_n=a.$$

例 1 求 $\lim\limits_{n\to\infty}\left(\dfrac{1}{n^2+n+1}+\dfrac{2}{n^2+n+2}+\cdots+\dfrac{n}{n^2+n+n}\right)$.

解 因为 $$\frac{1+2+\cdots+n}{n^2+n+n}\leqslant\frac{1}{n^2+n+1}+\frac{2}{n^2+n+2}+\cdots+\frac{n}{n^2+n+n}\leqslant\frac{1+2+\cdots+n}{n^2+n+1},$$

又 $$\lim_{n\to\infty}\frac{1+2+\cdots+n}{n^2+n+n}=\frac{1}{2}\lim_{n\to\infty}\frac{n(n+1)}{n^2+n+n}=\frac{1}{2},$$

$$\lim_{n\to\infty}\frac{1+2+\cdots+n}{n^2+n+1}=\frac{1}{2}\lim_{n\to\infty}\frac{n(n+1)}{n^2+n+1}=\frac{1}{2},$$

由夹逼准则得 $$\lim_{n\to\infty}\left(\frac{1}{n^2+n+1}+\frac{2}{n^2+n+2}+\cdots+\frac{n}{n^2+n+n}\right)=\frac{1}{2}.$$

下面用夹逼准则证明第一个重要极限.

重要极限 1 $\lim\limits_{x\to 0}\dfrac{\sin x}{x}=1.$

证 函数 $\dfrac{\sin x}{x}$ 在一切 $x\neq 0$ 处都有定义，先设 $0<x<\dfrac{\pi}{2}$.

作单位圆如图 2-4-1 所示，其中，AD 与单位圆相切于 A 点，$BC\perp OA$，$\angle AOB=x$（弧度）为圆心角，则有

$$\sin x=BC,\ x=\overset{\frown}{AB},\tan x=AD,$$

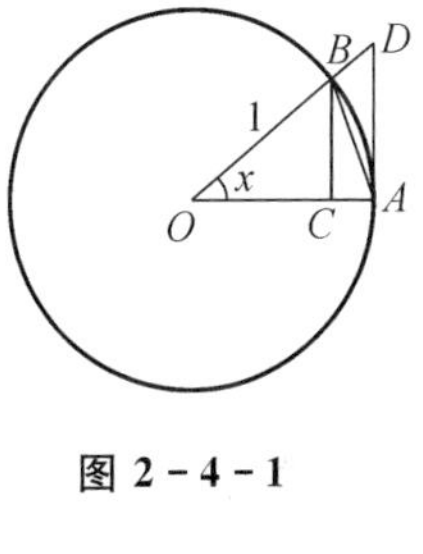

图 2-4-1

且有 $S_{\triangle AOB}<S_{扇形AOB}<S_{\triangle OAD}$，即 $\dfrac{1}{2}\sin x<\dfrac{1}{2}x<\dfrac{1}{2}\tan x$，

即得 $$\sin x<x<\tan x\left(0<x<\frac{\pi}{2}\right).\tag{2-3}$$

由(2-3)式可以推广得到一个重要的不等式：

$$|\sin x|\leqslant|x|（x\in\mathbf{R}，等号当且仅当 x=0 时成立）.\tag{2-4}$$

用 $\sin x$ 去除(2-3) 式的两边,得 $1<\dfrac{x}{\sin x}<\dfrac{1}{\cos x}$,即得 $\cos x<\dfrac{\sin x}{x}<1$,也即

$$0<1-\frac{\sin x}{x}<1-\cos x. \tag{2-5}$$

而 $1-\cos x=2\sin^2\dfrac{x}{2}$,上式改为 $0<1-\dfrac{\sin x}{x}<2\sin^2\dfrac{x}{2}$,

再由(2-4) 式,得
$$0<1-\frac{\sin x}{x}<\frac{x^2}{2},$$

由于 $1-\dfrac{\sin x}{x}$ 和 $\dfrac{x^2}{2}$ 都是偶函数,故上式当 $-\dfrac{\pi}{2}<x<0$ 时也成立.

显然当 $x\to 0$ 时,$\dfrac{x^2}{2}$ 的极限存在且为 0,所以由夹逼准则得 $\lim\limits_{x\to 0}\left(1-\dfrac{\sin x}{x}\right)=0$,

所以
$$\lim_{x\to 0}\frac{\sin x}{x}=\lim_{x\to 0}\left[1-\left(1-\frac{\sin x}{x}\right)\right]=1-0=1.$$

注意:从前面的说明过程中可看出,由于不等式 $0<1-\cos x<\dfrac{x^2}{2}\left(0<|x|<\dfrac{\pi}{2}\right)$ 的成立,还顺便得到了

$$\lim_{x\to 0}\cos x=1 \tag{2-6}$$

由复合函数的极限定理 2.6 与上述重要极限公式,当 $x\to x_0(x\to\infty)$ 时,若$\alpha(x)\to 0$,且 $\alpha(x)\neq 0$,有 $\lim\limits_{\substack{x\to x_0\\(x\to\infty)}}\dfrac{\sin\alpha(x)}{\alpha(x)}=1$.

注意:第一个重要极限属于“$\dfrac{0}{0}$”未定式.

例 1 求 $\lim\limits_{x\to 0}\sin x$.

解 因为当 $x\neq 0$ 时,
$$\sin x=\frac{\sin x}{x}\cdot x,$$

而
$$\lim_{x\to 0}\frac{\sin x}{x}=1,\ \lim_{x\to 0}x=0,$$

所以
$$\lim_{x\to 0}\sin x=\lim_{x\to 0}\left(\frac{\sin x}{x}\cdot x\right)=\lim_{x\to 0}\frac{\sin x}{x}\cdot\lim_{x\to 0}x=1\times 0=0.$$

例 2 求 $\lim\limits_{x\to 0}\dfrac{\tan x}{x}$.

解 $\lim\limits_{x\to 0}\dfrac{\tan x}{x}=\lim\limits_{x\to 0}\left(\dfrac{\sin x}{x}\cdot\dfrac{1}{\cos x}\right)=\lim\limits_{x\to 0}\dfrac{\sin x}{x}\cdot\lim\limits_{x\to 0}\dfrac{1}{\cos x}=1\times 1=1.$

例 3 计算 $\lim\limits_{x\to 0}\dfrac{\sin 7x}{x}$.

解 $\lim\limits_{x\to 0}\dfrac{\sin 7x}{x}=7\lim\limits_{x\to 0}\dfrac{\sin 7x}{7x}=7.$

例 4　计算 $\lim\limits_{x\to 0}\dfrac{\tan 3x}{4x}$.

解　$\lim\limits_{x\to 0}\dfrac{\tan 3x}{4x}=\lim\limits_{x\to 0}\dfrac{\sin 3x}{4x\cdot\cos 3x}=\dfrac{3}{4}\lim\limits_{x\to 0}\dfrac{\sin 3x}{3x}\cdot\lim\limits_{x\to 0}\dfrac{1}{\cos 3x}=\dfrac{3}{4}$.

例 5　求 $\lim\limits_{x\to 0}\dfrac{\arcsin x}{x}$.

解　令 $u=\arcsin x$，则 $x=\sin u$，当 $x\to 0$ 时，有 $u\to 0$. 由复合函数的极限运算法则，得

$$\lim_{x\to 0}\frac{\arcsin x}{x}=\lim_{u\to 0}\frac{u}{\sin u}=\lim_{u\to 0}\frac{1}{\dfrac{\sin u}{u}}=1.$$

例 6　计算 $\lim\limits_{x\to 0}\dfrac{1-\cos x}{x^2}$.

解　$\lim\limits_{x\to 0}\dfrac{1-\cos x}{x^2}=\lim\limits_{x\to 0}\dfrac{2\sin^2\dfrac{x}{2}}{x^2}=\dfrac{1}{2}\lim\limits_{x\to 0}\left[\dfrac{\sin\dfrac{x}{2}}{\dfrac{x}{2}}\right]^2=\dfrac{1}{2}$.

例 7　求 $\lim\limits_{x\to\infty}x\sin\dfrac{1}{x}$.

解　$\lim\limits_{x\to\infty}x\sin\dfrac{1}{x}=\lim\limits_{x\to\infty}\dfrac{\sin\dfrac{1}{x}}{\dfrac{1}{x}}=1$.

思考：$\lim\limits_{x\to 0}x\sin\dfrac{1}{x}=?$

例 8　求 $\lim\limits_{x\to\pi}\dfrac{\sin x}{\pi-x}$.

解　$\lim\limits_{x\to\pi}\dfrac{\sin x}{\pi-x}=\lim\limits_{x\to\pi}\dfrac{\sin(\pi-x)}{\pi-x}=1$.

定理 2.9(单调有界准则)　单调有界数列必有极限.（证明略）

由收敛数列的性质知，收敛数列必有界. 但同时指出，有界数列未必收敛. 上述准则表明，如果数列不仅有界，而且单调，则该数列必收敛.

对于该定理，其几何解释是：单调数列的点 x_n 在数轴上只能单向移动，所以只有两种情形：一种情形是点 x_n 沿数轴向右（或向左）移向无穷远，另一种情形点 x_n 无限趋近某一定点，即趋于一个确定的常数 A，由于数列 $\{x_n\}$ 有界，因而上述第一种情形不能发生，只能出现第二种情形.

此准则只说明了单调有界数列 $\{x_n\}$ 必有极限，并没有告诉我们极限 A 怎么求，要求极限 A 需要另想办法.

下面用单调有界准则证明第二个重要极限的存在性.

重要极限 2 $\lim\limits_{x\to\infty}\left(1+\dfrac{1}{x}\right)^x = \mathrm{e}$.

我们先运用单调有界准则来证明数列极限$\lim\limits_{n\to\infty}\left(1+\dfrac{1}{n}\right)^n$的存在.

证 设 $x_n=\left(1+\dfrac{1}{n}\right)^n$,由二项式定理知,

$$x_n=\left(1+\frac{1}{n}\right)^n=1+C_n^1\frac{1}{n}+C_n^2\frac{1}{n^2}+C_n^3\frac{1}{n^3}+\cdots+C_n^n\frac{1}{n^n}$$

$$=2+\frac{1}{2!}\frac{n(n-1)}{n^2}+\frac{1}{3!}\frac{n(n-1)(n-2)}{n^3}+\cdots+\frac{1}{n!}\frac{n(n-1)\cdots(n-n+1)}{n^n}$$

$$=2+\frac{1}{2!}\left(1-\frac{1}{n}\right)+\frac{1}{3!}\left(1-\frac{1}{n}\right)\left(1-\frac{2}{n}\right)+\cdots+\frac{1}{n!}\left(1-\frac{1}{n}\right)\left(1-\frac{2}{n}\right)\cdots\left(1-\frac{n-1}{n}\right),$$

当 n 改为 $n+1$,上式通项 $\dfrac{1}{n!}\left(1-\dfrac{1}{n}\right)\left(1-\dfrac{2}{n}\right)\cdots\left(1-\dfrac{n-1}{n}\right)$ 增大,且项数增加一项(每一项均为正),所以 $x_{n+1}>x_n$,即$\{x_n\}$是单调递增;

其次,证明$\{x_n\}$有上界:

$$x_n=2+\frac{1}{2!}\left(1-\frac{1}{n}\right)+\frac{1}{3!}\left(1-\frac{1}{n}\right)\left(1-\frac{2}{n}\right)+\cdots+\frac{1}{n!}\left(1-\frac{1}{n}\right)\left(1-\frac{2}{n}\right)\cdots\left(1-\frac{n-1}{n}\right)$$

$$<2+\frac{1}{2!}+\cdots+\frac{1}{n!}<2+\frac{1}{2}+\cdots+\frac{1}{2^{n-1}}=3-\frac{1}{2^{n-1}}<3,$$

所以$\{x_n\}$有上界,由单调有界准则知,$\lim\limits_{n\to\infty}\left(1+\dfrac{1}{n}\right)^n$存在,记为 e.

上述结论可推广为 $\lim\limits_{x\to\infty}\left(1+\dfrac{1}{x}\right)^x=\mathrm{e}$,或 $\lim\limits_{x\to 0}(1+x)^{\frac{1}{x}}=\mathrm{e}$.

上面只是证明了极限存在,至于这个极限是多少,需另用其他方法求得,这里不作讨论.下面仅列表考察当 $x\to\infty$ 时,函数$\left(1+\dfrac{1}{x}\right)^x$ 的变化趋势.

表 2-2

x	10	100	1000	10000	100000	1000000	$\cdots\to+\infty$
$\left(1+\frac{1}{x}\right)^x$	2.59374	2.70481	2.71692	2.71815	2.71827	2.71828	$\cdots\to\mathrm{e}$

表 2-3

x	−10	−100	−1000	−10000	−100000	−1000000	$\cdots\to-\infty$
$\left(1+\frac{1}{x}\right)^x$	2.86797	2.73199	2.71964	2.71842	2.71830	2.71828	$\cdots\to\mathrm{e}$

无理数 e = 2.718281828459045⋯,是数学中一个重要的超越数,它是自然对数函数 $y=\ln x$ 中的底.

一般地,当 $x\to x_0(x\to\infty)$ 时,若 $\alpha(x)\to 0$,且 $\alpha(x)\neq 0$,则有 $\lim\limits_{\substack{x\to x_0\\(x\to\infty)}}[1+\alpha(x)]^{\frac{1}{\alpha(x)}}=\mathrm{e}$.

注意:第二个重要极限属于"1^∞"未定式.

例 9　求 $\lim\limits_{x\to\infty}\left(1-\dfrac{1}{x}\right)^x$.

解　$\lim\limits_{x\to\infty}\left(1-\dfrac{1}{x}\right)^x=\lim\limits_{x\to\infty}\left[\left(1+\dfrac{1}{-x}\right)^{-x}\right]^{-1}=\mathrm{e}^{-1}$.

例 10　求 $\lim\limits_{x\to 0}(1+3x)^{\frac{2}{x}}$.

解　$\lim\limits_{x\to 0}(1+3x)^{\frac{2}{x}}=\lim\limits_{x\to 0}[(1+3x)^{\frac{1}{3x}}]^6=\mathrm{e}^6$.

例 11　求 $\lim\limits_{x\to\infty}\left(\dfrac{x+3}{x-2}\right)^x$.

解　这是"1^∞"未定式,

$$\lim_{x\to\infty}\left(\frac{x+3}{x-2}\right)^x=\lim_{x\to\infty}\left(1+\frac{5}{x-2}\right)^{\frac{x-2}{5}\cdot\frac{5x}{x-2}}=\mathrm{e}^{\lim\limits_{x\to\infty}\frac{5x}{x-2}}=\mathrm{e}^5.$$

例 12　$\lim\limits_{x\to 0}(1+3\tan x)^{\cot x}$.

解　$\lim\limits_{x\to 0}(1+3\tan x)^{\cot x}=\lim\limits_{x\to 0}[(1+3\tan x)^{\frac{1}{3\tan x}}]^3=\mathrm{e}^3$.

例 13　求 $\lim\limits_{x\to 0}(\sin x+\cos x)^{\frac{1}{x}}$.

解　原式 $=\lim\limits_{x\to 0}[(\sin x+\cos x)^2]^{\frac{1}{2x}}=\lim\limits_{x\to 0}(1+\sin 2x)^{\frac{1}{2x}}=\lim\limits_{x\to 0}[(1+\sin 2x)^{\frac{1}{\sin 2x}}]^{\frac{\sin 2x}{2x}}=\mathrm{e}$.

例 14　求 $\lim\limits_{x\to 0^+}(\cos\sqrt{x})^{\frac{\pi}{x}}$.

解　$\lim\limits_{x\to 0^+}(\cos\sqrt{x})^{\frac{\pi}{x}}=\lim\limits_{x\to 0^+}[1+(\cos\sqrt{x}-1)]^{\frac{1}{\cos\sqrt{x}-1}\cdot\frac{\cos\sqrt{x}-1}{x}\cdot\pi}=\mathrm{e}^{\lim\limits_{x\to 0^+}\frac{\cos\sqrt{x}-1}{x}\cdot\pi}$,

$$\lim_{x\to 0^+}\frac{\cos\sqrt{x}-1}{x}=\lim_{x\to 0^+}\frac{-2\sin^2\dfrac{\sqrt{x}}{2}}{x}=-\frac{1}{2}\lim_{x\to 0^+}\frac{\sin^2\dfrac{\sqrt{x}}{2}}{\left(\dfrac{\sqrt{x}}{2}\right)^2}=-\frac{1}{2},$$所以原式 $=\mathrm{e}^{-\frac{\pi}{2}}$.

上述方法称为"凑重要极限法".最后再强调一下:只有"1^∞"型未定式才可以凑第二个重要极限,只有"$\dfrac{0}{0}$"型未定式才可以凑第一个重要极限.

习题　2.4

1. 求下列极限:

(1) $\lim\limits_{x\to 0}\dfrac{x}{\sin 3x}$

(2) $\lim\limits_{x\to 0}\dfrac{\tan ax}{\sin bx}\ (a,\ b\neq 0)$

(3) $\lim\limits_{x\to 0}x\cot 3x$

(4) $\lim\limits_{n\to\infty}3^n\sin\dfrac{x}{3^n}\ (x\neq 0)$

(5) $\lim\limits_{x\to 0}\dfrac{\sin x+3x}{\tan x+2x}$

(6) $\lim\limits_{x\to 0}\dfrac{1-\cos 2x}{x\sin x}$

(7) $\lim\limits_{x\to 1}\dfrac{\sin\pi x}{x^2-1}$

(8) $\lim\limits_{x\to\infty}\dfrac{x^2+3}{2x+1}\tan\dfrac{2}{x}$

(9) $\lim\limits_{x\to\frac{\pi}{2}}\left(\dfrac{\pi}{2}-x\right)\tan x$

(10) $\lim\limits_{n\to\infty}\left(\dfrac{n-8}{n}\right)^{\frac{n}{2}}$

(11) $\lim\limits_{x\to 0}(1+3x)^{\frac{1}{x}}$

(12) $\lim\limits_{x\to\frac{\pi}{2}}(1+\cos x)^{3\sec x}$

(13) $\lim\limits_{x\to\infty}\left(\dfrac{x}{1+x}\right)^x$

(14) $\lim\limits_{x\to\infty}\left(\dfrac{x+3}{x-1}\right)^{x+2}$

(15) $\lim\limits_{n\to\infty}\left(\dfrac{2n-1}{2n+1}\right)^n$

(16) $\lim\limits_{x\to 0}\dfrac{\ln(1+x)}{2x}$

(17) $\lim\limits_{x\to 0}\dfrac{e^x-1}{x}$

(18) $\lim\limits_{x\to 0}\dfrac{(1+x)^\alpha-1}{x}$,其中 α 为非零实数

2. 已知$\lim\limits_{x\to\infty}\left(\dfrac{x}{x-c}\right)^x=2$,求 c.

3. 已知 $f(x)=\begin{cases}x\cdot\csc x, & x>0\\ (1-x^2)^{\frac{1}{x}}, & x<0\end{cases}$,求$\lim\limits_{x\to 0}f(x)$.

4. 已知 $\lim\limits_{x\to 0}\dfrac{ab-\cos x}{x^2}=b+1$,求常数 a 与 b 的值.

5. 设 $f(x)=\begin{cases}\dfrac{a\cos\frac{\pi}{2}x}{x-1}, & x<1\\ x^{\frac{1}{1-x}}, & x>1\end{cases}$,当 a 为何值时,$\lim\limits_{x\to 1}f(x)$ 存在?

2.5 无穷小的比较

由无穷小的性质我们已经知道,两个无穷小的和、差、积仍是无穷小,但两个无穷小的商,却会出现不同的情形,例如,当 $x\to 0$ 时,x, $2x$, x^2, $\sin x$ 都是无穷小,而

$$\lim_{x\to 0}\frac{x^2}{x}=0,\ \lim_{x\to 0}\frac{x}{x^2}=\infty,\ \lim_{x\to 0}\frac{2x}{x}=2,\ \lim_{x\to 0}\frac{\sin x}{x}=1.$$

以上结果表明了这样一个事实:这些无穷小在趋向于 0 时的“快慢”程度是有所不同

的.具体来说,在 $x\to 0$ 过程中,x^2 比 x 趋于 0 的速度要快得多,而 $2x$ 和 x 趋于 0 的速度差不多.本节主要研究在同一变化过程中,两个无穷小趋于 0 的速度的快慢问题.

定义 2.5　设 $\alpha(x)$ 和 $\beta(x)$ 都是在自变量的同一变化过程中的无穷小,

(1) 如果 $\lim\dfrac{\beta(x)}{\alpha(x)}=0$,则称 $\beta(x)$ 是比 $\alpha(x)$ **高阶的无穷小**,记作 $\beta(x)=o(\alpha(x))$;

(2) 如果 $\lim\dfrac{\beta(x)}{\alpha(x)}=\infty$,则称 $\beta(x)$ 是比 $\alpha(x)$ **低阶的无穷小**;

(3) 如果 $\lim\dfrac{\beta(x)}{\alpha(x)}=c\neq 0$,则称 $\beta(x)$ 与 $\alpha(x)$ 是**同阶无穷小**,

特别地,如果 $c=1$,则称 $\beta(x)$ 与 $\alpha(x)$ 是**等价无穷小**,记作 $\alpha(x)\sim\beta(x)$;

(4) 如果 $\lim\dfrac{\beta(x)}{[\alpha(x)]^k}=c\neq 0, k>0$,则称 $\beta(x)$ 是关于 $\alpha(x)$ 的 ***k* 阶无穷小**.

按此定义,当 $x\to 0$ 时,x^2 是比 x 高阶的无穷小,即 $x^2=o(x)$;而 x 是比 x^2 低阶的无穷小;$2x$ 与 x 是同阶无穷小;$\sin x$ 与 x 是等价无穷小,即 $\sin x\sim x\ (x\to 0)$.

事实上,两个无穷小之间的比较情况反映了两个无穷小趋于 0 的速度的快慢,如若 β 是比 α 高阶的无穷小,则 β 比 α 趋于 0 的速度要快得多,若 β 与 α 是同阶无穷小,则 β 与 α 趋于 0 的速度差不多.

注意:以上各种情况都必须说明自变量的趋势.

例 1　下列函数是当 $x\to 1$ 时的无穷小,试与 $x-1$ 相比较,哪个是高阶无穷小?哪个是同阶无穷小?哪个是等价无穷小?

(1) $2(\sqrt{x}-1)$　　(2) x^3-1　　(3) x^3-3x+2

解　因为 $\lim\limits_{x\to 1}\dfrac{2(\sqrt{x}-1)}{x-1}=\lim\limits_{x\to 1}\dfrac{2}{\sqrt{x}+1}=1$,所以 $x\to 1$ 时,$2(\sqrt{x}-1)\sim(x-1)$;

$\lim\limits_{x\to 1}\dfrac{x^3-1}{x-1}=\lim\limits_{x\to 1}(x^2+x+1)=3$,所以 $x\to 1$ 时,x^3-1 是与 $x-1$ 同阶(不等价)的无穷小;

$\lim\limits_{x\to 1}\dfrac{x^3-3x+2}{x-1}=\lim\limits_{x\to 1}(x^2+x-2)=0$,所以 $x\to 1$ 时,x^3-3x+2 是比 $x-1$ 高阶的无穷小.

例 2　试证明:当 $x\to 0$ 时,x^3-x^2 是 x^3-2x^2+x 的高阶无穷小,而当 $x\to 1$ 时,x^3-x^2 是 x^3-2x^2+x 的低阶无穷小.

证明　易见当 $x\to 0$ 时,这两个函数都是无穷小;又因为

$$\lim_{x\to 0}\frac{x^3-x^2}{x^3-2x^2+x}=\lim_{x\to 0}\frac{x^2(x-1)}{x(x-1)^2}=\lim_{x\to 0}\frac{x(x-1)}{(x-1)^2}=0,$$

所以当 $x\to 0$ 时,x^3-x^2 是 x^3-2x^2+x 的高阶无穷小;

另一方面，易见当 $x \to 1$ 时，这两个函数也都是无穷小；又因为

$$\lim_{x \to 1} \frac{x^3 - 2x^2 + x}{x^3 - x^2} = \lim_{x \to 1} \frac{x(x-1)^2}{x^2(x-1)} = \lim_{x \to 1} \frac{x-1}{x} = 0,$$

故

$$\lim_{x \to 1} \frac{x^3 - x^2}{x^3 - 2x^2 + x} = \infty,$$

所以当 $x \to 1$ 时，$x^3 - x^2$ 是 $x^3 - 2x^2 + x$ 的低阶无穷小.

例 3 已知 $a + b\cos x \sim (a+1)x^2$（当 $x \to 0$），求常数 a 与 b.

解 由已知应有 $\lim\limits_{x \to 0}(a + b\cos x) = 0$，即 $a + b = 0$，或 $b = -a$，

以及 $\lim\limits_{x \to 0} \dfrac{a + b\cos x}{(a+1)x^2} = 1$，将 $b = -a$ 代入得

$$\lim_{x \to 0} \frac{a + b\cos x}{(a+1)x^2} = \lim_{x \to 0} \frac{a - a\cos x}{(a+1)x^2} = \frac{a}{a+1} \lim_{x \to 0} \frac{1 - \cos x}{x^2} = \frac{a}{2(a+1)} = 1,$$

解得 $a = -2$，从而 $b = 2$.

以下常用的等价无穷小须熟练记忆：当 $x \to 0$ 时，

$\sin x \sim x$，$\tan x \sim x$，$\arcsin x \sim x$，$\arctan x \sim x$，$1 - \cos x \sim \dfrac{1}{2}x^2$，

$\ln(1+x) \sim x$，$e^x - 1 \sim x$，$a^x - 1 \sim x\ln a$，$(1+x)^\alpha - 1 \sim \alpha x$ $(\alpha \neq 0)$.

由下面定理可知等价无穷小可用于简化某些极限的运算.

定理 2.10(等价无穷小替换定理) 设 $\alpha, \alpha', \beta, \beta'$ 是自变量同一变化过程中的无穷小，且 $\alpha \sim \alpha'$，$\beta \sim \beta'$，且 $\lim \dfrac{\beta'}{\alpha'}$ 存在，则

$$\lim \frac{\beta}{\alpha} = \lim \frac{\beta'}{\alpha'}.$$

证 $\lim \dfrac{\beta}{\alpha} = \lim\left(\dfrac{\beta}{\beta'} \cdot \dfrac{\beta'}{\alpha'} \cdot \dfrac{\alpha'}{\alpha}\right) = \lim \dfrac{\beta}{\beta'} \cdot \lim \dfrac{\beta'}{\alpha'} \cdot \lim \dfrac{\alpha'}{\alpha} = \lim \dfrac{\beta'}{\alpha'}$.

这说明，在求两个无穷小之比的极限时，分子、分母可分别用它们的等价无穷小代替，这样可使计算简化.

例 4 求 $\lim\limits_{x \to 0} \dfrac{\tan 5x}{\sin 2x}$.

解 当 $x \to 0$ 时，$\tan 5x \sim 5x$，$\sin 2x \sim 2x$，所以 $\lim\limits_{x \to 0} \dfrac{\tan 5x}{\sin 2x} = \lim\limits_{x \to 0} \dfrac{5x}{2x} = \dfrac{5}{2}$.

例 5 求 $\lim\limits_{x \to 0} \dfrac{\sin x}{x^3 - 4x}$.

解 当 $x \to 0$ 时，$\sin x \sim x$，所以

$$\lim_{x \to 0} \frac{\sin x}{x^3 - 4x} = \lim_{x \to 0} \frac{x}{x^3 - 4x} = \lim_{x \to 0} \frac{1}{x^2 - 4} = -\frac{1}{4}.$$

例 6　求 $\lim\limits_{x\to 0}\dfrac{\tan^2 2x}{1-\cos x}$.

解　当 $x\to 0$ 时，$\tan 2x \sim 2x$，$1-\cos x\sim \dfrac{1}{2}x^2$，所以

$$\lim_{x\to 0}\frac{\tan^2 2x}{1-\cos x}=\lim_{x\to 0}\frac{(2x)^2}{\frac{1}{2}x^2}=8.$$

注意：用等价无穷小替换只适用于乘、除，对于加、减等其他情形不能替换！因为等价无穷小并不是相等的量.

例 7　求 $\lim\limits_{x\to 0}\dfrac{\tan x-\sin x}{\sin^3 2x}$.

解　当 $x\to 0$ 时，$\tan x\sim x$，$\sin x\sim x$，原式 $=\lim\limits_{x\to 0}\dfrac{x-x}{(2x)^3}$ 这种解法显然是错误的. 正确的解法是：当 $x\to 0$ 时，$\sin 2x\sim 2x$，$\tan x-\sin x=\tan x(1-\cos x)\sim\dfrac{1}{2}x^3$，所以

$$\lim_{x\to 0}\frac{\tan x-\sin x}{\sin^3 2x}=\lim_{x\to 0}\frac{\tan x\cdot(1-\cos x)}{(2x)^3}=\lim_{x\to 0}\frac{x\cdot\frac{1}{2}x^2}{(2x)^3}=\frac{1}{16}.$$

例 8　求 $\lim\limits_{x\to 0}\dfrac{\tan 5x-\cos x+1}{\sin 3x}$.

解　$\lim\limits_{x\to 0}\dfrac{\tan 5x-\cos x+1}{\sin 3x}=\lim\limits_{x\to 0}\dfrac{\tan 5x}{\sin 3x}+\lim\limits_{x\to 0}\dfrac{1-\cos x}{\sin 3x}=\lim\limits_{x\to 0}\dfrac{5x}{3x}+\dfrac{1}{2}\lim\limits_{x\to 0}\dfrac{x^2}{3x}=\dfrac{5}{3}$.

用拆分的方法求极限的前提是拆分后的极限必须都存在.

例 9　求 $\lim\limits_{x\to 0}\dfrac{\sqrt{1+4x^2}-1}{(3^x-1)\cdot\ln(1-2x)}$.

解　当 $x\to 0$ 时，$\sqrt{1+4x^2}-1\sim\dfrac{1}{2}\cdot 4x^2=2x^2$，$3^x-1\sim x\ln 3$，$\ln(1-2x)\sim -2x$，

所以
$$\lim_{x\to 0}\frac{\sqrt{1+4x^2}-1}{(3^x-1)\cdot\ln(1-2x)}=\lim_{x\to 0}\frac{2x^2}{x\ln 3\cdot(-2x)}=-\frac{1}{\ln 3}.$$

例 10　求 $\lim\limits_{x\to 0}\dfrac{e^{x^2}-\cos 2x}{x\cdot\arctan x}$.

解　当 $x\to 0$ 时，$e^{x^2}-1\sim x^2$，$1-\cos 2x\sim 2x^2$，

所以
$$\begin{aligned}\lim_{x\to 0}\frac{e^{x^2}-\cos 2x}{x\cdot\arctan x}&=\lim_{x\to 0}\frac{(e^{x^2}-1)+(1-\cos 2x)}{x\cdot\arctan x}\\&=\lim_{x\to 0}\frac{e^{x^2}-1}{x\cdot\arctan x}+\lim_{x\to 0}\frac{1-\cos 2x}{x\cdot\arctan x}\\&=\lim_{x\to 0}\frac{x^2}{x\cdot x}+\lim_{x\to 0}\frac{2x^2}{x\cdot x}=1+2=3.\end{aligned}$$

例 11 求 $\lim\limits_{x\to 0}\left(\dfrac{e^x+e^{2x}+\cdots+e^{nx}}{n}\right)^{\frac{1}{x}}$.

解 记 $y=\left(\dfrac{e^x+e^{2x}+\cdots+e^{nx}}{n}\right)^{\frac{1}{x}}$，则 $\ln y=\dfrac{\ln\dfrac{e^x+e^{2x}+\cdots+e^{nx}}{n}}{x}$，于是

$$\lim_{x\to 0}\ln y=\lim_{x\to 0}\frac{\ln\dfrac{e^x+e^{2x}+\cdots+e^{nx}}{n}}{x}=\lim_{x\to 0}\frac{\ln\left(1+\dfrac{e^x-1+e^{2x}-1+\cdots+e^{nx}-1}{n}\right)}{x}$$

$$=\lim_{x\to 0}\frac{\dfrac{e^x-1+e^{2x}-1+\cdots+e^{nx}-1}{n}}{x}$$

$$=\frac{1}{n}\left(\lim_{x\to 0}\frac{e^x-1}{x}+\lim_{x\to 0}\frac{e^{2x}-1}{x}+\cdots+\lim_{x\to 0}\frac{e^{nx}-1}{x}\right)$$

$$=\frac{1}{n}(1+2+\cdots+n)=\frac{1+n}{2},$$

所以原极限 $=e^{\lim\limits_{x\to 0}\ln y}=e^{\frac{1+n}{2}}$.

习题 2.5

1. 证明下列等价无穷小：

(1) 当 $x\to 1$ 时，$\dfrac{1-x}{1+x}\sim\dfrac{1-x^3}{6}$

(2) 当 $x\to 0$ 时，$a^x-1\sim x\ln a$ ($a>0$ 且 $a\neq 1$)

(3) 当 $x\to 0$ 时，$\dfrac{2^x+3^x+5^x-3}{\ln 30}\sim x$

2. 当 $x\to 0$ 时，$\cos x-\cos(\sin 3x)$ 是 x 的几阶无穷小？

3. 利用等价无穷小替换求下列极限：

(1) $\lim\limits_{x\to 0}\dfrac{\tan 2x^2}{1-\cos x}$

(2) $\lim\limits_{x\to 0}\dfrac{\sin(x^n)}{(\sin x)^m}$ ($m,n\in\mathbf{Z}^+$)

(3) $\lim\limits_{x\to 0}\dfrac{\ln(2-\cos x)}{x\arctan x}$

(4) $\lim\limits_{x\to 0}\dfrac{2\sin x-\sin 2x+x^3}{2x^3}$

(5) $\lim\limits_{x\to 0}\dfrac{\tan(\arcsin^2 x)}{1-\cos 2x}$

(6) $\lim\limits_{x\to 0}\dfrac{\sqrt{1+x^2}-\sqrt[3]{1+2\sin^2 x}}{e^{x^2}-1}$

(7) $\lim\limits_{x\to 0}\dfrac{2^{\sin x}-1}{\ln(1+x+x^2)}$

(8) $\lim\limits_{x\to 0}\dfrac{1-\cos(1-\cos 2x)}{\ln(1-x^4)}$

(9) $\lim\limits_{x\to 0}\dfrac{e^{x^2}-\cos x}{(3^x-1)\sin x}$

(10) $\lim\limits_{x\to 0}\dfrac{1}{x}\left(\dfrac{1}{\sin x}-\dfrac{1}{\tan x}\right)$

4. 已知 $x \to 0$ 时，$\frac{ax}{\cos x} \sim \left(\tan\frac{x}{a} + b\right)$，求常数 a 与 b.

5. 已知 $x^2 + ax + b = o(x^2 - 1)$（当 $x \to 1$），求常数 a 与 b.

6. 设 $f(x) = \frac{x^2 - 6x - 7}{x^2 + 2ax + b}$ 当 $x \to 1$ 时为无穷大，而当 $x \to -1$ 时与 $g(x) = x^2 - 1$ 为等价无穷小，求常数 a 与 b.

2.6　函数的连续性

现实世界中很多变量的变化往往是“连续”不断的. 如气温的变化、物体运动的路程、金属丝加热时长度的变化等，其特点是时间变化很微小时，这些变量的变化也很微小. 这种特性体现在函数关系上，就是函数的连续性. 本节我们将讨论函数连续性的有关问题.

2.6.1　函数的连续性的概念

为了描述函数的连续性，我们先引入函数增量的概念.

定义 2.6　设函数 $y = f(x)$ 在点 x_0 的某一个邻域内有定义，自变量 x 从初值 x_0 变到终值 x，称 $x - x_0$ 为**自变量的增量(改变量)**，记为 $\Delta x = x - x_0$. 此时，函数 $y = f(x)$ 相应地从初值 $f(x_0)$ 变到终值 $f(x)$，称 $f(x) - f(x_0)$ 为**函数的增量(改变量)**，记作

$$\Delta y = f(x) - f(x_0) \text{ 或 } \Delta y = f(x_0 + \Delta x) - f(x_0).$$

Δx 可正可负，但不能为零；Δy 可正可负，也可能为零. 记号 Δx 或 Δy 是一个不可分割的整体记号.

例 1　已知函数 $y = x^2 + 3$，当自变量 x 有下列变化时，求相应的函数改变量 Δy.

(1) x 从 -1 变到 1　　(2) x 从 1 变到 0　　(3) x 从 1 变到 $1 + \Delta x$

解　(1) $\Delta y = f(1) - f(-1) = 4 - 4 = 0$.

(2) $\Delta y = f(0) - f(1) = 3 - 4 = -1$.

(3) $\Delta y = f(1 + \Delta x) - f(1) = [(1 + \Delta x)^2 + 3] - 4 = \Delta x(2 + \Delta x)$.

定义 2.7　设函数 $y = f(x)$ 在点 x_0 的某一个邻域内有定义，若

$$\lim_{\Delta x \to 0} \Delta y = 0, \tag{2-7}$$

则称函数 $y = f(x)$ 在点 x_0 处**连续**.

从几何上直观理解，如果函数 $y = f(x)$ 在点 x_0 的某一个邻域内有定义，当 x 在 x_0 处取得微小增量 Δx 时，函数 $y = f(x)$ 对应的增量 Δy 也很微小，且 Δx 趋于零时，Δy 也趋于零，则函数 $y = f(x)$ 在点 x_0 处连续（如图 2－6－1）.

如果当 Δx 趋于零时，函数 $y = f(x)$ 对应的增量 Δy 不趋于零，则函数 $y = f(x)$ 在点 x_0 处不连续（如图 2－6－2）.

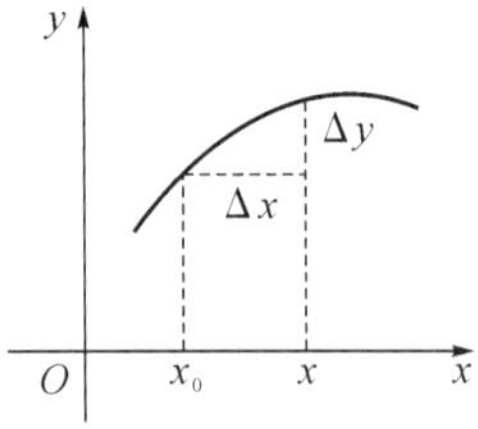

图 2-6-1

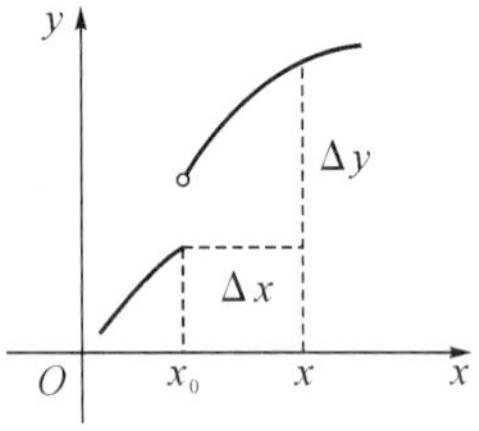

图 2-6-2

在定义 2.7 中，记 $x = x_0 + \Delta x$，则当 $\Delta x \to 0$ 时，$x \to x_0$，此时

$$\Delta y = f(x_0 + \Delta x) - f(x_0) = f(x) - f(x_0),$$

于是
$$\lim_{\Delta x \to 0} \Delta y = \lim_{x \to x_0} [f(x) - f(x_0)] = 0,$$

即可推得
$$\lim_{x \to x_0} f(x) = f(x_0).$$

因此我们得到函数连续性的另一等价定义.

定义 2.8 设函数 $y = f(x)$ 在点 x_0 处的某一个邻域内有定义，若

$$\lim_{x \to x_0} f(x) = f(x_0),$$

则称函数 $y = f(x)$ 在点 x_0 处**连续**.

可见，函数 $y = f(x)$ 在点 x_0 处连续要满足三点：

(1) 函数 $y = f(x)$ 在点 x_0 处有定义，即函数值 $f(x_0)$ 存在；

(2) $x \to x_0$ 时，$f(x)$ 有极限，即 $\lim\limits_{x \to x_0} f(x)$ 存在；

(3) 极限值 $\lim\limits_{x \to x_0} f(x)$ 与函数值 $f(x_0)$ 相等.

例 2 讨论函数 $f(x) = \begin{cases} x\sin\dfrac{1}{x}, & x \neq 0 \\ 0, & x = 0 \end{cases}$ 在点 $x = 0$ 处的连续性.

解 显然 $f(x)$ 在 $x = 0$ 的邻域内有定义，由无穷小的性质可知，

$$\lim_{x \to 0} f(x) = \lim_{x \to 0} x\sin\frac{1}{x} = 0,$$

而 $f(0) = 0$，于是有 $\lim\limits_{x \to 0} f(x) = f(0)$，所以函数 $f(x)$ 在 $x = 0$ 处连续.

若函数 $f(x)$ 在开区间 (a, b) 内的每一点处都连续，则称函数 $f(x)$ 在开区间 (a, b) 内连续.

例 3 验证函数 $f(x) = x^2$ 在其定义域内任一点 x_0 处连续.

解 $\Delta y = f(x_0 + \Delta x) - f(x_0) = (x_0 + \Delta x)^2 - x_0^2 = 2x_0\Delta x + \Delta x^2$,

$$\lim_{\Delta x \to 0} \Delta y = \lim_{\Delta x \to 0} (2x_0\Delta x + \Delta x^2) = 0,$$

所以 $f(x) = x^2$ 在点 x_0 处连续.

例 4　验证函数 $f(x)=\sin x$ 在其定义域内任一点 x_0 处连续.

解　$\Delta y=f(x_0+\Delta x)-f(x_0)=\sin(x_0+\Delta x)-\sin x_0=2\sin\dfrac{\Delta x}{2}\cdot\cos\left(x_0+\dfrac{\Delta x}{2}\right)$,

因为 $\left|\sin\dfrac{\Delta x}{2}\right|\leqslant\left|\dfrac{\Delta x}{2}\right|$,所以 $\lim\limits_{\Delta x\to 0}\sin\dfrac{\Delta x}{2}=0$,而 $\cos\left(x_0+\dfrac{\Delta x}{2}\right)$ 有界,

所以 $\lim\limits_{\Delta x\to 0}\Delta y=0$,即 $f(x)=\sin x$ 在其定义域内任一点 x_0 处连续.

若函数 $f(x)$ 在 $(x_0-\delta,\ x_0]$ 有定义,且 $\lim\limits_{x\to x_0^-}f(x)=f(x_0)$,则称函数 $f(x)$ 在点 x_0 处**左连续**;若函数 $f(x)$ 在 $[x_0,\ x_0+\delta)$ 有定义,且 $\lim\limits_{x\to x_0^+}f(x)=f(x_0)$,则称函数 $f(x)$ 在点 x_0 处**右连续**.

显然函数 $f(x)$ 在 $x=x_0$ 处连续的充分必要条件是:**函数在该点既是左连续,又是右连续**.

若函数 $f(x)$ 在开区间 $(a,\ b)$ 内连续,且在 $x=a$ 右连续,在 $x=b$ 左连续,则称函数 $f(x)$ 在闭区间 $[a,\ b]$ 上连续.

若函数 $f(x)$ 在其定义域内连续,则称为**连续函数**.

例 5　讨论函数 $f(x)=\begin{cases}x+2, & x\geqslant 0\\ x-2, & x<0\end{cases}$ 在 $x=0$ 处的连续性.

解　$\lim\limits_{x\to 0^-}f(x)=\lim\limits_{x\to 0^-}(x-2)=0-2=-2$,$\lim\limits_{x\to 0^+}f(x)=\lim\limits_{x\to 0^+}(x+2)=0+2=2$,
因为 $\lim\limits_{x\to 0^-}f(x)\neq\lim\limits_{x\to 0^+}f(x)$,所以该函数在 $x=0$ 点不连续,又因为 $\lim\limits_{x\to 0^+}f(x)=f(0)$,所以为右连续函数.

例 6　已知函数 $f(x)=\begin{cases}\dfrac{\sin a(x-3)}{x-3}, & x>3\\ ax^2+8, & x\leqslant 3\end{cases}$ 在 $x=3$ 处连续,求常数 a.

解　若 $a=0$,则 $\lim\limits_{x\to 3^+}f(x)=0$,$\lim\limits_{x\to 3^-}f(x)=8$,显然不连续;

若 $a\neq 0$,则 $\lim\limits_{x\to 3^+}f(x)=\lim\limits_{x\to 3^+}\dfrac{\sin[a(x-3)]}{x-3}=a$,

$$\lim_{x\to 3^-}f(x)=\lim_{x\to 3^-}(ax^2+8)=9a+8,$$

因为 $f(x)$ 在 $x=3$ 处连续,所以要求 $a=9a+8$,即 $a=-1$.

2.6.2　函数的间断点

定义 2.9　若函数 $f(x)$ 在点 x_0 处不连续,则称函数 $f(x)$ 在点 x_0 处**间断**,称点 x_0 为函数 $f(x)$ 的**间断点**.

定义 2.10　设 x_0 为 $f(x)$ 的一个间断点,如果左极限 $f(x_0-0)$ 与右极限 $f(x_0+0)$

均存在，则 x_0 称为函数 $y=f(x)$ 的**第一类间断点**（特别地，当 $f(x_0-0)=f(x_0+0)$，x_0 称为函数 $y=f(x)$ 的**可去间断点**，如图 2－6－3、图 2－6－4；当 $f(x_0-0)\neq f(x_0+0)$，x_0 称为函数 $f(x)$ 的**跳跃间断点**，如图 2－6－5），否则，称 x_0 为 $f(x)$ 的**第二类间断点**（特别地，当 $f(x_0-0)=\infty$ 或 $f(x_0+0)=\infty$，x_0 称为函数 $f(x)$ **的无穷间断点**）.

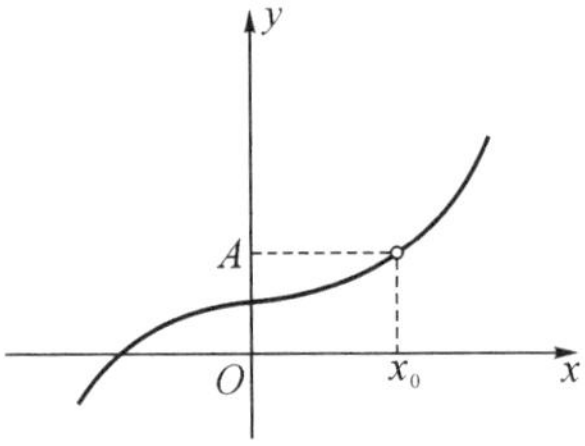

图 2－6－3

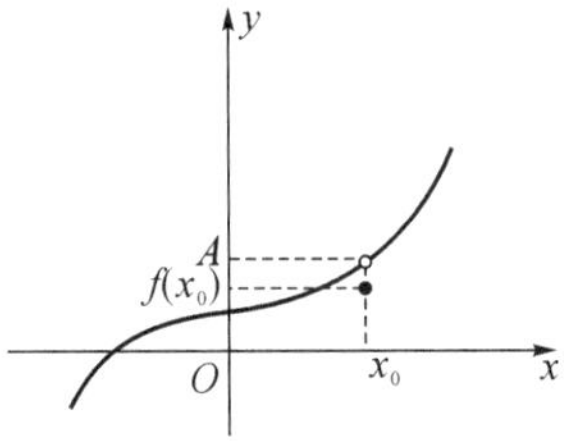

图 2－6－4

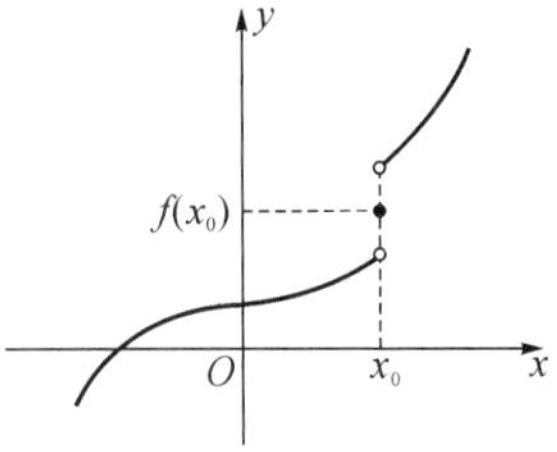

图 2－6－5

例 7　设函数 $f(x)=\begin{cases}\dfrac{1-x^2}{1+x}, & x\neq -1\\ 0, & x=-1\end{cases}$，讨论 $f(x)$ 在 $x=-1$ 处的连续性，若是间断点，指出类型.

解　$\lim\limits_{x\to -1}f(x)=\lim\limits_{x\to -1}\dfrac{1-x^2}{1+x}=\lim\limits_{x\to -1}(1-x)=2$，而 $f(-1)=0$，$\lim\limits_{x\to -1}f(x)\neq f(-1)$，所以 $f(x)$ 在 $x=-1$ 处间断，且 $x=-1$ 是 $f(x)$ 的可去间断点（如图 2－6－6）.

例 8　设函数 $f(x)=\begin{cases}2-x, & x<0\\ x-2, & x\geqslant 0\end{cases}$，讨论 $f(x)$ 在 $x=0$ 处的连续性，若是间断点，指出类型.

解　$f(0-0)=\lim\limits_{x\to 0^-}(2-x)=2$，$f(0+0)=\lim\limits_{x\to 0^+}(x-2)=-2$，$f(0-0)\neq f(0+0)$，所以 $f(x)$ 在 $x=0$ 处不连续，且 $x=0$ 是第一类跳跃间断点（如图 2－6－7）.

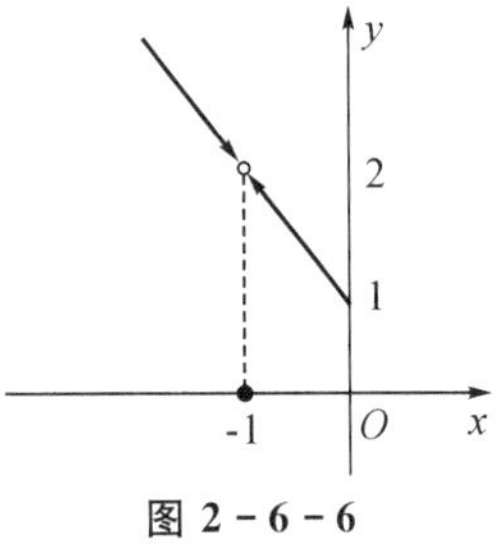

图 2－6－6

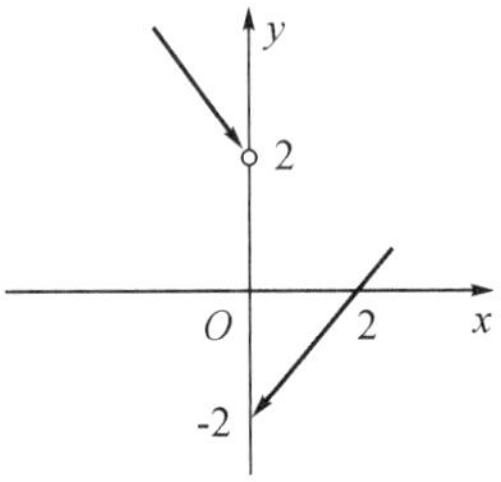

图 2－6－7

例 9　函数 $y=\tan x$ 在 $x=\dfrac{\pi}{2}$ 处无定义，且有 $\lim\limits_{x\to\frac{\pi}{2}}\tan x=\infty$，所以 $x=\dfrac{\pi}{2}$ 是 $y=\tan x$ 的第二类无穷间断点（如图 2－6－8）.

例 10　函数 $y=\sin\dfrac{1}{x}$ 在 $x=0$ 处无定义，$\lim\limits_{x\to 0}\sin\dfrac{1}{x}$ 不存在，所以 $x=0$ 是 $y=\sin\dfrac{1}{x}$

的第二类间断点，一般称为振荡间断点(如图 2－6－9).

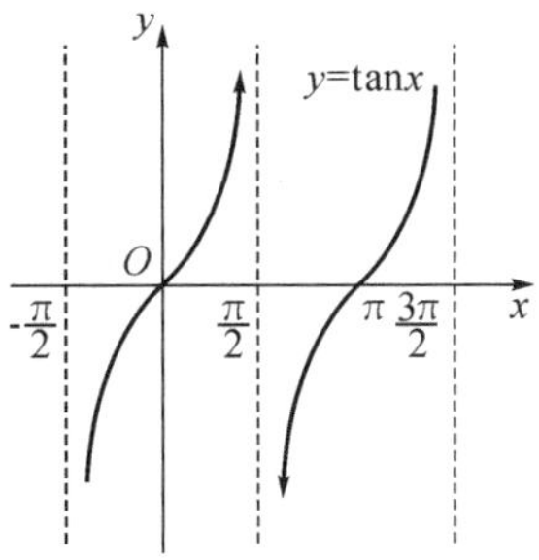

图 2－6－8

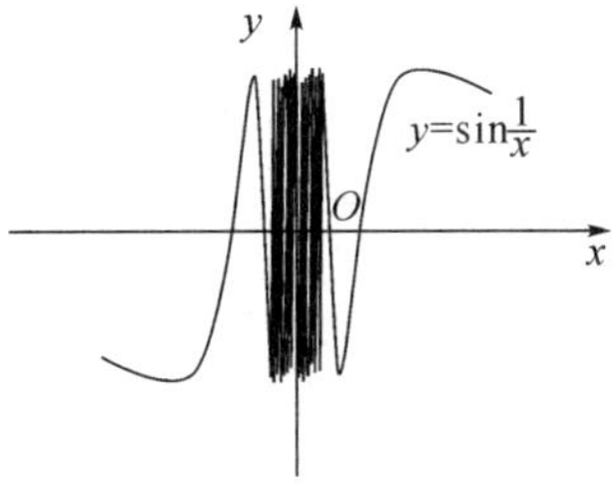

图 2－6－9

2.6.3 连续函数的运算法则和初等函数的连续性

前面我们已经阐明了连续函数的精确定义.通过几个例子，我们还给出了连续函数以及不是连续函数的实例.但连续函数的范围是否很广泛?通常用一个解析式表示的初等函数是否是连续函数?弄清这些问题将有助于对连续函数更全面地认识.为此，在这一节中，我们先给出若干运算法则，然后建立初等函数的连续性，肯定地回答了上述问题.这样，我们对连续函数的广泛程度就可大致有所认识了.

连续函数的四则运算

函数的连续性是通过极限来定义的，由极限运算法则和连续的定义可得如下的连续函数的运算法则：

定理 2.11(连续函数的四则运算法则) 设 $f(x)$，$g(x)$ 都在点 x_0 处连续，则 $f(x)\pm g(x)$，$f(x)\cdot g(x)$ 与 $\dfrac{f(x)}{g(x)}(g(x_0)\neq 0)$ 都在点 x_0 处连续.

上述定理可以推广到有限多个函数的情况：有限多个连续函数的和、差、积仍为连续函数.

复合函数与反函数的连续性

下面建立有关复合函数的连续性定理.

定理 2.12(复合函数的连续性) 设函数 $y=f(u)$ 在点 u_0 处连续，函数 $u=\varphi(x)$ 在点 x_0 处连续，且 $u_0=\varphi(x_0)$，则复合函数 $y=f[\varphi(x)]$ 在点 x_0 处连续.

上述定理也可表示为：如果 $\lim\limits_{x\to x_0}\varphi(x)=\varphi(x_0)$，$\lim\limits_{u\to u_0}f(u)=f(u_0)$，且 $u_0=\varphi(x_0)$，则

$$\lim_{x\to x_0}f[\varphi(x)]=f[\varphi(x_0)]，即 \lim_{x\to x_0}f[\varphi(x)]=f[\lim_{x\to x_0}\varphi(x_0)].$$

这说明，在求连续函数的复合函数的极限时，极限符号可与函数符号交换.

定理 2.13(反函数的连续性) 单调连续函数的反函数在其对应区间上也是单调连

续的.

例如,由于 $\sin x$ 在闭区间 $\left[-\frac{\pi}{2},\ \frac{\pi}{2}\right]$ 上单调增加且连续,所以其反函数 $\arcsin x$ 在闭区间 $[-1,\ 1]$ 上也是单调增加并且连续的.

同样推得:反三角函数 $\arccos x$ 在闭区间 $[-1,\ 1]$ 上单调减少且连续;$\arctan x$ 在区间 $(-\infty,\ +\infty)$ 内单调增加且连续;$\mathrm{arccot}\, x$ 在区间 $(-\infty,\ +\infty)$ 内单调减少且连续. 总之,所有反三角函数在其定义域内都是连续的.

初等函数的连续性

可以证明:**一切基本初等函数在它们的定义域内都是连续的.**

因为初等函数是由基本初等函数经过有限次四则运算或复合运算而得的,由定理 2.11 和定理 2.12,可以得到以下定理:

定理 2.14　一切初等函数在其定义区间内都是连续的;或者说,**初等函数都是连续函数.**

这样,求初等函数的连续区间就是求初等函数的定义区间. 但关于分段函数的连续性,除按上述结论考虑每一分段区间内的连续性外,必须讨论分界点的连续性.

同时该结论为我们提供了求极限的方法:如果 $f(x)$ 是初等函数,且点 x_0 是 $f(x)$ 的定义区间内的点,则 $\lim\limits_{x\to x_0} f(x) = f(x_0)$,即函数 $f(x)$ 在点 x_0 处的极限值等于其在点 x_0 的函数值.

例 11　计算 $\lim\limits_{x\to\frac{\pi}{2}} \ln\sin x$.

解　因为 $f(x) = \ln\sin x$ 是初等函数,$\frac{\pi}{2} \in (0,\pi)$,所以有

$$\lim_{x\to\frac{\pi}{2}} \ln\sin x = \ln\sin\frac{\pi}{2} = 0.$$

例 12　计算 $\lim\limits_{x\to 1} \dfrac{\sqrt{x+3}-2}{\sqrt{x+8}-3}$.

分析:因为点 $x=1$ 不在初等函数 $\dfrac{\sqrt{x+3}-2}{\sqrt{x+8}-3}$ 的定义域内,故不能直接运用定理 2.14,需要通过分子、分母分别有理化,消去零因子 $x-1$,再利用定理 2.14.

解
$$\begin{aligned}\lim_{x\to 1} \frac{\sqrt{x+3}-2}{\sqrt{x+8}-3} &= \lim_{x\to 1} \frac{(\sqrt{x+3}-2)\cdot(\sqrt{x+3}+2)\cdot(\sqrt{x+8}+3)}{(\sqrt{x+8}-3)\cdot(\sqrt{x+8}+3)\cdot(\sqrt{x+3}+2)} \\ &= \lim_{x\to 1} \frac{(x-1)\cdot(\sqrt{x+8}+3)}{(x-1)\cdot(\sqrt{x+3}+2)} = \lim_{x\to 1} \frac{\sqrt{x+8}+3}{\sqrt{x+3}+2} \\ &= \frac{6}{4} = \frac{3}{2}.\end{aligned}$$

由于幂指函数 $u(x)^{v(x)}$ $(u(x)>0)$ 可化为复合函数

$$u(x)^{v(x)}=e^{v(x)\cdot\ln u(x)},$$

若 $\lim u(x)=a>0,\lim v(x)=b$,则

$$\lim u(x)^{v(x)}=e^{\lim v(x)\cdot\ln u(x)}=e^{b\ln a}=a^{b},$$

即有

$$\lim u(x)^{v(x)}=\lim u(x)^{\lim v(x)}.$$

例 13　计算 $\lim\limits_{x\to1}(x^2+2^x)^{2x}$.

解　$\lim\limits_{x\to1}(x^2+2^x)^{2x}=\lim\limits_{x\to1}(x^2+2^x)^{\lim\limits_{x\to1}2x}=3^2=9$.

例 14　计算 $\lim\limits_{n\to+\infty}\left(\dfrac{2\sqrt{n}}{\sqrt{n+1}+\sqrt{n}}\right)^n$.

解

$$\begin{aligned}\lim_{n\to+\infty}\left(\frac{2\sqrt{n}}{\sqrt{n+1}+\sqrt{n}}\right)^n&=\lim_{n\to+\infty}\left(1-\frac{\sqrt{n+1}-\sqrt{n}}{\sqrt{n+1}+\sqrt{n}}\right)^n\\&=\lim_{n\to+\infty}\left(1-\frac{1}{(\sqrt{n+1}+\sqrt{n})^2}\right)^{-(\sqrt{n+1}+\sqrt{n})^2\cdot\frac{-n}{(\sqrt{n+1}+\sqrt{n})^2}}\\&=e^{\lim\limits_{n\to\infty}\frac{-n}{(\sqrt{n+1}+\sqrt{n})^2}}=e^{-\frac{1}{4}}.\end{aligned}$$

2.6.4　闭区间上连续函数的性质

闭区间上的连续函数有一些重要性质,它们常常作为分析问题的理论依据.由于证明涉及到实数理论,故略去证明,而借助于几何直观来加以理解.

先说明最大值和最小值的概念.对于在区间 I 上有定义的函数 $f(x)$,如果有 $x_0\in I$,使得对于 $\forall x\in I$,都有

$$f(x)\leqslant f(x_0)\quad(f(x)\geqslant f(x_0)),$$

则称 $f(x_0)$ 是函数 $f(x)$ 在区间 I 上的**最大值(最小值)**.

定理 2.15(最大值、最小值定理)　若函数 $f(x)$ 在闭区间$[a,b]$上连续,则函数 $f(x)$ 在区间$[a,b]$上必然存在最大值与最小值.

也就是说,如果函数 $f(x)$ 是闭区间$[a,b]$上的连续函数,那么至少有一点 $\xi_1\in[a,b]$,使 $f(\xi_1)$ 是 $f(x)$ 在$[a,b]$上的最大值,又至少有一点 $\xi_2\in[a,b]$,使 $f(\xi_2)$ 是 $f(x)$ 在$[a,b]$上的最小值.

从几何上看,如果函数 $f(x)$ 是闭区间$[a,b]$上的一条曲线,那么曲线上至少有一点$(\xi_1,f(\xi_1))$不低于其余所有点,也至少有一点$(\xi_2,f(\xi_2))$不高于其余所有点(如图 2-6-10).

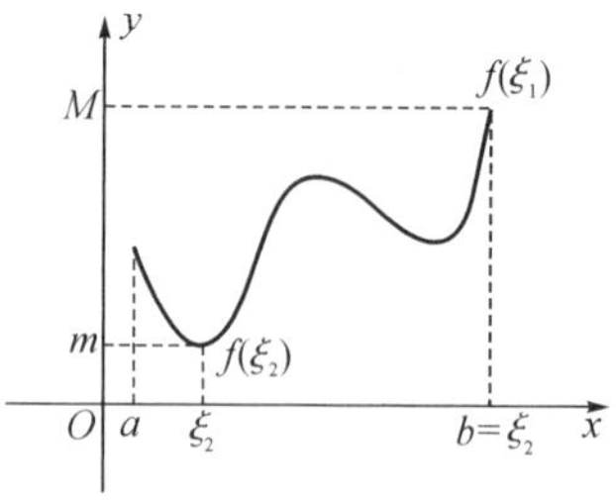

图 2－6－10

当定理中条件“闭区间”或“连续”不满足时，定理的结论可能不成立.

例如，函数 $f(x)=\dfrac{1}{x}$ 在开区间 $(1,\ 2)$ 内连续，但在 $(1,\ 2)$ 内既无最大值又无最小值；又，该函数在闭区间 $[-1,\ 1]$ 上有间断点 $x=0$，在 $[-1,\ 1]$ 上既无最大值又无最小值.

推论　在闭区间上连续的函数一定在该区间上有界.

若 $f(x_0)=0$，则称 x_0 为函数 $f(x)$ 的**零点**.

定理 2.16(零点定理)　设函数 $f(x)$ 在闭区间 $[a,b]$ 上连续，且 $f(a)$ 与 $f(b)$ 异号(即 $f(a)\cdot f(b)<0$)，则在开区间 $(a,\ b)$ 内至少有函数 $f(x)$ 的一个零点，即至少存在一点 $\xi\in(a,\ b)$ 使

$$f(\xi)=0.$$

从几何上看，如果函数 $f(x)$ 在闭区间 $[a,\ b]$ 上的图形是一条连续曲线，其两个端点分别位于 x 轴的两侧，那么这曲线与 x 轴至少有一个交点(如图 2－6－11).

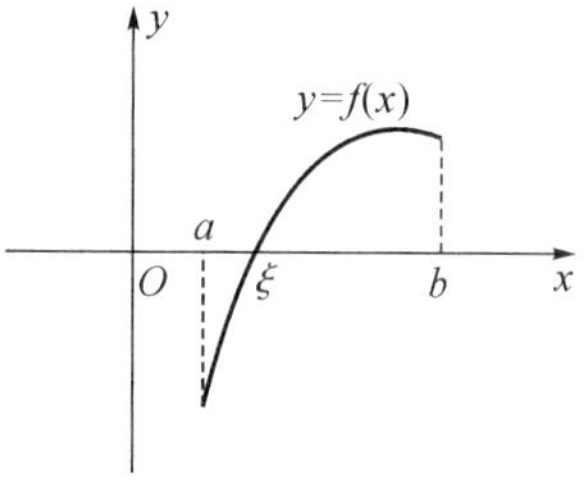

图 2－6－11

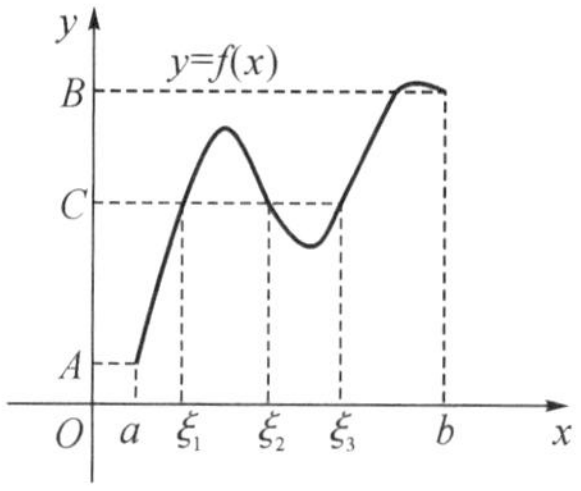

图 2－6－12

定理 2.17(介值定理)　如果函数 $f(x)$ 在闭区间 $[a,b]$ 上连续，且在此区间的端点取不同的函数值 $f(a)=A$ 及 $f(b)=B$，那么对于 A 与 B 之间的任意一个数 C，在开区间 (a,b) 内至少有一点 ξ，使得

$$f(\xi)=C,\xi\in(a,\ b).$$

证　设 $\varphi(x)=f(x)-C$，则 $\varphi(x)$ 在闭区间 $[a,\ b]$ 上连续，且 $\varphi(a)=A-C$ 与 $\varphi(b)=B-C$ 异号，根据零点定理，开区间 $(a,\ b)$ 内至少有一点 ξ，使得 $\varphi(\xi)=0,\xi\in(a,\ b)$，而 $\varphi(\xi)=f(\xi)-C$，因此由上式可得

$$f(\xi) = C, \xi \in (a, b).$$

定理 2.17 表明:连续曲线 $y = f(x)$ 与水平直线 $y = C$ 至少相交于一点(如图 2-6-12).

推论　在闭区间上连续的函数必取得介于最大值 M 与最小值 m 之间的任何值.

例 15　证明方程 $x^3 - 4x^2 + 2 = 0$ 在开区间$(0, 1)$内至少有一个实根.

证　令 $f(x) = x^3 - 4x^2 + 2$,则 $f(x)$ 在闭区间$[0, 1]$上连续,又

$$f(0) = 2 > 0,\ f(1) = -1 < 0,$$

根据零点定理,在$(0, 1)$内至少有一点 ξ,使得 $f(\xi) = 0$,即 $\xi^3 - 4\xi^2 + 2 = 0, \xi \in (0, 1)$,因此,方程 $x^3 - 4x^2 + 2 = 0$ 在开区间$(0, 1)$内至少有一个实根 ξ.

例 16　设 $f(x)$ 在闭区间$[0, 1]$上连续,且 $f(0) = 1, f(1) = 0$. 试证明:存在 $\xi \in (0, 1)$,使得 $f(\xi) = \xi$(ξ 称为函数 $f(x)$ 的不动点).

证　构造辅助函数 $F(x) = f(x) - x$,则 $F(x)$ 在$[0, 1]$上连续,且

$$F(0) = f(0) - 0 = 1 > 0, F(1) = f(1) - 1 = -1 < 0,$$

由零点定理知,存在 $\xi \in (0, 1)$,使

$$F(\xi) = f(\xi) - \xi = 0,\text{即 } f(\xi) = \xi.$$

例 17　设函数 $f(x), g(x)$ 在$[a, b]$上连续,且 $f(a) = 0, f(b) = 1, g(a) < 0$,试证:必定存在一点 $\xi \in (a,b)$,使得 $f(\xi) + g(\xi) = f(\xi) \cdot g(\xi)$.

证　构造辅助函数 $h(x) = f(x) + g(x) - f(x)g(x)$,则 $h(x)$ 在$[a,b]$上连续,又

$$h(a) = g(a) < 0,\ h(b) = f(b) = 1 > 0,$$

所以由介值定理知,$\exists \xi \in (a,b)$,使 $h(\xi) = 0$,即 $f(\xi) + g(\xi) = f(\xi) \cdot g(\xi)$.

习题　2.6

1. 填空题

(1) 函数 $y = x^2 + x - 2$,当 $x = 1, \Delta x = 0.5$ 时,$\Delta y =$ ________;当 $x = 1, \Delta x = -0.5$ 时,$\Delta y =$ ________.

(2) $x = 0$ 是函数 $e^{x+\frac{1}{x}}$ 的第______类__________间断点.

(3) $x = 0$ 是函数 $\dfrac{\sin x}{|x|}$ 的第______类__________间断点.

(4) 设 $f(x) = \dfrac{1}{x}\ln(1 - x)$,若定义 $f(0) =$ ________,则 $f(x)$ 在 $x = 0$ 处连续.

(5) 若函数 $f(x) = \begin{cases} \dfrac{\tan ax}{x}, & x \neq 0 \\ 2, & x = 0 \end{cases}$ 在 $x = 0$ 处连续,则 a 等于________.

(6) $f(x) = \dfrac{1}{\ln(x-1)}$ 的连续区间是______________.

2. 选择题

(1) 下列叙述正确的是(　　).

A. 若 $f(x)$,$g(x)$ 在点 x_0 处均不连续,则 $f(x)+g(x)$ 在点 x_0 处亦不连续

B. 若 $f(x)$ 在点 x_0 处连续,$g(x)$ 在点 x_0 处不连续,则 $f(x)g(x)$ 在点 x_0 处必不连续

C. 若 $f(x)$ 与 $g(x)$ 在点 x_0 处均不连续,则 $f(x)g(x)$ 在点 x_0 处亦不连续

D. $f(x)$ 在点 x_0 处连续当且仅当 $f(x)$ 在点 x_0 处既左连续又右连续

(2) 下列说法正确的是(　　).

A. $y=|x|$ 在 $x=0$ 处不连续

B. 设 $y=f(x)$ 在(a,b) 内连续,则 $f(x)$ 在(a,b) 内必有界

C. 设 $y=f(x)$ 在$[a,b]$ 上连续,且无零点,则 $f(x)$ 在$[a,b]$ 上恒为正或恒为负

D. 因为 $\tan\frac{\pi}{4}\cdot\tan\frac{3\pi}{4}=-1<0$,所以 $\tan x=0$ 在 $\left(\frac{\pi}{4},\frac{3\pi}{4}\right)$ 内必有零点

3. 研究下列函数在指定点的连续性,如果在该点处间断,则指出间断点的类型.

(1) $f(x)=3x^2+5$, 在 $x=2$ 处

(2) $f(x)=\dfrac{x^2-1}{x^2-4x-5}$, 在 $x=-1$ 处和在 $x=5$ 处

(3) $f(x)=\cot x$, 在 $x=0$ 处

(4) $f(x)=\begin{cases}\dfrac{1}{x}, & x\neq 0\\ 1, & x=0\end{cases}$,在 $x=0$ 处

(5) $f(x)=\sin\dfrac{1}{x}$, 在 $x=0$ 处

(6) $f(x)=\begin{cases}\dfrac{|x|}{x}, & x\neq 0\\ 1, & x=0\end{cases}$,在 $x=0$ 处

(7) $f(x)=\begin{cases}3x+5, & x<1\\ 10-2x, & x\geqslant 1\end{cases}$,在 $x=1$ 处

(8) $f(x)=\begin{cases}\dfrac{x^3-1}{x-1}, & x<1\\ 3x, & x\geqslant 1\end{cases}$,在 $x=1$ 处

4. 已知下列函数为连续函数,试确定常数 a 与 b 的值.

(1) $f(x)=\begin{cases}\dfrac{1}{x}\sin x, & x<0\\ a, & x=0\\ x\sin\dfrac{1}{x}+b, & x>0\end{cases}$

(2) $f(x)=\begin{cases} ax+b, & x<-1 \\ 2, & x=-1 \\ 3x^2+bx, & x>-1 \end{cases}$

(3) $f(x)=\begin{cases} a\sqrt[3]{x}+b\sqrt[3]{x^2}, & |x|\geqslant 1 \\ \dfrac{\cos\frac{\pi}{2}x}{x^2-1}, & |x|<1 \end{cases}$

(4) $f(x)=\begin{cases} \dfrac{\sqrt{x+a}-\sqrt{2x+4}}{bx}, & x\neq 0 \\ 1, & x=0 \end{cases}$

5. 试定义 $f(0)$ 的值,使得 $f(x)=\begin{cases} \dfrac{\sin x+ax}{x}, & x<0 \\ (1+2x)^{\frac{1}{x}}, & x>0 \end{cases}$ 在 $x=0$ 处连续,此时常数 a 应为何值?

6. 函数 $f(x)=\dfrac{\sqrt{1+x}-\sqrt{1-x}}{\sqrt{1+2x}-\sqrt{1-2x}}$ 在 $x=0$ 处无定义,给 $f(0)$ 定义一个什么样的值，才可使 $f(x)$ 在 $x=0$ 处连续?

7. 已知 $x=1$ 是函数 $f(x)=\dfrac{x+2}{ax^2+bx+2}$ 的无穷间断点,而 $x=-2$ 是函数 $f(x)$ 的可去间断点,求常数 a 与 b 的值.

8. 求函数 $f(x)=\dfrac{x^3+3x^2-x-3}{x^2+x-6}$ 的连续区间,并求极限 $\lim\limits_{x\to 0}f(x)$, $\lim\limits_{x\to -3}f(x)$ 及 $\lim\limits_{x\to 2}f(x)$.

9. 计算下列极限:

(1) $\lim\limits_{x\to 0}\sqrt{x^2-2x+3}$

(2) $\lim\limits_{x\to\infty}\left(\dfrac{2x^2+x+1}{x^2-x+3}\right)^{\frac{\sin x}{x}}$

(3) $\lim\limits_{x\to 4}\dfrac{\sqrt{2x+1}-3}{\sqrt{x-2}-\sqrt{2}}$

(4) $\lim\limits_{x\to 0}\dfrac{\sqrt{1+x}-\sqrt{1-x}}{x}$

(5) $\lim\limits_{x\to+\infty}\arcsin(\sqrt{x^2+x}-x)$

(6) $\lim\limits_{x\to 0}\dfrac{\sqrt{a^2-x\sin x}-a}{x^2}(a>0)$

(7) $\lim\limits_{x\to 0}\dfrac{\log_a(1+3x)}{x}$

(8) $\lim\limits_{n\to\infty}n[\ln(n+a)-\ln n]$

(9) $\lim\limits_{x\to 0}(1+2\tan^2 x)^{\frac{1}{x\sin x}}$

(10) $\lim\limits_{x\to 0}(1+xe^x)^{\frac{1}{x}}$

(11) $\lim\limits_{x\to 1}x^{\frac{1}{1-x}}$

(12) $\lim\limits_{x\to 1}\left(\sin\dfrac{\pi}{2}x\right)^{\frac{1}{(x-1)^2}}$

10. 已知 $\lim\limits_{x\to\infty}\left(\dfrac{x+a}{x+2a}\right)^x=2$，求常数 a.

11. 已知 $\lim\limits_{x\to 0}\dfrac{\sqrt{a+x\sin x}+b}{x\ln(1+x)}=\dfrac{1}{2}$,求常数 a，b.

12. 已知 $(\sqrt{4+ax^2}+b)\sim(\cos x+c)$（当 $x\to 0$），求常数 a，b 与 c.

13. (1) 证明方程 $x^5-3x=1$ 至少有一根介于 1 和 2 之间；

(2) 证明方程 $x=2\sin x+1$ 至少有一个小于 3 的正根.

14. (1) 设函数 $f(x)$ 在$[a, b]$上连续，且满足 $[f(a)-a]\cdot[f(b)-b]<0$,求证方程 $f(x)=x$ 在(a, b) 内至少有一个实根；

(2) 已知函数 $f(x)$ 在$[0, 2]$ 上连续，且有 $f(0)=f(2)$，求证：必存在一点 $\xi\in[0,1]$，使得 $f(\xi)=f(\xi+1)$.

15. 设函数 $f(x)$ 在$[0, 2]$ 上连续,且 $f(0)+f(1)+f(2)=3$,证明:必存在 $\xi\in[0, 2]$,使 $f(\xi)=1$.

复习题二

一、单项选择题

1. 当 $x\to\infty$ 时,下列函数中有极限的是(　　).

A. $\sin x$　　B. $\dfrac{1}{e^x}$　　C. $\dfrac{x+1}{x^2-1}$　　D. $\arctan x$

2. 下列极限等于 1 的是(　　)；

A. $\lim\limits_{x\to\infty} x\sin\dfrac{1}{x}$　　B. $\lim\limits_{x\to\infty}\dfrac{\sin x}{x}$　　C. $\lim\limits_{x\to\infty}\dfrac{\arctan x}{x}$　　D. $\lim\limits_{x\to\infty}\dfrac{\sin\frac{1}{x}}{x}$

3. $\lim\limits_{x\to\infty}\dfrac{\sqrt{1+x+x^2}}{x}=$(　　).

A. 1　　B. -1　　C. 1 或 -1　　D. 不存在

4. 函数 $f(x)=\dfrac{x^2+3x-4}{(1-x)\sqrt{2-x}}$ 在(　　)的变化过程中是无穷大.

A. $x\to 1$　　B. $x\to 2$　　C. $x\to-\infty$　　D. $x\to+\infty$

5. 当 $x\to 0$ 时,函数(　　)是无穷小.

A. $3^{-\frac{1}{x}}$　　B. $\dfrac{\sin x}{x}$

C. $\dfrac{x^2}{\sqrt{x^2+x-2}}$　　D. $\dfrac{\sqrt[3]{x}}{x+1}\cdot\left(2-\sin\dfrac{1}{x}\right)$

6. 当(　　)时，$\dfrac{1-e^{\frac{1}{x}}}{1+e^{\frac{1}{x}}}\to -1$.

A. $x\to 0$　　B. $x\to 0^-$　　C. $x\to 0^+$　　D. $x\to\infty$

7. 若$\lim\limits_{x\to 0}f(x)=\infty$，$\lim\limits_{x\to 0}g(x)=0$，则必有(　　).

A. $\lim\limits_{x\to 0}f(x)g(x)=0$　　B. $\lim\limits_{x\to 0}\dfrac{f(x)}{g(x)}=\infty(g(x)\neq 0)$

C. $\lim\limits_{x\to 0}\left[f(x)+\dfrac{1}{g(x)}\right]=\infty$　　D. $\lim\limits_{x\to 1}\dfrac{g(x)}{f(x)}=0(f(x)\neq 0)$

8. $f(x)$ 在点 $x=x_0$ 处有定义是极限$\lim\limits_{x\to x_0}f(x)$ 存在的(　　).

A. 必要条件　　B. 充分条件

C. 充分必要条件　　D. 无关的条件

9. 当 $x\to 0$ 时，$f(x)=\dfrac{1}{x^2}\sin\dfrac{1}{x}$ 是(　　).

A. 无穷小　　B. 无穷大

C. 有界，但不是无穷小　　D. 无界，但不是无穷大

10. 当 $x\to 0$ 时，$(1-\cos x)^2$ 是 $\sin^2 x$ 的(　　).

A. 高阶无穷小　　B. 同阶无穷小，但不是等价无穷小

C. 低阶无穷小　　D. 等价无穷小

11. $x\to 1$ 时，$(x-1)\ln x$ 是 $1-\cos(x-1)$ 的(　　)无穷小.

A. 高阶　　B. 同阶但不等价　　C. 等价　　D. 低阶

12. 当 $x\to 0$ 时，下列函数中为 x 的高阶无穷小的是(　　).

A. $1-\cos x$　　B. $x+x^2$　　C. $\sin x$　　D. $\sqrt{x}$

13. 当 $x\to 0$ 时，$\left(\sin x+x^2\cos\dfrac{1}{x}\right)$是$(1+\cos x)\ln(1+x)$ 的(　　).

A. 高阶无穷小　　B. 同阶无穷小，但不是等价无穷小

C. 低阶无穷小　　D. 等价无穷小

14. 当 $x\to 0$ 时，(　　)与 x^2 相比是低阶无穷小.

A. $\dfrac{\sin x}{x}$　　B. $\dfrac{1-\cos x}{x}$　　C. $x\sin\dfrac{1}{x^2}$　　D. $(x-1)+\dfrac{1}{x+1}$

15. 点 $x=0$ 是函数 $f(x)=x\sin\dfrac{1}{x}$ 的(　　).

A. 连续点　　B. 第一类间断点

C. 无穷型间断点　　D. 非无穷型的第二类间断点

16. 设 $f(x)=x^2+\operatorname{arccot}\dfrac{1}{x-1}$，则 $x=1$ 是 $f(x)$ 的(　　).

A. 可去间断点　　B. 跳跃间断点　　C. 无穷间断点　　D. 连续点

17. 设函数 $f(x)=\dfrac{1}{2^{\frac{x}{x-1}}-1}$,则(　　).

A. $x=0$, $x=1$ 都是 $f(x)$ 的第一类间断点

B. $x=0$, $x=1$ 都是 $f(x)$ 的第二类间断点

C. $x=0$ 是 $f(x)$ 的第一类间断点,$x=1$ 是 $f(x)$ 的第二类间断点

D. $x=1$ 是 $f(x)$ 的第一类间断点,$x=0$ 是 $f(x)$ 的第二类间断点

18. 函数(　　)不是连续函数.

A. $f(x)=\dfrac{\sin x}{x}$　　B. $f(x)=2^{\frac{1}{x}}$

C. $f(x)=\begin{cases}x+1, & x\geqslant 0\\ 1+2^{\frac{1}{x}}, & x<0\end{cases}$　　D. $f(x)=\sqrt{1-x}+\sqrt{x-1}$

19. 若 $\lim\limits_{x\to x_0}f(x)$ 存在,$\lim\limits_{x\to x_0}g(x)$ 不存在,则极限(　　)必定不存在.

A. $\lim\limits_{x\to x_0}g^2(x)$　　B. $\lim\limits_{x\to x_0}[f(x)-g(x)]$

C. $\lim\limits_{x\to x_0}[f(x)\cdot g(x)]$　　D. $\lim\limits_{x\to x_0}\dfrac{f(x)}{g(x)}(g(x)\neq 0)$

20. 若 $f(x)$ 在 x_0 处连续,$g(x)$ 在 x_0 处间断,则函数(　　)在 x_0 处可能是连续的.

A. $3f(x)-2g(x)$　　B. $f(x)\cdot g(x)$

C. $g(x)-2x$　　D. $g(x)+f^2(x)$

二、填空题

1. $\lim\limits_{x\to 0}\dfrac{x}{\sin 2x}=$ ________.

2. $\lim\limits_{x\to\infty}\left(1-\dfrac{1}{x}\right)^x=$ ________.

3. $\lim\limits_{x\to 0}\dfrac{x}{\arcsin x}=$ ________.

4. $\lim\limits_{x\to 0}\dfrac{\log_a(1+ax)}{x}=$ ________ $(a>0,\ a\neq 1)$.

5. $\lim\limits_{n\to\infty}n(e^{\frac{1}{n}}-1)=$ ________.

6. $\lim\limits_{x\to-\infty}\left(x\cdot\sin\dfrac{1}{x}\right)=$ ________.

7. $\lim\limits_{x\to 0}\dfrac{\ln(1+x)}{\sin(1+x)}=$ ________.

8. $\lim\limits_{x\to 1}\dfrac{\sqrt{3x+1}-2}{\sqrt{x+8}-3}=$ ________.

9. $\lim\limits_{n\to\infty}[1+(-1)^n]=$ ________.

10. $\lim\limits_{x\to 0}\left(x^2\sin\dfrac{1}{x^2}+\dfrac{\sin 3x}{x}\right)=$ ________.

11. $\lim\limits_{x\to\infty}\dfrac{\arctan x}{x}=$ ________.

12. $\lim\limits_{x\to(\quad)}2^{-\frac{1}{x}}=0$.

13. $\lim\limits_{x\to(\quad)}\dfrac{1-x^3}{1+x+x^2}=-\infty$.

14. 若$\lim\limits_{x\to\infty}\left(\dfrac{x+c}{x-c}\right)^x=4$，则 $c=$ ________.

15. 已知$\lim\limits_{x\to 0}\dfrac{\sqrt{ax+b}-2}{x}=1$，则 $a=$ ________，$b=$ ________.

16. 函数 $f(x)=\sqrt{x}+\ln(3-x)$ 在________连续.

17. $f(x)=\dfrac{x^2-x}{|x|(x^2-1)}$ 的可去间断点是________，跳跃间断点是________.

18. 设函数 $f(x)=\begin{cases}\dfrac{\sin\pi x}{x}, & x<0\\ a-2, & x\geqslant 0\end{cases}$，当 $a=$ ________时，$f(x)$ 在$(-\infty,+\infty)$)上连续.

19. 设函数 $f(x)=\begin{cases}(1-x)^{\frac{2}{x}}, & x<0\\ a, & x=0\\ \dfrac{b\tan\frac{x}{2}}{x}, & x>0\end{cases}$ 在 $x=0$ 处连续，则 $a=$ ________，$b=$ ________.

20. 当 $x\to 0$ 时，若$(1+ax^2)^{\frac{1}{3}}-1$ 与 $\ln(x^2+1)$ 是等价无穷小，则 $a=$ ________.

三、计算题、证明题

1. 计算下列极限：

(1) $\lim\limits_{x\to\infty}\dfrac{x-\sin x}{x+\sin x}$　　(2) $\lim\limits_{n\to\infty}\dfrac{2^{n+1}+3^{n+1}}{2^n+3^n}$

(3) $\lim\limits_{x\to\infty}\dfrac{(2x-1)^4(x+5)^6}{(4x+1)^{10}}$　　(4) $\lim\limits_{x\to 4}\dfrac{\sqrt{2x+1}-3}{\sqrt{x}-2}$

(5) $\lim\limits_{x\to 0}\dfrac{\tan x-\sin x}{\sin^3 x}$　　(6) $\lim\limits_{x\to 1}\left(\dfrac{1}{x-1}-\dfrac{2}{x^2-1}\right)$

(7) $\lim\limits_{x \to 1}(1-x)\tan\dfrac{\pi}{2}x$

(8) $\lim\limits_{x \to \infty}\left(\dfrac{2x-4}{2x+1}\right)^{2x+3}$

(9) $\lim\limits_{x \to 1}(2-x)^{\frac{2}{1-x}}$

(10) $\lim\limits_{x \to +\infty}\left(\dfrac{x^2-1}{x^2+1}\right)^{x^2}$

(11) $\lim\limits_{x \to 0}\dfrac{1-\cos 2x}{x\sin x}$

(12) $\lim\limits_{x \to 0}(1+3\tan^2 x)^{1+2\cot^2 x}$

(13) $\lim\limits_{n \to \infty}\{n[\ln(n+3)-\ln n]\}$

(14) $\lim\limits_{x \to 1}\dfrac{\sin(x-1)}{x^2+x-2}$

(15) $\lim\limits_{x \to +\infty}(x-\sqrt{x^2-x+1})$

(16) $\lim\limits_{x \to \mathrm{e}}\dfrac{\ln x-1}{x-\mathrm{e}}$

(17) $\lim\limits_{x \to 0}\dfrac{\sqrt[3]{x^4}\cdot\sin\dfrac{1}{x}}{\sin x}$

(18) $\lim\limits_{x \to 0}\dfrac{1-\cos(\sin x)}{\tan 5x^2}$

(19) $\lim\limits_{x \to 0}\dfrac{\mathrm{e}^x-\mathrm{e}^{\tan x}}{x-\tan x}$

(20) $\lim\limits_{x \to 1}\dfrac{\sqrt{3-x}-\sqrt{1+x}}{x^2+x-2}$

(21) $\lim\limits_{x \to 0}\dfrac{(\arctan x)^2\ln(1+x)}{x(\sqrt{1+x^2}-1)}$

(22) $\lim\limits_{x \to 0}\dfrac{\sqrt{1+\tan x}-\sqrt{1+\sin x}}{x\sin^2 x}$

2. 已知极限$\lim\limits_{x \to 3}\dfrac{x^2-2x+a}{x-3}=b$存在,求 a, b 的值.

3. 已知 $f(x)=\dfrac{ax^2-2}{x^2+1}+3bx+5$. 当 $x \to \infty$ 时,a, b 为何值时 $f(x)$ 为:(1) 无穷小?(2) 无穷大?

4. 已知$\lim\limits_{x \to 1}\dfrac{x^2+ax+b}{1-x}+\lim\limits_{x \to 2}\dfrac{ax-b}{x^2-4}=k$,式中的极限均是存在的,求常数 a, b 及 k 的值.

5. 已知 $f(x)=\begin{cases} ax+3, & x \geqslant 1 \\ 2-ax, & x<1 \end{cases}$为连续函数,求常数 a 的值.

6. 常数 a, b 为何值时,函数 $f(x)=\begin{cases} \dfrac{a\sin x-b\tan x}{x}, & x<0 \\ 4, & x=0 \\ \dfrac{b\sin x+3ax-x^2}{x}, & x>0 \end{cases}$在 $x=0$ 处连续?

7. 求下列函数的连续区间:

(1) $f(x)=\dfrac{x^3-1}{x^2-5x+4}$

(2) $f(x)=\begin{cases} \ln x, & x>0 \\ x^2, & x \leqslant 0 \end{cases}$

8. 研究下列函数在指定点的连续性,如果函数在该点处间断,则指出间断点类型.

(1) $f(x)=2^{\frac{1}{x}}$,在 $x=0$ 处.

(2) $f(x)=\arctan\dfrac{1}{x}$,在 $x=0$ 处.

(3) $f(x)=\begin{cases} x\sin\dfrac{1}{x}, & x\neq 0 \\ 0, & x=1 \end{cases}$,在 $x=0$ 处.

(4) $f(x)=\begin{cases} x-1, & x>1 \\ 2x+1, & x<1 \end{cases}$,在 $x=0$ 处.

9. 设 $f(x)=\lim\limits_{n\to+\infty}\dfrac{(n-1)x}{nx^2+1}$,求 $f(x)$ 的间断点,并指出其类型.

10. 设 $f(x)=\dfrac{1}{\sin^2 x}[\sqrt{1+\sin x+\sin^2 x}-(a+b\sin x)]$,$x=0$ 是 $f(x)$ 的可去间断点,求常数 a, b.

11. 当 $x\to 0$ 时,下列函数哪些是无穷小?哪些能与 x 比较阶的高低?在可比较的情况下,用符号“$O(\ )$”,“$o(\ )$”以及“$\sim$”(当 $x\to 0$)表示之.(其中 $O(\ )$ 表示同阶无穷小)

(1) $3x+x^2-5x^4$　　(2) $\sqrt[5]{x^4}-\sqrt[3]{x^2}$

(3) $x\cdot\arctan\dfrac{1}{x}$　　(4) $1-\cos^2 x$

(5) $\sin(\tan x)$　　(6) $\sin(\cos x)-\cos(\sin x)$

12. 试确定常数 a, b, c,使得 $\sqrt{(1+x)^4+3}-(a+bx+cx^2)=o(x^2)\ (x\to 0)$.

13. 证明:

(1) 方程 $x^7-4x=2$ 在 $[1, 2]$ 上至少有一个实根.

(2) 方程 $\sin x+x=-1$ 在区间 $\left[-\dfrac{\pi}{2}, \dfrac{\pi}{2}\right]$ 上至少有一个实根.

(3) 方程 $x\cdot 2^x=1$ 至少有一个小于 1 的正根.

(4) 若函数 $f(x)$ 与 $g(x)$ 均在 $[a, b]$ 上连续,且满足 $[f(a)-g(a)]\cdot[f(b)-g(b)]<0$,则方程 $f(x)=g(x)$ 在 (a, b) 内至少有一个实根.

14. 设函数 $f(x)$ 与 $g(x)$ 均在 $[a, b]$ 上连续,且在 (a,b) 内存在相等的最大值,又 $f(a)=g(a)$, $f(b)=g(b)$,证明:存在 $\xi\in(a, b)$,使得 $f(\xi)=g(\xi)$.

15. 设 $f(x)$ 在 $[0, 2a]$ 上连续,且 $f(0)=f(2a)$,试证方程 $f(x)-f(x+a)=0$ 在 $[0, a]$ 上至少有一个实根.

第三章　导数与微分

我们在解决实际问题时，除了需要了解变量之间的函数关系以外，有时还需要研究变量变化快慢的程度，例如物体运动的速度、国民经济发展的速度、劳动生产率等. 而这些问题只有在引进导数概念后，才能更好地用数学工具去定量研究这些量的变化情况. 目前，在经济学及管理科学中也已广泛地运用了导数及微分这些概念来描述各种经济现象.

在本章中，我们将先从实际问题出发引出导数的概念，接着系统地介绍导数的计算方法，最后再引出与导数密切相关的微分概念.

3.1　导数的概念

3.1.1　引　例

变速直线运动的瞬时速度

在中学物理学中，我们已接触过“瞬时速度”这个名称，但只是作了一个描述，那么，该如何精确刻画“瞬时速度”这个概念呢？

设物体做变速直线运动，运动方程为 $s = s(t)$.

当时间由 t_0 变到 $t_0 + \Delta t$ 时，物体在时间段$[t_0, t_0 + \Delta t]$内所经过的路程为

$$\Delta s = s(t_0 + \Delta t) - s(t_0),$$

于是时间段$[t_0, t_0 + \Delta t]$内物体运动的平均速度$\bar{v}$为

$$\bar{v} = \frac{\Delta s}{\Delta t} = \frac{s(t_0 + \Delta t) - s(t_0)}{\Delta t}.$$

当时间间隔 Δt 的绝对值很小时，可用$\bar{v}$近似刻画物体在 t_0 时刻的瞬时速度，Δt 越小，精确度越高. 当 $\Delta t \to 0$ 时，若$\lim\limits_{\Delta t \to 0} \dfrac{\Delta s}{\Delta t}$存在，将此极限称为物体在时刻 t_0 的**瞬时速度**，即

$$v(t_0) = \lim_{\Delta t \to 0} \frac{\Delta s}{\Delta t} = \lim_{\Delta t \to 0} \frac{s(t_0 + \Delta t) - s(t_0)}{\Delta t}.$$

平面曲线切线的斜率

在平面几何里，圆的切线定义为“与圆只有一个交点的直线”或“过圆上一点且与过

该点的直径垂直的直线”. 对一般曲线来说，用直线与曲线的交点个数来定义曲线的切线是不适用的.

例如，y 轴与抛物线 $y = x^2$ 只有一个交点，但 y 轴并非该抛物线的切线；又如，$y = 1$ 与正弦曲线 $y = \sin x$ 有无穷多个交点，但 $y = 1$ 却是该曲线的切线. 下面我们给出平面曲线的切线的概念，并进一步探讨它的斜率问题.

如图 3-1-1 所示，设曲线 C 是函数 $y = f(x)$ 的图形，点 $M(x_0, y_0)$ 为曲线上一定点，在曲线上另取一动点 $N(x_0 + \Delta x, f(x_0 + \Delta x))$，作割线 MN，设其倾斜角为 θ，则其斜率为

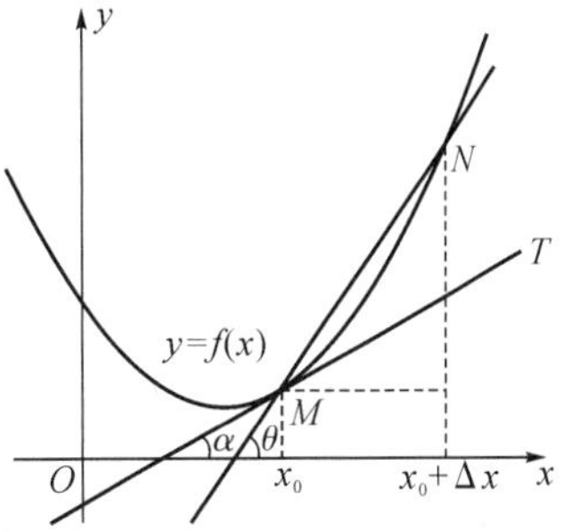

图 3-1-1

$$\tan\theta = \frac{\Delta y}{\Delta x} = \frac{f(x_0 + \Delta x) - f(x_0)}{\Delta x}.$$

当动点 N 沿曲线 C 趋近于定点 M 时，割线 MN 也随之变动，若割线 MN 存在极限位置 MT，则称直线 MT 为曲线 C 在点 $M(x_0, y_0)$ 处的**切线**. 此时，$\Delta x \to 0$，且 θ 趋向于切线 MT 的倾斜角 α. 如果 $\Delta x \to 0$ 时，上式的极限存在，则曲线 C 在点 $M(x_0, y_0)$ 处的切线斜率为

$$\tan\alpha = \lim_{\theta \to \alpha}\tan\theta = \lim_{\Delta x \to 0}\frac{\Delta y}{\Delta x} = \lim_{\Delta x \to 0}\frac{f(x_0 + \Delta x) - f(x_0)}{\Delta x}.$$

以上两个例子虽然各具不同的实际意义，但解决问题所用的数学方法和数学思维是完全一样的，都是一种特殊的极限 $\lim\limits_{\Delta x \to 0}\frac{\Delta y}{\Delta x} = \lim\limits_{\Delta x \to 0}\frac{f(x_0 + \Delta x) - f(x_0)}{\Delta x}$（即当自变量增量趋近于 0 时，函数增量与自变量增量的比值的极限）. 撇开问题具体含义，抽象出解决这两个问题方法的共同本质，就得到函数导数的概念.

3.1.2　导数的定义

函数 $f(x)$ 在点 x_0 处的导数

定义 3.1　函数 $y = f(x)$ 在点 x_0 的某个邻域 $U(x_0)$ 内有定义. 当自变量 x 在 x_0 处取得增量 $\Delta x\,(x_0 + \Delta x \in U(x_0))$ 时，函数 y 取得相应的增量 $\Delta y = f(x_0 + \Delta x) - f(x_0)$；若极限 $\lim\limits_{\Delta x \to 0}\frac{\Delta y}{\Delta x}$ 存在，则称函数 $y = f(x)$ 在点 x_0 处**可导**，并称这个极限为函数 $y = f(x)$ 在点 x_0 处的**导数**或**微商**，记为 $f'(x_0)$，即

$$f'(x_0) = \lim_{\Delta x \to 0}\frac{\Delta y}{\Delta x} = \lim_{\Delta x \to 0}\frac{f(x_0 + \Delta x) - f(x_0)}{\Delta x}, \tag{3-1}$$

也记作 $y'\big|_{x=x_0}$，$\left.\frac{\mathrm{d}y}{\mathrm{d}x}\right|_{x=x_0}$，$\left.\frac{\mathrm{d}f}{\mathrm{d}x}\right|_{x=x_0}$.

如果(3-1)式的极限不存在,则称函数 $y=f(x)$ 在点 x_0 处**不可导**.如果不可导的原因是由于 $\Delta x\to 0$ 时,比式$\dfrac{\Delta y}{\Delta x}\to\infty$,为了方便起见,也往往说函数 $y=f(x)$ 在点 x_0 处的导数为无穷大,并记作 $f'(x_0)=\infty$.

导数的定义式(3-1)也可取不同的形式,常见的有

$$f'(x_0)=\lim_{h\to 0}\frac{f(x_0+h)-f(x_0)}{h} \tag{3-2}$$

$$f'(x_0)=\lim_{x\to x_0}\frac{f(x)-f(x_0)}{x-x_0} \tag{3-3}$$

在定义式(3-1)中,令 $x=x_0+\Delta x$,即得定义式(3-3).

从实际意义看,$\dfrac{\Delta y}{\Delta x}=\dfrac{f(x_0+\Delta x)-f(x_0)}{\Delta x}$ 反映的是自变量从 x_0 到 $x_0+\Delta x$ 时函数 $f(x)$ 的平均变化率,而导数 $f'(x_0)=\lim\limits_{\Delta x\to 0}\dfrac{f(x_0+\Delta x)-f(x_0)}{\Delta x}$ 反映的是函数 $f(x)$ 在点 x_0 处的瞬时**变化率**.

单侧函数

根据导数的定义,导数是一种特殊形式的极限,而极限存在的充要条件是左、右极限都存在且相等.将

$$\lim_{\Delta x\to 0^-}\frac{f(x_0+\Delta x)-f(x_0)}{\Delta x} \quad 和 \quad \lim_{\Delta x\to 0^+}\frac{f(x_0+\Delta x)-f(x_0)}{\Delta x}$$

分别称为函数 $f(x)$ 在点 x_0 处的**左导数**和**右导数**,记作 $f'_-(x_0)$ 和 $f'_+(x_0)$,即

$$f'_-(x_0)=\lim_{\Delta x\to 0^-}\frac{f(x_0+\Delta x)-f(x_0)}{\Delta x},$$

$$f'_+(x_0)=\lim_{\Delta x\to 0^+}\frac{f(x_0+\Delta x)-f(x_0)}{\Delta x}.$$

左导数、右导数统称为**单侧导数**.

显然,函数 $f(x)$ 在点 x_0 处可导的充分必要条件是 $f'_-(x_0)$ 和 $f'_+(x_0)$ 都存在且相等.

导函数

如果函数 $f(x)$ 在开区间 I 内每一点处都可导,称函数 $f(x)$ 在开区间 I 内可导,这时,对任意 $x\in I$,都对应着 $f(x)$ 的一个确定的导数值,这样就构成了一个新的函数,我们称此函数为函数 $f(x)$ 的**导函数**,记作 y' 或 $f'(x)$,$\dfrac{\mathrm{d}y}{\mathrm{d}x}$,$\dfrac{\mathrm{d}f(x)}{\mathrm{d}x}$.导函数的定义只需将定义式(3-1)或(3-2)中的 x_0 换成 x 即可.于是可得导函数的定义式为

$$y'=\lim_{\Delta x\to 0}\frac{f(x+\Delta x)-f(x)}{\Delta x}.$$

说明:(1) 在上式中,虽然 x 可以取区间 I 内的任意数值,但在求极限过程中,x 是常

量，Δx 或 h 是变量. 显然，函数 $f(x)$ 在点 x_0 处的导数 $f'(x_0)$ 就是导函数 $f'(x)$ 在点 x_0 处的函数值，即 $f'(x_0)=f'(x)|_{x=x_0}$；

(2) $f'(x_0)\neq[f(x_0)]'$.

导函数 $f'(x)$ 常简称为导数.

函数 $f(x)$ 在闭区间 $[a,b]$ 上可导，指 $f(x)$ 在开区间 (a,b) 内处处可导，且 $f'_+(a)$ 和 $f'_-(b)$ 都存在.

利用定义求导数举例

根据导数的定义，我们得到利用定义求导数的步骤如下：

(1) 求增量 $\Delta y=f(x+\Delta x)-f(x)$；

(2) 算比值 $\dfrac{\Delta y}{\Delta x}=\dfrac{f(x+\Delta x)-f(x)}{\Delta x}$；

(3) 求极限 $y'=\lim\limits_{\Delta x\to 0}\dfrac{\Delta y}{\Delta x}$.

下面我们把在高中阶段学习过的几个基本初等函数的求导公式推导一下，目的是为了加深记忆，这些求导公式在微积分的学习中是非常重要的，一定要熟记！

公式 1　$(\mathbf{C})'=\mathbf{0}$（C 为常数）.

证　$f'(x)=\lim\limits_{h\to 0}\dfrac{f(x+h)-f(x)}{h}=\lim\limits_{h\to 0}\dfrac{C-C}{h}=0$，

即
$$(C)'=0.$$
这就是说，常数的导数等于零.

公式 2　$(x^n)'=nx^{n-1}$ $(n\in\mathbf{N}^+)$

证　令 $f(x)=x^n(n\in\mathbf{N}^+)$，则

$$\begin{aligned}f(x+h)-f(x)=(x+h)^n-x^n&=x^n+nx^{n-1}h+\frac{n(n-1)}{2!}x^{n-2}h^2+\cdots+h^n-x^n\\&=nx^{n-1}h+\frac{n(n-1)}{2!}x^{n-2}h^2+\cdots+h^n,\end{aligned}$$

所以
$$\begin{aligned}f'(x)&=\lim_{h\to 0}\frac{f(x+h)-f(x)}{h}\\&=\lim_{h\to 0}\left[nx^{n-1}+\frac{n(n-1)}{2!}x^{n-2}h+\cdots+h^{n-1}\right]\\&=nx^{n-1},\end{aligned}$$

即
$$(x^n)'=nx^{n-1}\quad(n\in\mathbf{N}^+).$$

更一般地，对于幂函数 $y=x^\alpha$（α 为任意实常数），有
$$(\boldsymbol{x^\alpha})'=\boldsymbol{\alpha x^{\alpha-1}}.$$

这是幂函数的导数公式,将在后面证明.

例如,当 $\alpha=\frac{1}{2}$ 时,有 $(\sqrt{x})'=(x^{\frac{1}{2}})'=\frac{1}{2}x^{\frac{1}{2}-1}=\frac{1}{2}x^{-\frac{1}{2}}=\frac{1}{2\sqrt{x}}$,

即
$$\boldsymbol{(\sqrt{x})'=\frac{1}{2\sqrt{x}}.}$$

当 $\alpha=-1$ 时,有 $\left(\frac{1}{x}\right)'=(x^{-1})'=-x^{-2}=-\frac{1}{x^2}$,

即
$$\boldsymbol{\left(\frac{1}{x}\right)'=-\frac{1}{x^2}.}$$

公式 3 $\boldsymbol{(\sin x)'=\cos x}$.

证 $$(\sin x)'=\lim_{h\to 0}\frac{\sin(x+h)-\sin x}{h}=\lim_{h\to 0}\frac{2\sin\frac{h}{2}\cos\left(x+\frac{h}{2}\right)}{h}$$
$$=\lim_{h\to 0}\frac{\sin\frac{h}{2}}{\frac{h}{2}}\cdot\cos(x+\frac{h}{2})=\cos x,$$

即
$$\boldsymbol{(\sin x)'=\cos x.}$$
用类似的方法,可求得 $\boldsymbol{(\cos x)'=-\sin x}$.

公式 4 $\boldsymbol{(a^x)'=a^x\ln a}$ $(a>0,\ a\neq 1)$.

证 $$(a^x)'=\lim_{h\to 0}\frac{a^{x+h}-a^x}{h}=a^x\lim_{h\to 0}\frac{a^h-1}{h}=a^x\ln a,$$

即
$$(a^x)'=a^x\ln a\ (a>0,\ a\neq 1).$$
特别地
$$(\mathrm{e}^x)'=\mathrm{e}^x.$$

公式 5 $\boldsymbol{(\log_a x)'=\frac{1}{x\ln a}}$ $(a>0,\ a\neq 1)$.

证 $$(\log_a x)'=\lim_{h\to 0}\frac{\log_a(x+h)-\log_a x}{h}=\lim_{h\to 0}\frac{1}{h}\log_a\frac{x+h}{x}$$
$$=\lim_{h\to 0}\log_a\left(1+\frac{h}{x}\right)^{\frac{1}{h}}=\lim_{h\to 0}\log_a\left(1+\frac{h}{x}\right)^{\frac{x}{h}\cdot\frac{1}{x}}$$
$$=\log_a\mathrm{e}^{\frac{1}{x}}=\frac{1}{x}\log_a\mathrm{e}=\frac{1}{x\ln a},$$

即
$$(\log_a x)'=\frac{1}{x\ln x}.$$

特别地,
$$\boldsymbol{(\ln x)'=\frac{1}{x}.}$$

3.1.3 导数的几何意义

由导数的定义可知，在几何上，函数 $y=f(x)$ 在点 x_0 处的导数 $f'(x_0)$ 表示曲线 $y=f(x)$ 在点 $M(x_0, f(x_0))$ 处的切线的斜率，即 $f'(x_0)=\tan\alpha$，其中 α 是在 $x=x_0$ 处切线的倾斜角，如图 3-1-2 所示.

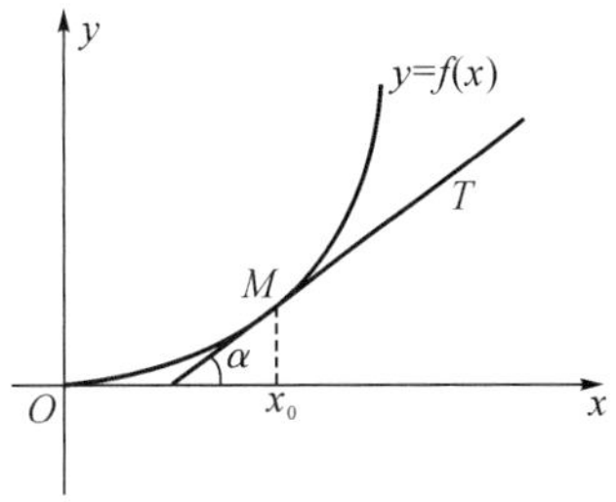

图 3-1-2

如果函数 $y=f(x)$ 在点 x_0 处可导，则曲线 $y=f(x)$ 在点 $M(x_0, f(x_0))$ 处的切线方程为：$y-f(x_0)=f'(x_0)(x-x_0)$；法线方程为：$y-f(x_0)=-\dfrac{1}{f'(x_0)}(x-x_0)$.

注意：经过切点且与切线垂直的直线称为曲线的**法线**.

如果函数 $y=f(x)$ 在点 x_0 处连续，而导数为无穷大，即 $f'(x_0)=\infty$，则曲线 $y=f(x)$ 在点 $(x_0, f(x_0))$ 处的切线垂直于 x 轴.

例 1 求等轴双曲线 $y=\dfrac{1}{x}$ 在点 $\left(\dfrac{1}{2}, 2\right)$ 处的斜率，并写出在该点的切线方程和法线方程.

解 由导数的几何意义，得切线斜率为

$$k=y'\big|_{x=\frac{1}{2}}=\left(\frac{1}{x}\right)'\bigg|_{x=\frac{1}{2}}=-\frac{1}{x^2}\bigg|_{x=\frac{1}{2}}=-4,$$

所求切线方程为 $y-2=-4\left(x-\dfrac{1}{2}\right)$，即 $4x+y-4=0$；

法线方程为 $y-2=\dfrac{1}{4}\left(x-\dfrac{1}{2}\right)$，即 $2x-8y+15=0$.

3.1.4 可导与连续的关系

函数 $y=f(x)$ 在点 x_0 处连续是指 $\lim\limits_{\Delta x\to 0}\Delta y=0$，在点 x_0 处可导是指极限 $\lim\limits_{\Delta x\to 0}\dfrac{\Delta y}{\Delta x}$ 存在，那么，连续与可导有什么关系呢？

定理 3.1 若函数 $y=f(x)$ 在点 x_0 处可导，则函数 $y=f(x)$ 在点 x_0 处连续.

证 由于 $\lim\limits_{\Delta x\to 0}\dfrac{\Delta y}{\Delta x}=f'(x_0)$，故

$$\lim_{\Delta x\to 0}\Delta y=\lim_{\Delta x\to 0}\frac{\Delta y}{\Delta x}\cdot\Delta x=\lim_{\Delta x\to 0}\frac{\Delta y}{\Delta x}\cdot\lim_{\Delta x\to 0}\Delta x=f'(x_0)\cdot 0=0,$$

即知函数 $y=f(x)$ 在点 x_0 处连续.

该定理的逆命题不成立，即函数在某点处连续，但在该点未必可导. 举反例说明

如下：

例 2　函数 $f(x)=\sqrt[3]{x}$ 在 $x=0$ 处连续，但由于

$$\lim_{x\to 0}\frac{f(x)-f(0)}{x-0}=\lim_{x\to 0}\frac{\sqrt[3]{x}-0}{x-0}=\lim_{x\to 0}\frac{1}{\sqrt[3]{x^2}}=\infty,$$

因此函数 $f(x)=\sqrt[3]{x}$ 在 $x=0$ 处不可导，此时曲线在点 $x=0$ 处有垂直于 x 轴的切线（如图 3－1－3）.

例 3　函数 $f(x)=|x|$ 在 $x=0$ 处，由于

$$\lim_{x\to 0^-}f(x)=\lim_{x\to 0^-}(-x)=0,\ \lim_{x\to 0^+}f(x)=\lim_{x\to 0^+}x=0,\ f(0)=0,$$

所以　$\lim\limits_{x\to 0^-}f(x)=\lim\limits_{x\to 0^+}f(x)=f(0)$，即 $f(x)=|x|$ 在 $x=0$ 处连续；

但

$$f'_-(0)=\lim_{x\to 0^-}\frac{f(x)-f(0)}{x-0}=\lim_{x\to 0^-}\frac{-x-0}{x-0}=-1,$$

$$f'_+(0)=\lim_{x\to 0^+}\frac{f(x)-f(0)}{x-0}=\lim_{x\to 0^-}\frac{x-0}{x-0}=1,$$

即 $f'_+(0)\neq f'_-(0)$，所以函数 $f(x)=|x|$ 在 $x=0$ 处不可导（如图 3－1－4）.

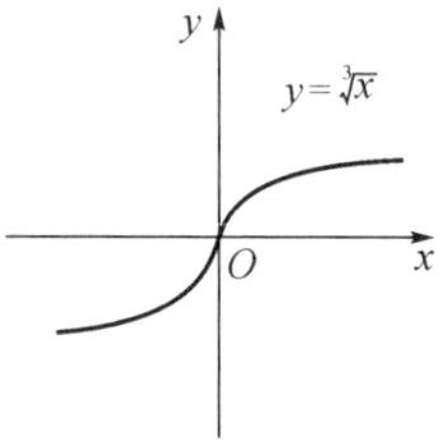

图 3－1－3

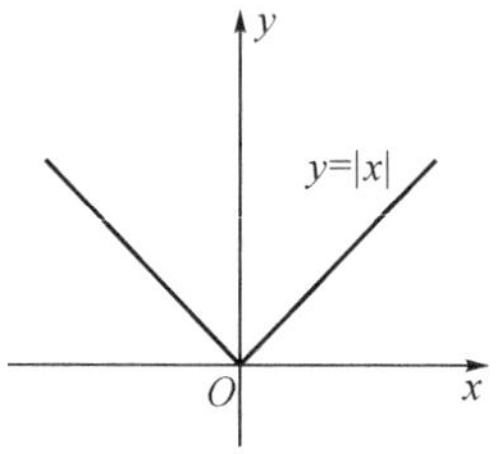

图 3－1－4

例 3 中，曲线 $y=|x|$ 在 $x=0$ 处产生了“尖点”. 一般地，若曲线在点 x_0 处出现了“尖点”，则其函数在该点不可导. 可导函数的图形是一条光滑的曲线.

由例 3 还看到，讨论分段函数分段点处的连续性和可导性是根据连续和可导的定义来判断的. 一般对于分段函数（或含有绝对值的函数）来说，因为此类函数在定义域不同的区间有不同的表达式，所以分界点处的可导性及导数一定要用定义来研究.

下面再来看两个分段函数的例子.

例 4　讨论函数 $f(x)=\begin{cases}x-1, & x<1\\ \ln x, & x\geqslant 1\end{cases}$ 在 $x=1$ 处的连续性和可导性.

解　由于 $\lim\limits_{x\to 1^-}f(x)=\lim\limits_{x\to 1^-}(x-1)=0$，$\lim\limits_{x\to 1^+}f(x)=\lim\limits_{x\to 1^+}\ln x=0$，$f(1)=0$，

所以　$\lim\limits_{x\to 1^-}f(x)=\lim\limits_{x\to 1^+}f(x)=f(1)$，即函数 $f(x)$ 在 $x=1$ 处连续；

由于

$$f'_-(1)=\lim_{x\to 1^-}\frac{f(x)-f(1)}{x-1}=\lim_{x\to 1^-}\frac{(x-1)-0}{x-1}=1,$$

$$f'_+(1)=\lim_{x\to1^+}\frac{f(x)-f(1)}{x-1}=\lim_{x\to1^+}\frac{\ln x-0}{x-1}=\lim_{x\to1^+}\frac{\ln(1+x-1)}{x-1}=\lim_{x\to1^+}\frac{x-1}{x-1}=1,$$

即 $f'_+(1)=f'_-(1)$，所以函数 $f(x)$ 在 $x=1$ 处可导，且 $f'(1)=1$.

例 5　设 $f(x)=\begin{cases}e^x, & x<0\\ ax+b, & x\geqslant 0\end{cases}$，试确定常数 a,b，使 $f(x)$ 在点 $x=0$ 处可导.

解　$\lim\limits_{x\to0^-}f(x)=\lim\limits_{x\to0^-}e^x=1$，$\lim\limits_{x\to0^+}f(x)=\lim\limits_{x\to0^+}(ax+b)=b$，$f(0)=1$，

由 $f(x)$ 在点 $x=0$ 处可导可知，$f(x)$ 在点 $x=0$ 处连续，所以 $\lim\limits_{x\to0^-}f(x)=\lim\limits_{x\to0^+}f(x)=f(0)$，即 $b=1$；

$$f'_-(0)=\lim_{x\to0^-}\frac{f(x)-f(0)}{x-0}=\lim_{x\to0^-}\frac{e^x-1}{x}=1,$$

$$f'_+(0)=\lim_{x\to0^+}\frac{f(x)-f(0)}{x-0}=\lim_{x\to0^+}\frac{ax+b-1}{x}=a,$$

要使 $f'(0)$ 存在，须有 $f'_-(0)=f'_+(0)$，故得 $a=1$，

即当 $a=1$，$b=1$ 时，$f(x)$ 在点 $x=0$ 处可导.

习题　3.1

1. 将下列极限用导数表示：

(1) $\lim\limits_{x\to a}\dfrac{f(x)-f(a)}{x-a}$　　(2) $\lim\limits_{\Delta x\to0}\dfrac{f(x_0-\Delta x)-f(x_0)}{\Delta x}$

(3) $\lim\limits_{h\to0}\dfrac{f(x_0+h)-f(x_0)}{h}$　　(4) $\lim\limits_{h\to0}\dfrac{f(x_0+h)-f(x_0-h)}{h}$

(5) $\lim\limits_{x\to0}\dfrac{f(x)}{x}$，已知 $f(0)=0$　　(6) $\lim\limits_{n\to+\infty}n\cdot\left[f\left(a+\dfrac{1}{n}\right)-f(a)\right]$

2. 设 $f(x)=x(x+1)(x+2)\cdots(x+n)$，求 $f'(0)$.

3. 根据导数的几何意义，

(1) 求曲线 $y=\sin x$ 上过点 $\left(\dfrac{\pi}{3},\dfrac{\sqrt{3}}{2}\right)$ 处的切线方程和法线方程；

(2) 求曲线 $y=\ln x$ 的切线方程，使该切线平行于已知直线 $x-2y+1=0$.

4. 讨论函数 $f(x)=\begin{cases}x-1, & x\leqslant 0\\ 2x, & 0<x\leqslant 1\\ x^2+1, & 1<x\leqslant 2\\ \dfrac{1}{2}x+4, & x>2\end{cases}$ 在 $x=0$，$x=1$ 及 $x=2$ 处的连续性与可导性.

5. a,b 为何值时，$f(x)=\begin{cases}x^2-1, & x>2\\ ax+b, & x\leqslant 2\end{cases}$ 在 $x=2$ 处可导？

6. k 为何值时，函数 $f(x)=\begin{cases}x^k\sin\dfrac{1}{x}, & x\neq 0\\ 0, & x=0\end{cases}$ 在 $x=0$ 处可导？

7. 证明：若 $f(x)$ 在 $x=a$ 处可导，则 $\lim\limits_{x\to a}\dfrac{xf(a)-af(x)}{x-a}=f(a)-af'(a)$.

3.2 求导法则

在上节中，我们给出了按定义求函数的导数的方法，但对于结构较为复杂的函数，按定义求导比较困难. 为了解决初等函数的求导问题，本节我们介绍函数的四则运算的求导法则以及复合函数的求导法则.

3.2.1 导数的四则运算法则

定理 3.2 若设 $u(x),v(x)$ 在 x 处可导，则 $u(x)\pm v(x)$，$u(x)v(x)$，$\dfrac{u(x)}{v(x)}(v(x)\neq 0)$ 也在 x 处可导，且有：

(1) $[\boldsymbol{u}(\boldsymbol{x})\pm \boldsymbol{v}(\boldsymbol{x})]'=\boldsymbol{u}'(\boldsymbol{x})\pm \boldsymbol{v}'(\boldsymbol{x})$；

(2) $[\boldsymbol{u}(\boldsymbol{x})\boldsymbol{v}(\boldsymbol{x})]'=\boldsymbol{u}'(\boldsymbol{x})\boldsymbol{v}(\boldsymbol{x})+\boldsymbol{u}(\boldsymbol{x})\boldsymbol{v}'(\boldsymbol{x})$；

(3) $\left[\dfrac{\boldsymbol{u}(\boldsymbol{x})}{\boldsymbol{v}(\boldsymbol{x})}\right]'=\dfrac{\boldsymbol{u}'(\boldsymbol{x})\boldsymbol{v}(\boldsymbol{x})-\boldsymbol{u}(\boldsymbol{x})\boldsymbol{v}'(\boldsymbol{x})}{\boldsymbol{v}^2(\boldsymbol{x})}$.

证 (1) 令 $y=u(x)+v(x)$，则

$$\begin{aligned}\Delta y&=[u(x+\Delta x)+v(x+\Delta x)]-[u(x)+v(x)]\\&=[u(x+\Delta x)-u(x)]+[v(x+\Delta x)-v(x)]\\&=\Delta u+\Delta v,\end{aligned}$$

从而有

$$\lim_{\Delta x\to 0}\frac{\Delta y}{\Delta x}=\lim_{\Delta x\to 0}\frac{\Delta u}{\Delta x}+\lim_{\Delta x\to 0}\frac{\Delta v}{\Delta x}=u'(x)+v'(x).$$

所以 $y=u(x)+v(x)$ 也在 x 处可导，且

$$[u(x)+v(x)]'=u'(x)+v'(x);$$

类似可证 $[u(x)-v(x)]'=u'(x)-v'(x)$.

(2) 令 $y=u(x)v(x)$，则

$$\begin{aligned}\Delta y&=u(x+\Delta x)v(x+\Delta x)-u(x)v(x)\\&=u(x+\Delta x)v(x+\Delta x)-u(x)v(x+\Delta x)+u(x)v(x+\Delta x)-u(x)v(x)\\&=[u(x+\Delta x)-u(x)]v(x+\Delta x)+u(x)[v(x+\Delta x)-v(x)]\end{aligned}$$

$$= \Delta u \cdot v(x+\Delta x) + u(x) \cdot \Delta v,$$

由于可导必连续，故有 $\lim\limits_{\Delta x \to 0} v(x+\Delta x) = v(x)$，从而推出

$$\lim_{\Delta x \to 0} \frac{\Delta y}{\Delta x} = \lim_{\Delta x \to 0} \frac{\Delta u}{\Delta x} \cdot \lim_{\Delta x \to 0} v(x+\Delta x) + u(x) \cdot \lim_{\Delta x \to 0} \frac{\Delta v}{\Delta x} = u'(x)v(x) + u(x)v'(x),$$

所以 $y = u(x) + v(x)$ 也在 x 处可导，且有

$$[u(x)v(x)]' = u'(x)v(x) + u(x)v'(x).$$

(3) 先证 $\left[\dfrac{1}{v(x)}\right]' = -\dfrac{v'(x)}{v^2(x)}$. 令 $y = \dfrac{1}{v(x)}$，则

$$\Delta y = \frac{1}{v(x+\Delta x)} - \frac{1}{v(x)} = -\frac{v(x+\Delta x) - v(x)}{v(x+\Delta x)v(x)}, \frac{\Delta y}{\Delta x} = -\frac{\dfrac{\Delta v}{\Delta x}}{v(x+\Delta x)v(x)},$$

由于 $v(x)$ 在 x 处连续，$\lim\limits_{\Delta x \to 0} v(x+\Delta x) = v(x) \neq 0$，故有

$$\lim_{\Delta x \to 0} \frac{\Delta y}{\Delta x} = -\frac{v'(x)}{v^2(x)}.$$

所以 $y = \dfrac{1}{v(x)}$ 在 x 处可导，且 $\left[\dfrac{1}{v(x)}\right]' = -\dfrac{v'(x)}{v^2(x)}$. 从而由(2)推出

$$\begin{aligned}\left[\frac{u(x)}{v(x)}\right]' &= u'(x) \cdot \frac{1}{v(x)} + u(x) \cdot \left[\frac{1}{v(x)}\right]' \\ &= u'(x) \cdot \frac{1}{v(x)} - u(x) \cdot \frac{v'(x)}{v^2(x)} \\ &= \frac{u'(x)v(x) - u(x)v'(x)}{v^2(x)}.\end{aligned}$$

推论　若 $u(x)$ 在 x 处可导，c 是常数，则 $cu(x)$ 在 x 处可导，且

$$[cu(x)]' = cu'(x).$$

即求导时常数因子可以提到求导符号的外面来.

说明：定理 3.2 中的(1)、(2)可推广到有限个可导函数的情形. 如设 $u = u(x), v = v(x), w = w(x)$ 均可导，则有

$$(u + v - w)' = u' + v' - w',$$
$$(uvw)' = u'vw + uv'w + uvw'.$$

例 1　已知 $y = \sqrt{x} - \ln x - 3$，求 y'.

解　$y' = (\sqrt{x})' - (\ln x)' - (3)' = \dfrac{1}{2\sqrt{x}} - \dfrac{1}{x}$.

例 2　设 $f(x) = x^3 + 4\cos x - \sin\dfrac{\pi}{3}$，求 $f'(x)$ 及 $f'\left(\dfrac{\pi}{2}\right)$.

解　$f'(x) = 3x^2 - 4\sin x, f'\left(\dfrac{\pi}{2}\right) = 3\left(\dfrac{\pi}{2}\right)^2 - 4\sin\dfrac{\pi}{2} = \dfrac{3\pi^2}{4} - 4$.

例 3 设 $y = x\ln x$,求y'.

解 $y' = (x)'\ln x + x(\ln x)' = \ln x + x \cdot \dfrac{1}{x} = \ln x + 1.$

例 4 设 (1) $y = \tan x$;(2) $y = \sec x$,求y'.

解 (1) $y' = (\tan x)' = \left(\dfrac{\sin x}{\cos x}\right)' = \dfrac{(\sin x)'\cos x - \sin x(\cos x)'}{\cos^2 x}$

$$= \frac{\cos^2 x + \sin^2 x}{\cos^2 x} = \frac{1}{\cos^2 x} = \sec^2 x;$$

(2) $y' = (\sec x)' = \left(\dfrac{1}{\cos x}\right)' = -\dfrac{(\cos x)'}{\cos^2 x} = \dfrac{\sin x}{\cos^2 x} = \sec x\tan x.$

由上得公式:$\boldsymbol{(\tan x)' = \sec^2 x}$,$\boldsymbol{(\sec x)' = \sec x\tan x}$.

类似地可得$\boldsymbol{(\cot x)' = -\csc^2 x}$,$\boldsymbol{(\csc x)' = -\csc x\cot x}$.

例 5 设 $y = \dfrac{\tan x}{1 + \sec x}$,求$y'$.

解 $y' = \left(\dfrac{\tan x}{1 + \sec x}\right)' = \dfrac{(\tan x)'(1 + \sec x) - \tan x(1 + \sec x)'}{(1 + \sec x)^2}$

$$= \frac{\sec^2 x(1 + \sec x) - \tan x \cdot \sec x\tan x}{(1 + \sec x)^2} = \frac{\sec x}{1 + \sec x}.$$

本例也可将函数先化为 $y = \dfrac{\sin x}{\cos x + 1}$,再求导.

3.2.2 反函数的求导法则

我们已推导了除反三角函数以外的其他基本初等函数的导数公式.为了推导反三角函数的导数公式,下面先给出函数导数与反函数导数的关系.

定理 3.3 设函数 $x = \varphi(y)$ 在某区间 I_y 内严格单调,可导,且 $\varphi'(y) \neq 0$,则其反函数 $y = f(x)$ 也在对应的区间 I_x 内可导,且有

$$f'(x) = \frac{1}{\varphi'(y)} \quad 或 \quad \frac{\mathrm{d}y}{\mathrm{d}x} = \frac{1}{\dfrac{\mathrm{d}x}{\mathrm{d}y}}.$$

(证明略).

定理 3.3 告诉我们,在满足定理的条件下,反函数的导数是直接函数的导数的倒数.

例 6 求反正弦函数 $y = \arcsin x$ 的导数.

解 函数 $x = \sin y$ 在区间 $I_y = \left(-\dfrac{\pi}{2}, \dfrac{\pi}{2}\right)$内单调、可导,且

$$\frac{\mathrm{d}x}{\mathrm{d}y} = \cos y > 0.$$

由定理3.3知，函数 $x=\sin y$ 的反函数 $y=\arcsin x$ 在对应区间 $I_x=(-1,1)$ 内也可导，且

$$\frac{\mathrm{d}y}{\mathrm{d}x}=\frac{1}{\frac{\mathrm{d}x}{\mathrm{d}y}}=\frac{1}{\cos y}=\frac{1}{\sqrt{1-\sin^2 y}}=\frac{1}{\sqrt{1-x^2}},$$

即
$$\boldsymbol{(\arcsin x)'=\frac{1}{\sqrt{1-x^2}}.}$$

类似可得 $\boldsymbol{(\arccos x)'=-\frac{1}{\sqrt{1-x^2}}.}$

例7 求反函数 $y=\arctan x$ 的导数.

解 $y'=(\arctan x)'=\frac{1}{(\tan y)'}=\frac{1}{\sec^2 y}=\frac{1}{1+x^2}$,

即
$$\boldsymbol{(\arctan x)'=\frac{1}{1+x^2}.}$$

类似可得 $\boldsymbol{(\mathrm{arccot}\, x)'=-\frac{1}{1+x^2}.}$

例8 求函数 $y=\log_a x\,(a>0,\ a\neq 1)$ 的导数.

解 函数 $x=a^y\,(a>0,\ a\neq 1)$ 在区间 $I_y=(-\infty,+\infty)$ 内单调、可导，且

$$(a^y)'=a^y\ln a\neq 0,$$

故其反函数 $y=\log_a x$ 在对应区间 $I_x=(0,+\infty)$ 内也可导，且

$$(\log_a x)'=\frac{1}{(a^y)'}=\frac{1}{a^y\ln a}=\frac{1}{x\ln a},$$

即
$$\boldsymbol{(\log_a x)'=\frac{1}{x\ln a}.}$$

例9 设 $f(x)=\frac{x^2-1}{x^2+1}\arctan x$，求 $f'(x)$ 及 $f'(1)$.

解
$$\begin{aligned}f'(x)&=\frac{2x(x^2+1)-(x^2-1)\cdot 2x}{(x^2+1)^2}\cdot\arctan x+\frac{x^2-1}{x^2+1}\cdot\frac{1}{1+x^2}\\&=\frac{4x\arctan x+x^2-1}{(x^2+1)^2},\end{aligned}$$

所以
$$f'(1)=\frac{4\arctan 1}{(1+1)^2}=\frac{\pi}{4}.$$

3.2.3 复合函数的求导法则

为了彻底解决初等函数的求导问题，本节我们介绍复合函数的求导法则.

定理3.4 设 $y=f(u)$ 与 $u=\varphi(x)$ 可以复合成函数 $y=f[\varphi(x)]$，如果函数 $u=$

$\varphi(x)$ 在点 x_0 处可导，函数 $y=f(u)$ 在对应的点 $u_0=\varphi(x_0)$ 处可导，则复合函数 $y=f[\varphi(x)]$ 在点 x_0 处可导，且有

$$\left.\frac{\mathrm{d}y}{\mathrm{d}x}\right|_{x=x_0}=f'(u_0)\cdot\varphi'(x_0). \tag{3-4}$$

证 由于 $y=f(u)$ 在 u_0 可导，即 $\lim\limits_{\Delta u\to 0}\dfrac{\Delta y}{\Delta u}=f'(u_0)$，故 $\dfrac{\Delta y}{\Delta u}=f'(u_0)+\alpha$，其中 $\alpha=\alpha(\Delta u)\to 0\ (\Delta u\to 0)$.

当 $\Delta u\neq 0$ 时，用 Δu 乘上式两边，得

$$\Delta y=f'(u_0)\Delta u+\alpha\cdot\Delta u. \tag{3-5}$$

当 $\Delta u=0$ 时，规定 $\alpha=0$，这时因 $\Delta y=f(u_0+\Delta u)-f(u_0)=0$，故(3-5) 对 $\Delta u=0$ 也成立.

用 $\Delta x\neq 0$ 除式(3-5) 两边，得

$$\frac{\Delta y}{\Delta x}=f'(u_0)\frac{\Delta u}{\Delta x}+\alpha\frac{\Delta u}{\Delta x}. \tag{3-6}$$

因为 $u=\varphi(x)$ 在 x_0 可导，有 $\lim\limits_{\Delta x\to 0}\dfrac{\Delta u}{\Delta x}=\varphi'(x_0)$. 又由 $u=\varphi(x)$ 在 x_0 的连续性推知，当$\Delta x\to 0$ 时，有 $\Delta u\to 0$，从而有

$$\lim_{\Delta x\to 0}\alpha=\lim_{\Delta u\to 0}\alpha=0.$$

于是(3-6) 式右边当 $\Delta x\to 0$ 时极限存在，且

$$\lim_{\Delta x\to 0}\frac{\Delta y}{\Delta x}=f'(u_0)\cdot\varphi'(x_0).$$

所以 $y=f[\varphi(x)]$ 在 x_0 处可导，并且(3-4) 式成立.

由式(3-4) 可知，若 $u=\varphi(x)\ (x\in I)$ 及 $y=f(u)\ (u\in I_1)$ 均为可导函数，且当 $x\in I$ 时，$u=\varphi(x)\in I_1$，则复合函数 $y=f[\varphi(x)]$ 在 I 内也可导，且有

$$\frac{\mathrm{d}y}{\mathrm{d}x}=\frac{\mathrm{d}y}{\mathrm{d}u}\cdot\frac{\mathrm{d}u}{\mathrm{d}x}. \tag{3-7}$$

公式(3-7) 通常称为复合函数导数的**链式规则**，它可以推广到任意有限个可导函数的复合函数. 例如，设 $y=f(u)$，$u=\varphi(v)$，$v=\Psi(x)$ 均为相应区间内的可导函数，且可以复合成函数 $y=f\{\varphi[\Psi(x)]\}$，则有

$$\frac{\mathrm{d}y}{\mathrm{d}x}=\frac{\mathrm{d}y}{\mathrm{d}u}\cdot\frac{\mathrm{d}u}{\mathrm{d}v}\cdot\frac{\mathrm{d}v}{\mathrm{d}x}.$$

例 10 已知 $y=(1+2x)^{10}$，求y'.

解 设 $y=u^{10}$，$u=1+2x$，由公式(3-7)，有

$$\frac{\mathrm{d}y}{\mathrm{d}x}=\frac{\mathrm{d}y}{\mathrm{d}u}\cdot\frac{\mathrm{d}u}{\mathrm{d}x}=10u^9\cdot 2=20u^9=20(1+2x)^9.$$

例 11　已知 $y=\arctan\sqrt{2x^2-1}$，求 y'.

解　设 $y=\arctan u, u=\sqrt{v}, v=2x^2-1$，则

$$\frac{dy}{dx}=\frac{dy}{du}\cdot\frac{du}{dv}\cdot\frac{dv}{dx}=\frac{1}{1+u^2}\cdot\frac{1}{2\sqrt{v}}\cdot 4x$$

$$=\frac{1}{1+(2x^2-1)^2}\cdot\frac{1}{2\sqrt{2x^2-1}}\cdot 4x$$

$$=\frac{1}{x\sqrt{2x^2-1}}.$$

由前面两例可以看出，复合函数的求导，在分清复合层次后，依据“由外及内，逐层求导”的原则进行求导. 运算熟练后，就不必再写出中间变量，而只需默记在心，将中间变量所表示的部分作为整体直接写出.

例 12　求下列函数的导数：

(1) $y=\sin^2 x$　　(2) $y=\sin x^2$

(3) $y=\ln\sin x$　　(4) $y=\ln^3(1+3^x)$

解　(1) $y'=2\sin x\cdot\cos x=\sin 2x$.

(2) $y'=\cos x^2\cdot 2x=2x\cos x^2$.

(3) $y'=\dfrac{1}{\sin x}\cdot\cos x=\cot x$.

(4) $y'=3\ln^2(1+3^x)\cdot\dfrac{1}{1+3^x}\cdot 3^x\ln 3=\dfrac{3^{x+1}\ln 3\cdot\ln^2(1+3^x)}{1+3^x}$.

在求函数的导数时，往往要综合运用四则运算求导法则和复合函数求导法则.

例 13　求下列函数的导数：

(1) $y=\cos\dfrac{2x}{x^2+1}$　　(2) $y=\ln(x+\sqrt{x^2+1})$

解　(1) $y'=-\sin\dfrac{2x}{x^2+1}\cdot\dfrac{2(x^2+1)-2x\cdot 2x}{(x^2+1)^2}=\dfrac{2(x^2-1)}{(x^2+1)^2}\sin\dfrac{2x}{x^2+1}$.

(2) $y'=\dfrac{1}{x+\sqrt{x^2+1}}\cdot\left(1+\dfrac{2x}{2\sqrt{x^2+1}}\right)=\dfrac{1}{x+\sqrt{x^2+1}}\cdot\left(1+\dfrac{x}{\sqrt{x^2+1}}\right)=\dfrac{1}{\sqrt{x^2+1}}$.

例 14　证明幂函数 $y=x^\mu$ ($x>0$，μ 为任意实数) 的导数为 $(x^\mu)'=\mu x^{\mu-1}$ ($x>0$).

证　由于 $y=x^\mu=e^{\mu\ln x}$ 可以看作由函数 $y=e^u$ 与函数 $u=\mu\ln x$ 复合而成的函数，故按公式(3-4)有

$$y'=e^u\cdot\mu\cdot\frac{1}{x}=\mu e^{\mu\ln x}\cdot\frac{1}{x}=\mu x^{\mu-1},$$

即

$$(x^\mu)'=\mu x^{\mu-1}\ (x>0).$$

例 15　证明$(\ln|x|)' = \dfrac{1}{x}(x \neq 0)$.

证　当 $x > 0$ 时,$(\ln|x|)' = (\ln x)' = \dfrac{1}{x}$;

当 $x < 0$ 时,$(\ln|x|)' = [\ln(-x)]' = \dfrac{1}{-x} \cdot (-x)' = \dfrac{1}{x}$.

综合得　$(\ln|x|)' = \dfrac{1}{x}(x \neq 0)$.

3.2.4　初等函数的求导问题

前面我们已经推导了所有基本初等函数的导数公式,也给出了函数的四则运算求导法则及复合函数的求导法则,而初等函数是指由基本初等函数经有限次的四则运算和有限次的复合运算所得到的函数. 因此,从理论上讲,我们已经解决了初等函数的求导问题.

由于上述公式和法则在初等函数求导中起着重要作用,我们将它们汇集如下,便于查阅.

1. 基本初等函数的导数公式

(1) $(C)' = 0$　　(2) $(x^\mu)' = \mu x^{\mu-1}(x > 0)$

(3) $(a^x)' = a^x \ln a$　　(4) $(e^x)' = e^x$

(5) $(\log_a x)' = \dfrac{1}{x\ln a}$　　(6) $(\ln|x|)' = \dfrac{1}{x}$

(7) $(\sin x)' = \cos x$　　(8) $(\cos x)' = -\sin x$

(9) $(\tan x)' = \sec^2 x$　　(10) $(\cot x)' = -\csc^2 x$

(11) $(\sec x)' = \sec x \tan x$　　(12) $(\csc x)' = -\csc x \cot x$

(13) $(\arcsin x)' = \dfrac{1}{\sqrt{1-x^2}}$　　(14) $(\arccos x)' = -\dfrac{1}{\sqrt{1-x^2}}$

(15) $(\arctan x)' = \dfrac{1}{1+x^2}$　　(16) $(\text{arccot}\, x)' = -\dfrac{1}{1+x^2}$

2. 导数的四则运算法则

设 $u = u(x)$,$v = v(x)$ 可导,则

(1) $(u \pm v)' = u' \pm v'$　　(2) $(Cu)' = Cu'$(C 为常数)

(3) $(uv)' = u'v + uv'$　　(3) $\left(\dfrac{u}{v}\right)' = \dfrac{u'v - uv'}{v^2}(v \neq 0)$

3. 反函数的求导法则

设 $x = f(y)$ 在区间 I 内单调可导,且 $f'(y) \neq 0$,则它的反函数 $y = f^{-1}(x)$ 在相应

的区间内可导，且

$$[f^{-1}(x)]' = \frac{1}{f'(y)} \quad \text{或} \quad \frac{dy}{dx} = \frac{1}{\frac{dx}{dy}}.$$

4. 复合函数的求导法则

设 $y = f(u)$，而 $u = \varphi(x)$，则复合函数 $y = f[\varphi(x)]$ 的导数为

$$\frac{dy}{dx} = \frac{dy}{du} \cdot \frac{du}{dx}, \text{或 } y'(x) = f'(u) \cdot \varphi'(x).$$

下面再举几个综合运用函数的求导法则和导数公式的例子.

例 16 求下列函数的导数：

(1) $y = \ln(\arccos 2x)$

(2) $y = a^{\sin^2 x}$

(3) $y = \sin^n x \cdot \cos nx$

(4) $y = \frac{1}{2}\ln(1 + e^{2x}) - x + e^{-x}\arctan e^x$

解 (1) $y' = \frac{1}{\arccos 2x} \cdot \frac{-1}{\sqrt{1-(2x)^2}} \cdot 2 = \frac{-2}{\sqrt{1-4x^2}\arccos 2x}$.

(2) $y' = a^{\sin^2 x}\ln a \cdot 2\sin x\cos x = a^{\sin^2 x}\sin 2x \cdot \ln a$.

(3) $y' = n\sin^{n-1}x \cdot \cos x \cdot \cos nx + \sin^n x \cdot (-n\sin nx)$

$= n\sin^{n-1}x(\cos x \cdot \cos nx - \sin x \cdot \sin nx) = n\sin^{n-1}x \cdot \cos(n+1)x$.

(4) $y' = \frac{1}{2} \cdot \frac{1}{1+e^{2x}} \cdot 2e^{2x} - 1 - e^{-x}\arctan e^x + e^{-x} \cdot \frac{1}{1+e^{2x}} \cdot e^x$

$= \frac{e^{2x}}{1+e^{2x}} - 1 - e^{-x}\arctan e^x + \frac{1}{1+e^{2x}} = -e^{-x}\arctan e^x$.

例 17 设 f 为可导函数，求下列函数的导数：

(1) $y = f(\ln x)$

(2) $y = \frac{f(x^2)}{x}$

(3) $y = f(e^x) + e^{f(x)}$

解 (1) $y' = f'(\ln x) \cdot \frac{1}{x} = \frac{1}{x}f'(\ln x)$.

(2) $y' = \frac{f'(x^2) \cdot 2x \cdot x - f(x^2)}{x^2} = 2f'(x^2) - \frac{f(x^2)}{x^2}$.

(3) $y' = f'(e^x) \cdot e^x + e^{f(x)} \cdot f'(x)$.

习题 3.2

1. 求下列函数的导数：

(1) $y = x + \sqrt{x} + \sqrt[3]{x}$

(2) $y = e^x + x^e + e^e$

(3) $y = \frac{2x}{1-x^2}$

(4) $y = \frac{1 - x - \sqrt[3]{x}}{\sqrt{x}}$

(5) $y=5x^2e^x$

(6) $y=\frac{x^2}{e^x}$

(7) $y=e^x(\sin x-2\cos x)$

(8) $y=\frac{\ln x}{x}$

(9) $y=\frac{1}{1+2\sin x}$

(10) $y=x\tan x+7x-6$

(11) $y=\sqrt{x}\cdot\arctan x+x^n\ln x$

(12) $y=x^2e^x\arcsin x$

(13) $y=\frac{1-\ln x}{1+\ln x}$

(14) $y=\frac{x\ln x}{1+x}$

(15) $y=\frac{xe^x-1}{\sin x}$

(16) $y=\frac{5\sin x}{1+\cos x}$

(17) $y=\frac{1}{\sqrt{x}}-x+x^2-2^x+\ln x+\cos 3$

(18) $y=\sec x\tan x+3\sqrt[3]{x}\arctan x$

(19) $y=2^x+x^4+\log_3(x^3e^2)$

(20) $y=\frac{ax+b}{cx+d}\ (ad-bc\neq 0)$

2. 求下列函数的导数：

(1) $y=(2x^3+5)^4$

(2) $y=\sqrt{1-x^2}$

(3) $y=\sin(2x+3)$

(4) $y=(3-2\sin x)^5$

(5) $y=-e^{-x}+e^{-2x}$

(6) $y=\sec\frac{x+1}{2}$

(7) $y=\arctan\frac{1}{x}$

(8) $y=\ln\ln\ln x$

(9) $y=(\arctan x)^2$

(10) $y=\ln\sin^2 2x$

(11) $y=\csc(3x+1)^3$

(12) $y=\arcsin\frac{x}{2}$

(13) $y=\operatorname{arccot}e^{2x}$

(14) $y=e^{\arctan\sqrt{x}}$

(15) $y=e^{\sin\frac{1}{x}}$

(16) $y=\ln[\cos(e^{\sqrt{x}})]$

3. 求下列函数的导数：

(1) $y=\tan\frac{x}{2}+\sin 3x$

(2) $y=\frac{x}{\sqrt{1+x^2}}$

(3) $y=\ln\frac{1-x^2}{1+x^2}$

(4) $y=3e^{-2x}\sin(3x+5)$

(5) $y=2^{\frac{x}{\ln x}}$

(6) $y=e^{-x^2+2x}$

(7) $y=\sin^2 x\cdot\sin x^2$

(8) $y=\sqrt{xe^x+x^2}$

(9) $y=\frac{3}{2}\ln(1-\sqrt[3]{1+x^2})^2+3\ln(1+\sqrt[3]{1+x^2})$

(10) $y=\arctan\dfrac{x+1}{x-1}$

(11) $y=\dfrac{x}{2}\sqrt{a^2-x^2}+\dfrac{a^2}{2}\arcsin\dfrac{x}{a}\ (a>0)$

(12) $y=\ln(\sec x+\tan x)$

(13) $y=\left(\dfrac{b}{a}\right)^x+\left(\dfrac{b}{x}\right)^a(a>0,b>0,\ a\neq b)$

(14) $y=\arcsin\dfrac{x}{\sqrt{a^2+x^2}}(a>0)$

(15) $y=x(\cos\ln x+\sin\ln x)$

(16) $y=x\arctan x-\dfrac{1}{2}\ln(1+x^2)$

(17) $y=e^x\sqrt{1-e^{2x}}+\arcsin e^x$

(18) $y=\sqrt{x+\sqrt{x+\sqrt{x}}}$

(19) $y=\dfrac{e^t-e^{-t}}{e^t+e^{-t}}$

(20) $y=x\arccos\dfrac{x}{2}-\sqrt{4-x^2}$

4. 设 $f(x)$ 可导，求下列函数的导数：

(1) $y=f\left(\dfrac{1}{x}\right)$

(2) $y=f(x\ln x)$

(3) $y=e^{f(x)}$

(4) $y=f(\sin^2x)+f(\cos^2x)$

(5) $y=f^2(\ln\cos x)$

(6) $y=f(x^2)\cdot f^2(x)$

5. 求平行于直线 $y=3x-4$，且与曲线 $y=x^3+1$ 相切的切线方程.

6. a 为何值时，$y=ax^2$ 与 $y=\ln x$ 相切？并写出公切线方程.

7. 求过点(2，0)且与曲线 $y=2x-x^3$ 相切的直线方程.

8. 证明：双曲线 $xy=a\ (a>0)$ 上任一点的切线与坐标轴围成的三角形的面积为常数.

9. 设 $f(x)=\begin{cases}\ln(1+x), & x>0\\ 0, & x=0\\ \dfrac{\sin^2x}{x}, & x<0\end{cases}$，求 $f'(x)$.

10. 证明：(1) 可导奇函数的导数是偶函数，可导偶函数的导数是奇函数.

(2) 如果 $f(x)$ 是偶函数，且 $f(x)$ 在 $x=0$ 处可导，则 $f'(0)=0$.

3.3　高阶导数

我们先从直线运动的加速度讲起. 设一物体沿着一条直线运动：物体经历的路程 s 与时间 t 的函数关系为 $s=s(t)$，那么它在时刻 t 的瞬时速度为 $v(t)=s'(t)$. 一般来说速度

v 仍是 t 的函数 $v = v(t)$. 在物理上,我们把 $v(t)$ 对时刻 t 的变化率称为加速度. 通常记为 $a(t)$,它的大小反映了速度变化的快慢程度. 由于

$$v(t) = s'(t),$$

所以

$$a(t) = v'(t) = [s'(t)]',$$

即物体在时刻 t 的加速度 $a(t)$ 是路程函数 $s(t)$ 对时间 t 求两次导数的结果.

例如自由落体的运动方程为 $s = \frac{1}{2}gt^2$,则时刻 t 时的速度 $v(t) = s'(t) = gt$,而时刻 t 的加速度为 $a(t) = v'(t) = g$.

定义 3.2 如果函数 $y = f(x)$ 的导函数 $y' = f'(x)$ 在 x_0 处可导,则称 $y = f(x)$ 在 x_0 处二阶可导,且称 $f'(x)$ 在 x_0 处的导数值为 $y = f(x)$ 在 x_0 处的**二阶导数**,记作

$$y''\big|_{x=x_0},\ f''(x_0),\ \left.\frac{\mathrm{d}^2 y}{\mathrm{d}x^2}\right|_{x=x_0} \text{ 或 } \left.\frac{\mathrm{d}^2 f}{\mathrm{d}x^2}\right|_{x=x_0}.$$

若函数 $y = f(x)$ 在区间 I 内每一点都二阶可导,则称它在 I 内二阶可导,并称 $f''(x)(x \in I)$ 为 $f(x)$ 在 I 内的二阶导函数,或简称**二阶导数**. 其定义式为

$$f''(x) = \lim_{\Delta x \to 0} \frac{f'(x + \Delta x) - f'(x)}{\Delta x}.$$

类似地可以定义三阶导数 $f'''(x)$,四阶导数 $f^{(4)}(x)$. 一般地,如果函数 $y = f(x)$ 在某区间中的 $(n-1)$ 阶导函数仍是可导的,那么它的导函数就称为 $f(x)$ 的 n 阶导数,记作

$$f^{(n)}(x),\ y^{(n)},\ \frac{\mathrm{d}^n y}{\mathrm{d}x^n} \text{ 或 } \frac{\mathrm{d}^n f(x)}{\mathrm{d}x^n}.$$

二阶和二阶以上的导数统称为高阶导数,而 $f'(x)$ 可另称为 $f(x)$ 的一阶导数.

注意:(1) 当 $n \geqslant 4$ 时,一般不再用撇"$'$"来表示求导数的次数了,而改用阿拉伯数字表示,为了避免与幂指数混淆,故将阿拉伯数字用小括号括起来. 如 $f^{(5)}(x)$ 表示 $f(x)$ 的五阶导数;(2) 如果要求 $f''(x)$,一般都是先求出 $f'(x)$ 之后再求 $f''(x) = (f'(x))'$,没有什么捷径,若要求更高阶的导数,一般要找出规律.

例 1 求 $y = 3x^2 + 2x + 1$ 的二阶、三阶导数.

解 $y' = 6x + 2$, $y'' = (6x + 2)' = 6$, $y''' = (6)' = 0$.

例 2 设 $y = x\mathrm{e}^{2x}$,求 y''.

解 $y' = \mathrm{e}^{2x} + x\mathrm{e}^{2x} \cdot 2 = (1 + 2x)\mathrm{e}^{2x}$, $y'' = 2\mathrm{e}^{2x} + (1 + 2x)\mathrm{e}^{2x} \cdot 2 = 4(1 + x)\mathrm{e}^{2x}$.

例 3 已知 $y = \sin^2(2x + 3)$,求 y''.

解 $y' = 2\sin(2x + 3)\cos(2x + 3) = \sin(4x + 6)$, $y'' = 4\cos(4x + 6)$.

例 4 设 $y = a^x$,求 $y^{(n)}$.

解 $y' = a^x \ln a$, $y'' = a^x \ln^2 a$, $y''' = a^x \ln^3 a$, …,一般地,$y^{(n)} = a^x \ln^n a$.

特别地,有$(e^x)^{(n)}=e^x$.

例 5　设$y=\dfrac{1}{ax+b}$,求$y^{(n)}$.

解　$y=(ax+b)^{-1}$, $y'=(-1)a(ax+b)^{-2}$, $y''=(-1)(-2)a^2(ax+b)^{-3}$,

$y'''=(-1)(-2)(-3)a^3(ax+b)^{-4},\cdots$

一般地,可得　$\left(\dfrac{1}{ax+b}\right)^{(n)}=(-1)(-2)\cdots(-n)a^n(ax+b)^{-(n+1)}=\dfrac{(-1)^n n!a^n}{(ax+b)^{n+1}}$.

特别地,有
$$\boldsymbol{\left(\frac{1}{1+x}\right)^{(n)}=\frac{(-1)^n n!}{(1+x)^{n+1}}.}$$

由于$[\ln(1+x)]'=\dfrac{1}{1+x}$,所以$[\ln(1+x)]^{(n)}=\left(\dfrac{1}{1+x}\right)^{(n-1)}=\dfrac{(-1)^{n-1}(n-1)!}{(1+x)^n}$.

例 6　求$y=\sin x$和$y=\cos x$的n阶导数.

解　$y'=\cos x=\sin\left(x+\dfrac{\pi}{2}\right)$;

$y''=\cos\left(x+\dfrac{\pi}{2}\right)=\sin\left[\left(x+\dfrac{\pi}{2}\right)+\dfrac{\pi}{2}\right]=\sin\left(x+2\cdot\dfrac{\pi}{2}\right)$;

归纳可得
$$\boldsymbol{(\sin x)^{(n)}=\sin\left(x+n\cdot\frac{\pi}{2}\right);}$$

类似地有
$$\boldsymbol{(\cos x)^{(n)}=\cos\left(x+n\cdot\frac{\pi}{2}\right).}$$

下面我们给出求两个函数乘积的高阶导数的**莱布尼兹公式**.

定理 3.5　设$u=u(x)$与$v=v(x)$都是n阶可导函数,则有

$$\begin{aligned}(u\cdot v)^{(n)}&=\sum_{k=0}^{n}C_n^k u^{(k)}\cdot v^{(n-k)}\\&=C_n^0u\cdot v^{(n)}+C_n^1u'\cdot v^{(n-1)}+C_n^2u''\cdot v^{(n-2)}+\cdots+C_n^nu^{(n)}\cdot v.\end{aligned}$$

(证明略).

例 7　设$y=x^3e^x$,求$y^{(5)}$.

解　设$u=x^3$,$v=e^x$,则

$u'=3x^2$, $u''=6x$, $u'''=6$, $u^{(4)}=u^{(5)}=0$,

$v^{(k)}=e^x$,$k=1,2,\cdots,5$,

由莱布尼兹公式得

$$\begin{aligned}y^{(5)}&=\left(x^3+5\times3x^2+\frac{5\times4}{2!}\cdot6x+\frac{5\times4\times3}{3!}\cdot6\right)e^x\\&=(x^3+15x^2+60x+60)e^x.\end{aligned}$$

例 8　设$y=x^2\sin x$,求$y^{(50)}$.

解　设$u=x^2$,$v=\sin x$,则

$$u' = 2x,\ u'' = 2,\ u^{(k)} = 0\ (k \geqslant 3),$$

$$v^{(k)} = \sin\left(x + \frac{k\pi}{2}\right)\ (k = 1,2,\cdots,50)$$

代入莱布尼兹公式,得

$$y^{(50)} = x^2\sin\left(x + \frac{50\pi}{2}\right) + 50 \times 2x\sin\left(x + \frac{49\pi}{2}\right) + \frac{50 \times 49}{2} \times 2\sin\left(x + \frac{48\pi}{2}\right)$$

$$= -x^2\sin x + 100x\cos x + 2450\sin x.$$

习题 3.3

1. 求下列函数的二阶导数:

(1) $y = x^3\ln x$　　(2) $y = x^2 e^{2x}$

(3) $y = e^{-\sin x}$　　(4) $y = \dfrac{x}{\sqrt{1+x^2}}$

(5) $y = (1+x^2)\arctan x$　　(6) $y = \arctan\dfrac{x}{2}$

(7) $y = \dfrac{x}{2}[\sin(\ln x) + \cos(\ln x)]$　　(8) $y = \ln(x + \sqrt{1+x^2})$

2. 求下列函数的二阶导数(其中 f 二阶可导):

(1) $y = f(\cos x)$　　(2) $y = e^{f(x)}$　　(3) $y = x\ln f(-x)$

3. 求下列函数的 n 阶导数:

(1) $y = \dfrac{1}{3-2x}$　　(2) $y = xe^{-x}$

(3) $y = x^{\alpha}(\alpha \notin \mathbf{Z})$　　(4) $y = \sin^2 x$

(5) $y = \ln(1-x)$　　(6) $y = \dfrac{1-x}{1+x}$

(7) $y = \dfrac{1}{x^2-3x+2}$　　(8) $y = x^n + a_1x^{n-1} + a_2x^{n-2} + \cdots + a_{n-1}x + a_n$

4. 设 $y = x^2\sin 2x$,求 $y^{(50)}$.

5. 证明:$y = e^x\sin x$ 满足 $y'' - 2y' + 2y = 0$.

6. 设函数 $y = y(x)$ 的 $n-2$ 阶导数 $y^{(n-2)} = \dfrac{x}{\ln x}$,求 $y^{(n)}\big|_{x=e}$.

7. 已知 $f(x)$ 具有任意阶导数,且 $f'(x) = f^2(x)$,求 $f^{(n)}(x)(n > 2)$.

3.4　隐函数求导法

3.4.1　隐函数求导法

用数学式表达因变量 y 与自变量 x 的函数关系是多种多样的. 前面我们遇到的是形如 $y=f(x)$ 的函数,例如 $y=x\sin x$, $y=\ln(2x^2+3)$ 等,这类函数表达方式的特点是:等号左端是因变量 y,右端是仅含自变量 x 的式子,这样的函数称为**显函数**.

但有些函数的表达方式却不是这样,例如:$x^2+y^2=1$, $e^{xy}=x+y$ 均表示一个函数,因为当 x 在 $(-\infty,+\infty)$ 内任取一值时,变量 y 都有确定的值与之对应,这样的函数称为**隐函数**.

一般地,如果变量 x 与 y 的关系由一个二元方程 $F(x, y)=0$ 所确定,当 x 取某一非空数集的任一值时,相应地总有满足这个方程的唯一的 y 值与之对应,则称由方程 $F(x, y)=0$ 确定了一个隐函数 $y=y(x)$.

有的隐函数可以表达为显函数(隐函数可显化),例如,$x^2+y^2=1$ 可以表达为 $y=\sqrt{1-x^2}$ 或 $y=-\sqrt{1-x^2}$. 但有的隐函数则不易或无法显化,例如,$e^{xy}=x+y$,但实际问题又需要计算隐函数的导数. 因此,我们希望有一种方法,可直接由方程 $F(x, y)=0$,求出它所确定的隐函数 $y=y(x)$ 的导数.

隐函数的求导法,是指在方程 $F(x,y)=0$ 两边对自变量 x 求导,遇因变量 y 时,由于 $y=y(x)$,视 y 为中间变量,按复合函数求导法则求之,得到关于 $\frac{dy}{dx}$ 的方程,再解得 $\frac{dy}{dx}$. 下面通过具体实例来说明这种方法.

例 1　求由方程 $xy-e^x+e^y=0$ 所确定的隐函数 y 的导数 $\frac{dy}{dx}$, $\left.\frac{dy}{dx}\right|_{x=0}$.

解　将方程两边分别对 x 求导,得

$$y+x\frac{dy}{dx}-e^x+e^y\frac{dy}{dx}=0,$$

解得

$$\frac{dy}{dx}=\frac{e^x-y}{x+e^y},$$

由原方程知 $x=0$ 时,$y=0$,

所以

$$\left.\frac{dy}{dx}\right|_{x=0}=\left.\frac{e^x-y}{x+e^y}\right|_{\substack{x=0\\y=0}}=1.$$

隐函数的求导方法归纳为:

(1) 将方程 $F(x,y)=0$ 两边分别对 x 求导,并在求导过程中视 y 为 x 的函数,y 的函

数视为 x 的复合函数；

(2) 再用解方程的方法解出 y'（或 $\frac{\mathrm{d}y}{\mathrm{d}x}$），即为所求.

例 2 设 $y=y(x)$ 是由函数方程 $\mathrm{e}^y+xy=\mathrm{e}$ 所确定的隐函数，求 $\frac{\mathrm{d}y}{\mathrm{d}x}$ 和 $\frac{\mathrm{d}^2y}{\mathrm{d}x^2}$ 及曲线 $y=y(x)$ 在 $(0,1)$ 处的切线方程.

解 方程两边对 x 求导，得 $\mathrm{e}^y y'+y+xy'=0$，

解得
$$\frac{\mathrm{d}y}{\mathrm{d}x}=y'=-\frac{y}{x+\mathrm{e}^y},$$

再对 $\frac{\mathrm{d}y}{\mathrm{d}x}=y'=-\frac{y}{x+\mathrm{e}^y}$ 两边同时对 x 求导，得

$$\begin{aligned}y''=\frac{\mathrm{d}^2y}{\mathrm{d}x^2}&=-\frac{y'(x+\mathrm{e}^y)-y(1+\mathrm{e}^y y')}{(x+\mathrm{e}^y)^2}\\&=\frac{\frac{y}{x+\mathrm{e}^y}(x+\mathrm{e}^y)+y\left(1-\mathrm{e}^y\cdot\frac{y}{x+\mathrm{e}^y}\right)}{(x+\mathrm{e}^y)^2}\\&=\frac{2xy+(2y-y^2)\mathrm{e}^y}{(x+\mathrm{e}^y)^3}.\end{aligned}$$

又 $y'|_{(0,1)}=-\frac{1}{\mathrm{e}}$，从而 $y=y(x)$ 在 $(0,1)$ 处的切线方程为

$$y-1=-\frac{1}{\mathrm{e}}x，即\ y=-\frac{1}{\mathrm{e}}x+1.$$

求隐函数的二阶导数时，先求得一阶导数，再求二阶导数，同时应注意将一阶导数的表达式代入.

3.4.2 对数求导法

所谓**对数求导法**，是指先在函数两边取对数，然后按照隐函数的求导法求得函数的导数. 由几个初等函数通过乘、除、乘方、开方所构成的比较复杂的函数 $y=f(x)$ 以及幂指函数 $y=[u(x)]^{v(x)}$ 的求导，用对数求导法可简化求导运算.

例 3 已知 $y=x^{\sin x}(x>0)$，求 y'.

解 将 $y=x^{\sin x}$ 两边同时取对数，得 $\ln y=\sin x\cdot\ln x$，

将上式两边分别对 x 求导，得

$$\frac{1}{y}\cdot y'=\cos x\cdot\ln x+\sin x\cdot\frac{1}{x},$$

于是
$$y'=y\left(\cos x\cdot\ln x+\frac{\sin x}{x}\right)=x^{\sin x}\left(\cos x\cdot\ln x+\frac{\sin x}{x}\right).$$

或另解为：由对数恒等式得 $y=x^{\sin x}=e^{\ln x^{\sin x}}=e^{\sin x\cdot\ln x}$，根据复合函数的求导法则，得

$$\begin{aligned}y'&=(e^{\sin x\cdot\ln x})'=e^{\sin x\cdot\ln x}(\sin x\cdot\ln x)'\\&=e^{\sin x\cdot\ln x}\left(\cos x\cdot\ln x+\frac{\sin x}{x}\right)\\&=x^{\sin x}\left(\cos x\cdot\ln x+\frac{\sin x}{x}\right).\end{aligned}$$

例 4　求 $y=\sqrt{\dfrac{x(x+2)}{(x-1)}}$ $(x>1)$ 的导数.

解　将方程两边同时取对数，得 $\ln y=\dfrac{1}{2}[\ln x+\ln(x+2)-\ln(x-1)]$，

将上式两边分别对 x 求导，得

$$\frac{1}{y}\cdot y'=\frac{1}{2}\left(\frac{1}{x}+\frac{1}{x+2}-\frac{1}{x-1}\right),$$

所以　$$y'=\frac{y}{2}\left(\frac{1}{x}+\frac{1}{x+2}-\frac{1}{x-1}\right)=\frac{1}{2}\sqrt{\frac{x(x+2)}{(x-1)}}\left(\frac{1}{x}+\frac{1}{x+2}-\frac{1}{x-1}\right).$$

对题设等式两边取对数时，严格讲应该考虑自变量的取值范围，取对数后会相应有不同的表达式. 但可以验证，所得结果是一样的. 因此，在运用对数求导法时，不必考虑 x 的取值范围.

习题　3.4

1. 求下列隐函数的导数(a，b 为常数)：

(1) $\dfrac{x^2}{a^2}+\dfrac{y^2}{b^2}=1$　　(2) $\sqrt{x}+\sqrt{y}=a$

(3) $y\sin x-\cos(y-x)=0$　　(4) $y=\sin(xy)$

(5) $x^2+y^2-xy=1$　　(6) $xy=e^{x+y}$

(7) $\arctan\dfrac{x-y}{x+y}=\ln\sqrt{x^2+y^2}$　　(8) $e^x+e^y=\arctan y$

(9) $x^y=y^x$　　(10) $y=\tan(x+y)$

(11) $xy+\ln y=1$　　(12) $y+\sqrt{2xy}-x=x^2y$

2. 求由下列二元方程确定的隐函数 $y=y(x)$ 在指定点的导数值：

(1) $y=\cos x+\dfrac{1}{2}\sin y$ 在点 $\left(\dfrac{\pi}{2},0\right)$ 处；

(2) $ye^x+\ln y=1$ 在点 $(0,1)$ 处；

(3) $xy-\sin(\pi y^2)=0$，在点 $(0,1)$ 处；

(4) $x+e^{2y}=4-e^{xy}$，求 $\left.\dfrac{dy}{dx}\right|_{x=2}$；

(5) $\sin(xy)-\dfrac{1}{y-x}=1$,求 $y'\big|_{x=0}$;

(6) $x^3-2x^2y+5xy^2-5y+1=0$,求$\dfrac{dy}{dx}\bigg|_{(1,1)}$.

3. 求下列隐函数的二阶导数:

(1) $y=1+xe^y$　　(2) $y=\tan(x+y)$

(3) $x-y+y^2=1$　　(4) $y=x+\ln y$

(5) $x^4-xy+y^4=1$,求 $y''\Big|_{\substack{x=0\\y=1}}$.

(6) $y\sin x-\cos(x+y)=0$, $y\in[0,\pi]$,求 $y''\big|_{x=0}$.

4. 求下列函数的导数:

(1) $y=x^{x^2}$　　(2) $y=\left(1+\dfrac{1}{x}\right)^x$

(3) $y=x\cdot\sqrt{\dfrac{1-x}{1+x}}$　　(4) $y=\dfrac{1-x}{x^2}\sqrt{\dfrac{7-x}{(x-4)^2}}$

(5) $y=\left(\dfrac{a}{b}\right)^x\left(\dfrac{b}{x}\right)^a\left(\dfrac{x}{b}\right)^b(a>0,\ b>0)$　　(6) $y=x(\sin x)^{\cos x}$

5. 求曲线 $y^2=4x$ 在点 $x=1$ 处的切线方程.

6. 求双曲线$\dfrac{x^2}{a^2}-\dfrac{y^2}{b^2}=1$,在点$(2a,\sqrt{3}b)$处的切线方程与法线方程.

3.5　函数的微分

3.5.1　微分的定义

先来看一个实际例子.

设有一正方形金属薄片,由于受温度变化的影响,其边长由 x 变到 $x+\Delta x$(图 3-5-1),问此薄片的面积 A 改变了多少?

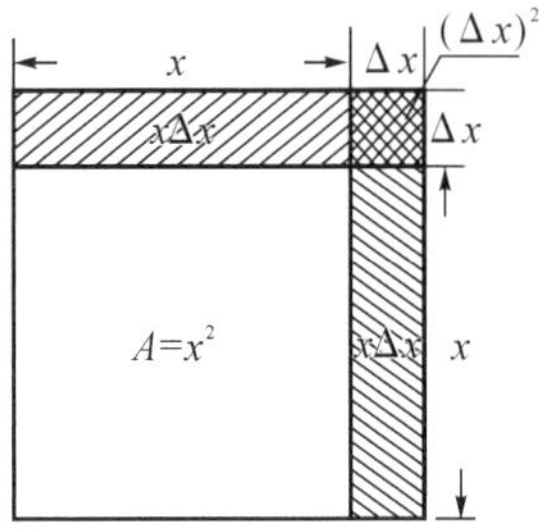

图 3-5-1

薄片的面积 A 与边长 x 之间存在函数关系 $A=x^2$. 薄片受温度变化的影响时面积的改变量,可以看成是当自变量 x 自 x 取得增量 Δx 时,函数 $A=x^2$ 相应的增量 ΔA,即此时面积的改变量为

$$\Delta A=(x+\Delta x)^2-x^2=2x\Delta x+\Delta x^2.$$

由上式可以看出,ΔA 由两部分构成,第一部分 $2x\Delta x$ 是Δx 的线性部分,第二部分$(\Delta x)^2$ 当 $\Delta x\to 0$ 时,是比 Δx 高阶的无穷小,即$(\Delta x)^2=o(\Delta x)$ $(\Delta x\to 0)$.

在几何上，第一部分 $2x\Delta x$ 表示的是图 3-5-1 中带斜线的两个矩形面积之和. 第二部分 $(\Delta x)^2$ 表示的是图中带阴影的小正方形的面积. 这样，当边长的改变很微小，即 $|\Delta x|$ 很小时，我们可以忽略第二部分，用第一部分近似地替代 ΔA，即

$$\Delta A \approx 2x\Delta x.$$

一般地，如果函数 $y = f(x)$ 的增量 Δy 能表示成

$$\Delta y = A(x)\Delta x + o(\Delta x),$$

其中 $A(x)$ 是与 Δx 无关的量，即 $A(x)\Delta x$ 是 Δx 的线性函数，即有

$$\Delta y - A(x)\Delta x = o(\Delta x),$$

因此，当 $A(x) \neq 0$，且 $|\Delta x|$ 很小时，我们可以用 Δx 的线性函数 $A(x)\Delta x$ 来近似替代函数的增量 Δy，称 $A(x)\Delta x$ 为 Δy 的**线性主部**.

定义 3.3　设函数 $y = f(x)$ 在点 x_0 的邻域内有定义，$x_0 + \Delta x$ 在这个邻域内，如果函数在点 x_0 处的增量 $\Delta y = f(x_0 + \Delta x) - f(x_0)$ 可表示为

$$\Delta y = A\Delta x + o(\Delta x),$$

其中 A 是与 Δx 无关的常数，$o(\Delta x)$ 是比 Δx 高阶的无穷小，则称函数 $y = f(x)$ 在点 x_0 处**可微**，并称 $A\Delta x$ 为函数 $y = f(x)$ 在点 x_0 处相应于自变量改变量 Δx 的**微分**，记作 $\mathrm{d}y$ 或 $\mathrm{d}f(x)$，即

$$\mathrm{d}y = A\Delta x.$$

由上可知，$\Delta y - \mathrm{d}y = o(\Delta x)$，当 $A \neq 0$ 时，$\mathrm{d}y$ 即为 Δy 的线性主部，用微分 $\mathrm{d}y$ 近似替代函数的增量 Δy 时，其误差为 $o(\Delta x)$. 因此，当 $|\Delta x|$ 很小时，有近似等式

$$\Delta y \approx \mathrm{d}y.$$

既然微分可以近似替代函数的增量（当 $|\Delta x|$ 很小时），那么我们自然关心这样的问题：(1) 如何判断函数可微？按定义判断并不容易，是否有捷径？(2) 微分 $\mathrm{d}y = A\Delta x$ 如何求得？即 Δx 的系数 A 是一个怎样的量，容易求吗？

定理 3.6　函数 $y = f(x)$ 在点 x_0 处可微的充分必要条件是函数 $y = f(x)$ 在点 x_0 处可导，且当函数 $y = f(x)$ 在点 x_0 处可微时，$\mathrm{d}y = f'(x_0)\Delta x$.

证　必要性：若函数 $y = f(x)$ 在点 x_0 处可微，即

$$\Delta y = A\Delta x + o(\Delta x),$$

上式两端同除以 $\Delta x(\Delta x \neq 0)$，令 $\Delta x \to 0$ 取极限，得

$$\lim_{x \to x_0} \frac{\Delta y}{\Delta x} = \lim_{x \to x_0} \left[A + \frac{o(\Delta x)}{\Delta x}\right] = A,$$

上式表示函数 $y = f(x)$ 在点 x_0 处可导，且有 $f'(x_0) = A$.

充分性：由于函数 $y = f(x)$ 在点 x_0 处可导，即

$$\lim_{\Delta x \to 0} \frac{\Delta y}{\Delta x} = f'(x_0),$$

根据函数极限与无穷小的关系，上式可写为

$$\frac{\Delta y}{\Delta x}=f'(x_0)+\alpha,$$

其中$\lim\limits_{\Delta x\to 0}\alpha=0$，于是有

$$\Delta y=f'(x_0)\Delta x+\alpha\Delta x,$$

由于$\lim\limits_{\Delta x\to 0}\frac{\alpha\Delta x}{\Delta x}=\lim\limits_{\Delta x\to 0}\alpha=0$，故$\alpha\Delta x=o(\Delta x)$，且$f'(x_0)$不依赖于$\Delta x$，因此，由微分的定义知，函数$y=f(x)$在点$x_0$处可微.

上述定理也可用逻辑符号表示为“可微$\Leftrightarrow$可导”，于是“可微”、“可导”、“连续”、“极限存在”之间的关系可简明地表示为

可导$\Leftrightarrow$可微$\Rightarrow$连续$\Rightarrow$极限存在.

函数$y=f(x)$在任意点x的微分，称为函数的微分，记作$\mathrm{d}y$或$\mathrm{d}f(x)$，即

$$\mathrm{d}y=f'(x)\Delta x.$$

取$y=f(x)=x$，则$y'=f'(x)=1$，于是有$\mathrm{d}y=\mathrm{d}x=f'(x)\Delta x=1\cdot\Delta x=\Delta x$，这说明自变量$x$的增量$\Delta x$与自变量的微分$\mathrm{d}x$相等，即$\mathrm{d}x=\Delta x$，于是函数$y=f(x)$的微分又可记作

$$\mathrm{d}y=f'(x)\mathrm{d}x, \tag{3-8}$$

从而有$\frac{\mathrm{d}y}{\mathrm{d}x}=f'(x)$. 这就是说，函数的微分$\mathrm{d}y$与自变量的微分$\mathrm{d}x$之商等于该函数的导数. 因此，导数也叫做“微商”.

例 1 求函数$y=x^3$当x由2改变到2.02时的增量和微分.

解 函数当$x=2$，$\Delta x=0.02$时的增量

$$\Delta y\Big|_{\substack{x=2\\ \Delta x=0.02}}=(2+0.02)^3-2^3=0.242408.$$

函数在任意点x的微分$\mathrm{d}y=(x^3)'\Delta x=3x^2\Delta x$，

当$x=2$，$\Delta x=0.02$时的微分$\mathrm{d}y\Big|_{\substack{x=2\\ \Delta x=0.02}}=3x\Delta x\Big|_{\substack{x=2\\ \Delta x=0.02}}=0.24$.

3.5.2 微分的几何意义

对于可微函数$y=f(x)$而言，当$\Delta y=f(x_0+\Delta x)-f(x_0)$是曲线$y=f(x)$上的点的纵坐标的增量时，$\mathrm{d}y=f'(x_0)\Delta x=\tan\alpha\cdot\Delta x$就是曲线的切线上点的纵坐标的相应增量（如图3-5-2所示）. 当$|\Delta x|$很小时，$|\Delta y-\mathrm{d}y|$比$|\Delta x|$小得多，即$|\Delta y-\mathrm{d}y|=o(\Delta x)$. 因此在点$M(x_0,y_0)$的邻近，可以用切线段$MP$来近似代替曲线段$MN$（即**以直代曲**）.

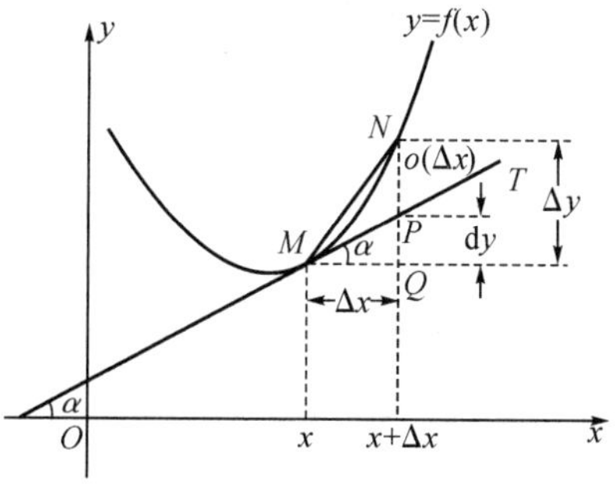

图 3-5-2

3.5.3 微分的计算法

由函数可微的充要条件及上述讨论知，函数 $y=f(x)$ 的微分为

$$dy=f'(x)dx,$$

所以函数微分的求法是：计算函数的导数，再乘以自变量的微分. 于是我们得到如下的微分公式和微分运算法则.

1. 基本初等函数的微分公式

(1) $d(C)=0$

(2) $d(x^{\mu})=\mu x^{\mu-1}dx$

(3) $d(a^x)=a^x\ln a dx$

(4) $d(e^x)=e^x dx$

(5) $d(\log_a x)=\dfrac{dx}{x\ln a}$

(6) $d(\ln x)=\dfrac{dx}{x}$

(7) $d(\sin x)=\cos x dx$

(8) $d(\cos x)=-\sin x dx$

(9) $d(\tan x)=\sec^2 x dx$

(10) $d(\cot x)=-\csc^2 x dx$

(11) $d(\sec x)=\tan x\sec x dx$

(12) $d(\csc x)=-\cot x\csc x dx$

(13) $d(\arcsin x)=\dfrac{dx}{\sqrt{1-x^2}}$

(14) $d(\arccos x)=-\dfrac{dx}{\sqrt{1-x^2}}$

(15) $d(\arctan x)=\dfrac{dx}{1+x^2}$

(16) $d(\text{arccot} x)=-\dfrac{dx}{1+x^2}$

2. 函数的和、差、积、商的微分法则

设 $u=u(x),v=v(x)$ 可导，则

(1) $d(u\pm v)=du\pm dv$

(2) $d(uv)=udv+vdu$

(3) $d(Cu)=Cdu$（C 为常数）

(4) $d\left(\dfrac{u}{v}\right)=\dfrac{vdu-udv}{v^2}$

3. 复合函数的微分法则

设 $y=f(u),u=\varphi(x)$ 都可导，则复合函数 $y=f[\varphi(x)]$ 的微分

$$dy = y'_x dx = f'(u)\varphi'(x)dx.$$

由于 $\varphi'(x)dx = du$,所以复合函数 $y = f[\varphi(x)]$ 的微分也可以写成

$$dy = f'(u)du.$$

由此可见,无论 u 是自变量还是中间变量,微分形式 $dy = f'(u)du$ 保持不变.这一性质称为**微分形式不变性**.

例 2 求函数 $y = \ln(1+e^x)$ 的微分 dy.

解 利用微分的计算表达式 $dy = y'dx$,可得

$$dy = [\ln(1+e^x)]'dx = \frac{e^x}{1+e^x}dx.$$

另解 利用微分形式不变性,

$$dy = d[\ln(1+e^x)] = \frac{1}{1+e^x}d(1+e^x) = \frac{e^x}{1+e^x}dx.$$

例 3 设 $y = \ln\cos e^x$,求 dy.

解 $dy = d\ln\cos e^x = \dfrac{1}{\cos e^x}d(\cos e^x) = \dfrac{-\sin e^x}{\cos e^x}d(e^x) = -e^x\tan e^x dx.$

下面再举几个综合运用微分运算法则和微分公式的例子.

例 4 设 $y = \dfrac{\sin 2x}{x^3}$,求 dy.

解

$$\begin{aligned} dy &= \frac{x^3 d\sin 2x - \sin 2x dx^3}{x^6} \\ &= \frac{x^3 \cdot 2\cos 2x dx - \sin 2x \cdot 3x^2 dx}{x^6} \\ &= \frac{2x\cos 2x dx - 3\sin 2x dx}{x^4}. \end{aligned}$$

例 5 设 $y = \ln(x^2 - \arctan x^2)$,求 dy.

解

$$\begin{aligned} dy &= \frac{1}{x^2 - \arctan x^2}d(x^2 - \arctan x^2) \\ &= \frac{1}{x^2 - \arctan x^2}\left(2xdx - \frac{2x}{1+x^4}dx\right) \\ &= \frac{2x^5}{(1+x^4)(x^2 - \arctan x^2)}dx. \end{aligned}$$

例 6 求由方程 $e^{x+y} - xy = e$ 所确定的隐函数 $y = y(x)$ 的微分 dy.

解法一 方程两边关于 x 求导,$e^{x+y}(1+y') - y - xy' = 0$,

解得 $y' = \dfrac{y - e^{x+y}}{e^{x+y} - x}$,所以 $dy = \dfrac{y - e^{x+y}}{e^{x+y} - x}dx$.

解法二 对方程两边求微分,得 $d(e^{x+y}) - d(xy) = 0$,

$$e^{x+y}d(x+y)-(ydx+xdy)=0,\ e^{x+y}(dx+dy)-(ydx+xdy)=0,$$
$$(e^{x+y}-x)dy=(y-e^{x+y})dx,$$

解得 $$dy=\frac{y-e^{x+y}}{e^{x+y}-x}dx.$$

3.5.4　微分在近似计算中的应用

用函数的微分近似代替函数的增量,体现了非线性函数局部线性化的数学思想.

设函数 $y=f(x)$ 在点 x_0 处可微,当 $|\Delta x|$ 很小时,我们有

$$\Delta y=f(x_0+\Delta x)-f(x_0)\approx dy=f'(x_0)\Delta x. \tag{3-9}$$

或

$$f(x_0+\Delta x)\approx f(x_0)+f'(x_0)\Delta x. \tag{3-10}$$

令 $x_0+\Delta x=x,\Delta x=x-x_0$,当 $x\approx x_0$ 时,由(3-10)有

$$f(x)\approx f(x_0)+f'(x_0)(x-x_0). \tag{3-11}$$

特别地,取 $x_0=0$,当 $x\approx 0$ 时,有

$$f(x)\approx f(0)+f'(0)x. \tag{3-12}$$

利用式(3-9)可近似计算函数的增量Δy,利用式(3-11)或式(3-12)可近似计算函数值 $f(x)$.

例 7　半径为 10cm 的金属圆片加热后,半径伸长了 0.05cm,问面积增大了多少?

解　因圆的面积 $A=\pi r^2$,而 $r=10(\text{cm}),\Delta r=0.05(\text{cm})$,

所以　$\Delta A\approx dA=2\pi r\cdot\Delta r=2\pi\times 10\times 0.05=\pi(\text{cm}^2)$.

例 8　求 $\sin 30°30'$ 的近似值.

解　令 $f(x)=\sin x$,则 $f'(x)=\cos x$,取 $x_0=30°=\frac{\pi}{6},\Delta x=30'=\frac{\pi}{360}$,

代入公式(3-11)得

$$\sin 30°30'=\sin\left(\frac{\pi}{6}+\frac{\pi}{360}\right)\approx\sin\frac{\pi}{6}+\cos\frac{\pi}{6}\times\frac{\pi}{360}=\frac{1}{2}+\frac{\sqrt{3}}{2}\times\frac{\pi}{360}\approx 0.5076.$$

精确值为 $\sin 30°30'=0.507538\cdots$.

当$|x|$很小时,利用(3-12),可得出下面一些常用的近似公式:

(1) $e^x\approx 1+x$　　(2) $\ln(1+x)\approx x$　　(3) $\tan x\approx x$

(4) $(1+x)^\alpha\approx 1+\alpha x$　　(5) $\sin x\approx x$

例 9　证明近似计算公式:$\ln(1+x)\approx x(x\approx 0)$.

证　令 $f(x)=\ln(1+x)$,则 $f'(x)=\frac{1}{1+x}$,当 $x=0$ 时,$f(0)=0,f'(0)=1$.

由公式(3-12),$f(x)\approx f(0)+f'(0)x\Rightarrow f(x)\approx x$,即 $\ln(1+x)\approx x$.

例 10　求 $\sqrt[3]{65}$ 的近似值.

解　由于 $\sqrt[3]{65}=\sqrt[3]{64+1}=4\sqrt[3]{1+\frac{1}{64}}$,

在公式 $(1+x)^{\alpha}\approx 1+\alpha x$ 中取 $x=\frac{1}{64}$, $\alpha=\frac{1}{3}$,得 $\sqrt[3]{65}\approx 4\left(1+\frac{1}{3}\times\frac{1}{64}\right)\approx 4.0208$.

精确值为 $\sqrt[3]{65}=4.0207257\cdots$.

习题 3.5

1. 求下列函数在指定点的微分:

(1) $y=\arctan x$, $x_0=1$, $\Delta x=0.001$

(2) $y=x+\frac{1}{x}$, $x_0=0.1$, $\Delta x=-0.001$

2. 求下列函数的微分:

(1) $y=\tan x+\frac{1}{\sqrt{x}}$

(2) $y=\cos\frac{1}{1+\sqrt{x}}$

(3) $y=\frac{x}{1-x^2}$

(4) $y=x[\cos(\ln x)+\sin(\ln x)]$

(5) $y=x\arctan\sqrt{x}$

(6) $y=e^x\sin^2 x$

(7) $y=e^{-x}\cos(3-x)$

(8) $y=\frac{1+\ln x}{x-x\ln x}$

(9) $y=x^x(x>0)$

(10) $y=\ln(x+\sqrt{x^2+3})$,求 $dy|_{x=1}$

3. 求下列隐函数的微分:

(1) $2y-x=(x-y)\ln(x-y)$

(2) $x\cos y+\sin(y-x)=0$

(3) $y^2=1+xe^y$

(4) $y=x^y(x>0, y>0)$

4. 求下列各数的近似值:

(1) $\sqrt[3]{1.02}$　(2) $\sqrt[5]{248}$　(3) $e^{1.01}$　(4) $\ln 1.01$

5. 正方体的棱长 $x=10\text{m}$,如果棱长增加 0.1m,求此正方体体积增加的精确值和近似值.

6. 一平面圆环形,其内半径为 10cm,宽为 0.1cm,求其面积的精确值和近似值.

复习题三

一、单项选择题

1. 设 $f(x)$ 在 $x=a$ 处可导,则 $\lim\limits_{x\to 0}\frac{f(a+h)-f(a-2h)}{h}=(\quad)$.

A. $-f'(a)$　　B. $f'(a)$　　C. $2f'(a)$　　D. $3f'(a)$

2. 设 $f(x)$ 可微，则 $\lim\limits_{x\to 1}\dfrac{f(2-x)-f(1)}{x-1}=$（　　）.

A. $f'(1)$　　B. $-f'(1)$　　C. $-f'(x-1)$　　D. $f'(-1)$

3. 设 $f(x)$ 在 $x=a$ 的某个邻域内有定义，则 $f(x)$ 在 $x=a$ 处可导的一个充分条件是（　　）.

A. $\lim\limits_{h\to+\infty}h\left[f\left(a+\dfrac{1}{h}\right)-f(a)\right]$存在　　B. $\lim\limits_{h\to 0}\dfrac{f(a+2h)-f(a+h)}{h}$存在

C. $\lim\limits_{h\to 0}\dfrac{f(a+h)-f(a-h)}{2h}$存在　　D. $\lim\limits_{h\to 0}\dfrac{f(a)-f(a-h)}{h}$存在

4. 设函数 $f(x)=x(x-1)(x-2)\cdots(x-99)(x-100)$，则 $f'(0)=$（　　）.

A. 100　　B. -100　　C. 100！　　D. -100！

5. 设 $f(x)=xg(x)$，$g(x)$ 在点 $x=0$ 处连续，则 $f(x)$ 在 $x=0$ 处（　　）.

A. 连续且可导　　B. 连续但不可导

C. 不连续且不可导　　D. 可导但不连续

6. 函数 $f(x)=\begin{cases}x^3\sin\dfrac{1}{x}, & x\neq 0\\ 0, & x=0\end{cases}$ 在 $x=0$ 点（　　）.

A. 连续且可导　　B. 连续但不可导

C. 不连续且不可导　　D. 可导但不连续

7. 设 $f(x)=\begin{cases}\dfrac{1-\cos x}{\sqrt{x}}, & x>0\\ x^2g(x), & x\leqslant 0\end{cases}$，其中 $g(x)$ 是有界函数，则 $f(x)$ 在 $x=0$ 处（　　）.

A. 极限不存在　　B. 极限存在，但不连续

C. 连续，但不可导　　D. 可导

8. 设 $f(x)=\begin{cases}2x^2, & x\leqslant 1\\ x, & x>1\end{cases}$，则 $f(x)$ 在 $x=1$ 处（　　）.

A. 左、右导数都存在　　B. 左导数存在，右导数不存在

C. 左导数不存在，右导数存在　　D. 左、右导数都不存在

9. 设曲线 $y=f(x)$ 在 $x=x_0$ 处的切线是水平的，则当 $x\to x_0$ 时，$f(x)-f(x_0)$ 较之 $x-x_0$ 是（　　）无穷小.

A. 同阶　　B. 等价　　C. 低阶　　D. 高阶

10. 设 $f(x)$ 在 $x=0$ 处可导，且 $f(0)=0$，则 $\lim\limits_{x\to 0}\dfrac{f(x)}{x}=$（　　）.

A. 不存在　　B. $f'(0)$　　C. 0　　D. 不能确定

11. 设 $y = xe^x$，则 $y^{(n)}(x) = ($　　$)$.

A. nxe^x　　B. $(1+x)^n e^x$

C. $(n+x)e^x$　　D. $(n+x)e^{nx}$

12. 已知 $f'(x) = [f(x)]^2$，且 $f(x)$ 的 $n\ (n \geqslant 2)$ 阶导数存在，则 $f^{(n)}(x) = ($　　$)$.

A. $n[f(x)]^{n+1}$　　B. $n[f(x)]^{2n}$　　C. $n![f(x)]^{n+1}$　　D. $n![f(x)]^{2n}$

13. 设 $f(x) = \sqrt[3]{x}$，则 $f'(x)$ 的定义域为(　　).

A. $(-\infty, +\infty)$　　B. $(0, +\infty)$

C. $(-\infty, 0)$　　D. $(-\infty, 0) \cup (0, +\infty)$

14. 曲线 $y = x^3 - x$ 在点 $(1, 0)$ 处的切线是(　　).

A. $y = 2x - 2$　　B. $y = -2x + 2$　　C. $y = 2x + 2$　　D. $y = -2x - 2$

15. 如果曲线 $y = ax^2$ 与 $y = \ln x$ 相切，则 $a = ($　　$)$.

A. $\frac{1}{2e}$　　B. $\frac{1}{e}$　　C. $\frac{1}{2x^2}$　　D. $\frac{\ln x}{x^2}$

16. $y' = \frac{1}{2}\sin x$ 是下列(　　)中函数的导数.

A. $y = \frac{\sin^2 x}{2}$　　B. $y = \sin\frac{x^2}{2}$　　C. $y = \sin^2\frac{x}{2}$　　D. $y = \sin\left(\frac{x}{2}\right)^2$

17. 若 $f(x)$ 可导，且 $f(x) > 0$，则下列等式不正确的是(　　).

A. $(\ln f(x))' = \frac{1}{f(x)}$　　B. $(\ln f(x))' = \frac{f'(x)}{f(x)}$

C. $(f(\ln x))' = \frac{f'(\ln x)}{x}$　　D. $\left(\frac{1}{f(x)}\right)' = -\frac{f'(x)}{f^2(x)}$

18. 一般情况下，函数 $y = f(x)$ 在 x_0 处的微分 dy(　　).

A. 与 x_0 有关而与 Δx 无关　　B. 与 x_0 和 Δx 都有关

C. 与 Δy 有关而与 Δx 无关　　D. 与 Δy 和与 Δx 都有关

19. 微分运算 $\frac{d(\arcsin x)}{d(\arccos x)} = ($　　$)$.

A. $\text{arccot}\, x$　　B. -1　　C. $\tan x$　　D. 1

20. 将半径为 R 的球加热，如果球的半径增加 ΔR，则球的体积增量 $\Delta V \approx ($　　$)$.

A. $\frac{4}{3}\pi R^3 \Delta R$　　B. $4\pi R^2 \Delta R$　　C. $4\pi R^2$　　D. $4\pi R \Delta R$

二、填空题

1. 设 $f(x)$ 在 x_0 处点可导，则 $\lim\limits_{\Delta x \to 0} \frac{f^3(x_0 + \Delta x) - f^3(x_0)}{\Delta x} =$ ________.

2. 如果抛物线 $y=x^2$ 在点 P 的切线平行于直线 $6x-3y+5=0$,则切点的坐标为__________.

3. 若 $f(x)$ 在 $x=0$ 处可导且 $f(0)=0$,则 $\lim\limits_{x\to 0}\dfrac{f(x)}{2x}=$ __________.

4. 设 $f(x)=\arctan x$,则 $f'(1)=$ __________;$(f(1))'=$ __________.

5. $y=2^x+x^2+\ln 2$,则 $y''=$ __________.

6. $\mathrm{d}(2^{\sin 3x})=2^{\sin 3x}\ln 2\cdot\mathrm{d}$ __________ $=$ __________ $\mathrm{d}(3x)=$ __________ $\mathrm{d}x$.

7. 若 $f(x)$ 是奇函数且 $f'(x_0)=-a\neq 0$,则 $f'(-x_0)=$ __________.

8. 若 $f(x)=\begin{cases}\mathrm{e}^{ax}, & x\leqslant 0\\ b(1-x^2), & x>0\end{cases}$ 处处可导,则 $a=$ ________,$b=$ ________.

9. 若 $f(x)=\mathrm{e}^{-2x}$,则 $f'(\ln x)=$ ________.

10. 曲线 $y=\mathrm{e}^{\frac{1}{x}}$ 在$(1,\mathrm{e})$处的切线方程为________________________.

11. 设函数 $y=y(x)$ 由方程 $\ln(x^2+y)=x^3y+\sin x$ 确定,则 $\left.\dfrac{\mathrm{d}y}{\mathrm{d}x}\right|_{x=0}=$ ____________.

12. 设 $y=y(x)$ 由方程 $\mathrm{e}^y+xy=\mathrm{e}^{\cos x}$ 确定,则曲线 $y(x)$ 在与 y 轴交点处的法线方程为____________.

13. 利用微分作近似计算,$\sqrt[3]{8.12}\approx$ ____________.

14. 设 $f(x)=\dfrac{1-x}{1+x}$,则 $f^{(n)}(x)=$ ____________.

15. 设 $y=\sin x\left(-\dfrac{\pi}{2}<x<\dfrac{\pi}{2}\right)$,$\Delta y=\sin(x+\Delta x)-\sin x$,则当 $\Delta x\to 0$ 时,在点 $x=$ __________ 处,$\Delta y\approx\Delta x$.

16. 若函数 $y=f(x)$ 在 x_0 处的增量 $f(x_0+\Delta x)-f(x_0)=2x_0^2\Delta x+3x_0(\Delta x)^2$,则 $f(x)$ 在 x_0 处的微分 $\mathrm{d}y\,|_{x=x_0}=$ __________,$f'(x_0)=$ __________.

17. $f(x)=\begin{cases}x^k\sin\dfrac{1}{x}, & x\neq 0\\ 0, & x=0\end{cases}$ 的可导区间为$(-\infty,+\infty)$,则 k 取值的范围是__________.

18. 若 $f(x)=\begin{cases}\ln x+2, & x\geqslant 1\\ 2x^2, & x<1\end{cases}$,则 $f'(x)=$ __________.

19. 设 $f(x)$ 在 $x=2$ 处连续,且 $\lim\limits_{x\to 2}\dfrac{f(x)}{x-2}=3$,则 $f'(2)=$ ____________.

20. 若 $f(x)$ 在 $x=0$ 处可导,则 $\lim\limits_{x\to 0}\dfrac{f(\sin 2x)-f(\mathrm{e}^x-1)}{x}=$ __________.

三、计算题

1. 求下列函数 $f(x)$ 的 $f'_{-}(0)$，$f'_{+}(0)$，又 $f'(0)$ 是否存在？

(1) $f(x)=\begin{cases}\dfrac{x}{1-e^{\frac{1}{x}}}, & x\neq 0\\ 0, & x=0\end{cases}$　　(2) $f(x)=x|x|$

2. 设 $f(x)=\begin{cases}\sin x, & x<0\\ x, & x\geqslant 0\end{cases}$，求 $f'(x)$.

3. 设 $f(x)=(x-1)(x-2)\cdots(x-50)$，求 $f'(2)$.

4. 设 $f(x)=(x^2-3x+2)\varphi(x)$，其中 $\varphi(x)$ 在 $x=1$ 处连续，求 $f'(1)$.

5. 求下列函数的导数或微分：

(1) $y=e^{-x^2}\cos 2x$　　(2) $y=\arctan e^x-\ln\sqrt{\dfrac{e^{2x}}{1+e^{2x}}}$

(3) $y=3x^3\arcsin x+(x^2+2)\sqrt{1-x^2}+\log_2 5$　　(4) $y=x^{2^x}$

(5) $xe^y+ye^x=1$，求 $\left.\dfrac{dy}{dx}\right|_{x=0}$

(6) $y=x\sqrt{1+x^2}+\ln(x+\sqrt{1+x^2})$，求 dy

(7) $y=x(\sin x)^{\cos x}$

(8) $y=(1+x)\ln(1+x+\sqrt{2x+x^2})-\sqrt{2x+x^2}$，求 dy

(9) $x^{\frac{1}{y}}=y^{\frac{1}{x}}$，求 $\dfrac{dy}{dx}$

(10) $y=f(\ln x)e^{f(x)}$，其中 $f(x)$ 可微

(11) $y=\sqrt{f^2(x)+g^2(x)}$，其中 $f(x)$ 和 $g(x)$ 均可导，且 $f^2(x)+g^2(x)\neq 0$，求 y'

6. 求下列函数的 n 阶导数：

(1) $y=x\ln x$　　(2) $y=\sin^2 x$　　(3) $y=\dfrac{1}{x^2+x-6}$

7. 若 $f(t)=\lim\limits_{x\to\infty}t\left(1+\dfrac{t}{x}\right)^{tx}$，求 $f'(t)$.

8. 求 arctan1.02 的近似值.

9. 已知函数 $f(x)=\begin{cases}a+bx^2, & x\leqslant 1\\ \dfrac{4}{x}, & x>1\end{cases}$ 在其定义域内处处可导，试求 a,b 的值，并写出 y' 的表达式.

10. 已知 $f(x)$ 为可导的偶函数，且 $\lim\limits_{x\to 0}\dfrac{f(1)-f(1+x)}{2x}=2$，求曲线 $y=f(x)$ 在

$(-1,2)$ 处的切线方程.

11. 设 $xy+e^{y^2}-x=0$,求过该隐函数曲线上点$(1,0)$处的切线方程.

12. 已知曲线 $y=a\sqrt{x}\ (a>0)$ 与曲线 $y=\ln\sqrt{x}$ 在(x_0,y_0)处有公共切线,求:(1) 常数 a 及切点(x_0,y_0);(2) 公共切线的方程.

13. 设周期函数 $f(x)$ 在$(-\infty,+\infty)$内可导,周期为4,又$\lim\limits_{x\to 0}\dfrac{f(1)-f(1-x)}{2x}=-1$,求曲线 $y=f(x)$ 在点$(5,f(5))$处的切线的斜率.

14. 设扇形的圆心角$\alpha=\dfrac{\pi}{3}$,半径$R=100$ cm,如果R不变,α减少$30'$(即$\dfrac{\pi}{360}$弧度),问扇形面积大约改变多少?又如果α不变,R增加1 cm,问扇形的面积大约改变多少?

四、证明题

1. 设 $f(x)=\begin{cases}x^{\alpha}\sin\dfrac{1}{x}, & x\neq 0\\ 0, & x=0\end{cases}$,试证:(1) 当$\alpha>1$时,有$f'(0)=0$;(2) 当$0<\alpha\leqslant 1$时,$f'(0)$不存在.

2. 设函数 $f(x)$ 满足条件 $f(1+x)=af(x)$,且 $f'(0)=b$,其中 a,b 均为非零常数.试证:$f(x)$ 在 $x=1$ 处也可导,且 $f'(1)=ab$.

3. 证明函数 $y=\ln(\sqrt{x+a}+\sqrt{x-a})^2$ 满足方程 $y''+x(y')^3=0$.

4. 当$|x|$很小时,证明下列近似公式:

(1) $e^x\approx 1+x$;　(2)$\sin x\approx x$(x以弧度为单位)

第四章　微分中值定理与导数的应用

上一章讨论了导数和微分的概念及其计算方法.本章将进一步研究作为微分学理论基础的微分学中值定理,它是应用导数研究函数及进行经济分析的依据.

4.1　微分中值定理

第二章已讲到,闭区间上的连续函数必取得最大值和最小值.这是函数在区间上的"整体性质",把这种最大、最小值的概念限制在点 x_0 某邻域的一个"局部"范围内,我们就引出一个新概念:极大值和极小值.

定义 4.1　设函数 $y=f(x)$ 在区间 (a,b) 上有定义,对一点 $x_0\in(a,b)$,如果存在 x_0 的去心邻域 U 使对任一 $x\in U$,有 $f(x)<f(x_0)$ 或 $f(x)>f(x_0)$,则称 $f(x_0)$ 为函数 $f(x)$ 的一个极大值或极小值,统称为极值.取得极值的点 x_0 相应称为极大值点或极小值点,统称为极值点.

如图 4-1-1 中的曲线所对应的函数 $f(x)$ 在 (a,b) 内有两个极大值点 x_2,x_4,三个极小值点 x_1,x_3,x_5.但区间端点 a 和 b 点,由极值定义可知,它们不是函数 $f(x)$ 的极值点.

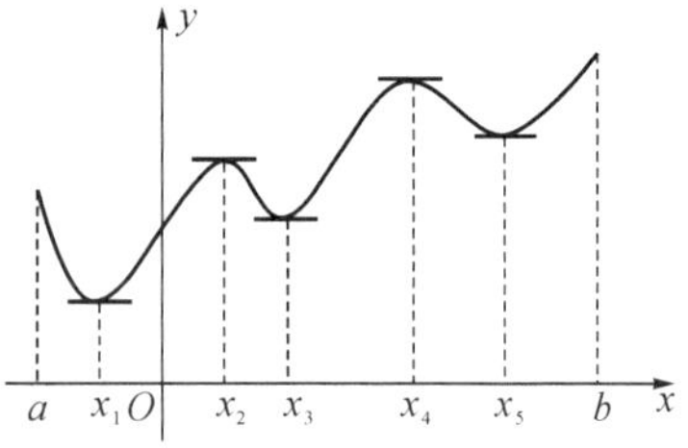

图 4-1-1

由于极值只与函数在一点某个邻域内的函数值有关,因此它是函数 $f(x)$ 的一个局部性质.特别注意的一点是,对同一函数来说,有时它在某一点的极大值可能会小于另一点的极小值.如图 4-1-1 虽然 $f(x_2)$ 是 $f(x)$ 的极大值,$f(x_5)$ 是 $f(x)$ 的极小值,但是

$$f(x_2)<f(x_5),$$

在图 4-1-1 中还可以看到,在可导函数取得极值的地方,曲线的切线是水平的.这一事实对应于下述费尔马定理.

定理 4.1(费尔马定理)　如果函数 $f(x)$ 在点 x_0 可导,且取得极值,则 $f'(x_0)=0$.

证　设 x_0 是 $f(x)$ 的极小值点,故存在 $\delta>0$,当 $0<|x-x_0|<\delta$ 时,有 $f(x)-f(x_0)>0$.

当 $0<\Delta x<\delta$ 时，$f(x_0+\Delta x)-f(x_0)>0$，从而有

$$f'_{+}(x_0)=\lim_{\Delta x\to 0^{+}}\frac{f(x_0+\Delta x)-f(x_0)}{\Delta x}\geqslant 0,$$

而当 $-\delta<\Delta x<0$ 时，$f(x_0+\Delta x)-f(x_0)>0$，故有

$$f'_{-}(x_0)=\lim_{\Delta x\to 0^{-}}\frac{f(x_0+\Delta x)-f(x_0)}{\Delta x}\leqslant 0,$$

但 $f(x)$ 在点 x_0 可导，则有

$$0\leqslant f'_{+}(x_0)=f'(x_0)=f'_{-}(x_0)\leqslant 0,$$

因此定有 $f'(x_0)=0$. 证毕.

对于极大值点证明类似.

通常使 $f'(x_0)=0$ 的点称为函数 $f(x)$ 的**驻点**. 此定理说明**可导函数的极值点必为驻点**.

例如函数 $y=x^2$ 在点 $x=0$ 取得极小值，并有 $y'(0)=0$，即 $x=0$ 点也是 $y=x^2$ 的一个驻点. 但是注意，驻点未必是极值点. 例如函数 $f(x)=x^3$ 在 $x=0$ 处，$f'(0)=0$，但 $x=0$ 点不是它的极值点. 关于在什么条件下函数必定取得极值，解决这一问题我们首先需研究微分中值定理，而对极值的判定，我们将在 4.3 节再做讨论.

微分中值定理由特例到一般可分三种情况，分别用罗尔定理、拉格朗日中值定理、柯西中值定理来描述，下面逐个加以讨论.

4.1.1　罗尔定理

定理 4.2(罗尔定理)　若函数 $f(x)$ 在闭区间 $[a,b]$ 上连续，而在开区间 (a,b) 内可导，且在区间端点取得等值(即 $f(a)=f(b)$)，则在区间 (a,b) 内至少存在一点 ξ，使得

$$f'(\xi)=0.$$

证　由连续函数的性质知 $f(x)$ 在闭区间 $[a,b]$ 上有最大值 M 和最小值 m，

如果 $M=m$，则 $f(x)$ 在 $[a,b]$ 上为常值函数，于是在 (a,b) 内每一点都有 $f'(x)=0$，结论得证.

如果 $M\neq m$，由 $f(a)=f(b)$ 可知，最大值 M 和最小值 m 至少有一个值应在开区间 (a,b) 内取得，即至少存在一点 $\xi\in(a,b)$，使 $f(\xi)=M$，或 $f(\xi)=m$，从而 ξ 是 $f(x)$ 的极值点. ①由条件可知 ξ 点可导，再由定理 4.1 得出 $f'(\xi)=0$.

总之，在区间 (a,b) 内至少存在一点 ξ，使得 $f'(\xi)=0$. 证毕.

罗尔定理的几何意义：在处处都有切线(非铅直切线)的曲线 AB 上，如果 A、B 两点

---

① 更精确点说，ξ 也可能不是极值点，若存在 ξ 的某一个邻域内都有 $f(x)\equiv f(\xi)$，那么这时显然 $f'(\xi)=0$.

的纵坐标相同(如图 4-1-2 所示),则在曲线 AB 上必有一点 C,使曲线在该点的切线为水平. 这样的点可能不止一点,例如,图 4-1-2 中 D 点也是.

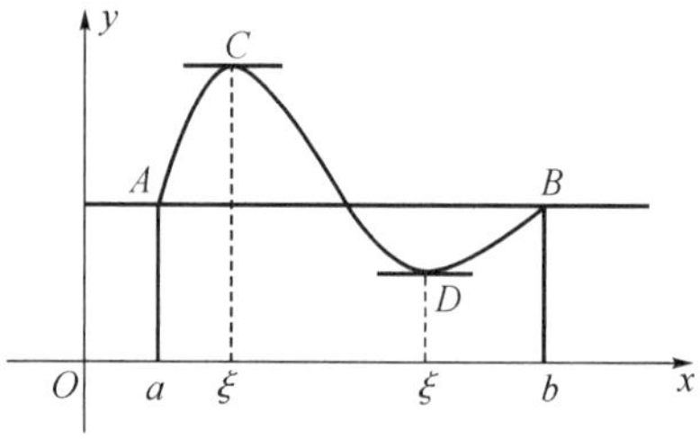

图 4-1-2

例 1 设函数 $f(x) = x^3 + 4x^2 - 7x - 10$, 验证 $f(x)$ 在区间 $[-1,2]$ 上满足罗尔定理,并求出满足 $f'(\xi) = 0$ 的 ξ.

解 因 $f(x) = x^3 + 4x^2 - 7x - 10$ 是初等函数,所以在 $(-\infty, +\infty)$ 上连续,并知它在$(-\infty, +\infty)$ 也是可导的,故它在 $[-1,2]$ 上连续,在 $(-1,2)$ 内可导.

容易验证: $f(-1) = f(2) = 0$, 因此 $f(x)$ 在区间 $[-1,2]$ 上满足罗尔定理.
而 $f'(x) = 3x^2 + 8x - 7$,
令 $f'(x) = 0$, 即 $3x^2 + 8x - 7 = 0$, 解得

$$x_1 = \frac{-4 + \sqrt{37}}{3}, \quad x_2 = \frac{-4 - \sqrt{37}}{3}$$

因 $x_2 \notin (-1,2)$ 应舍去,而 $x_1 \in (-1,2)$,

故可取 $\xi = x_1 = \dfrac{-4 + \sqrt{37}}{3}$, 就有 $f'(\xi) = 0$.

对于罗尔定理中的三个条件再作一点说明. 定理中的三个条件是充分而非必要的. 即满足条件则定理的结论一定成立;但若不完全满足条件的话,则定理的结论可能成立,也可能不成立.

例 2 $f(x) = x, x \in [0,1]$.

解 显然 $f(x)$ 在 $[0,1]$ 上连续, 在$(0,1)$ 内可导,但 $f(0) \neq f(1)$,也显然在 $(0,1)$ 没有水平切线.

例 3 设 $f(x) = \begin{cases} x^2, & x \in [-\sqrt{2}, 1) \\ 2, & x = 1 \end{cases}$.

解 显然 $f(x)$ 在点 $x = 1$ 不连续,即在 $[-\sqrt{2}, 1]$ 不连续,故不满足罗尔定理条件. 但函数 $f(x)$ 在点 $x = 0$ 有水平切线.

例 4 设函数 $f(x)$ 与 $g(x)$ 都在$[a,b]$ 上连续, 在(a,b) 内可导, 且 $g(x) \neq 0$, $f(a)g(b) = g(a)f(b)$. 试证至少存在一点 $\xi \in (a,b)$,使 $f'(\xi)g(\xi) = f(\xi)g'(\xi)$.

证　设 $F(x)=\dfrac{f(x)}{g(x)}$，$x\in[a,b]$．由题意知 $F(x)$ 在 $[a,b]$ 上连续，在 (a,b) 内可导，由于 $f(a)g(b)=g(a)f(b)$，可得 $\dfrac{f(a)}{g(a)}=\dfrac{f(b)}{g(b)}$，即 $F(a)=F(b)$，从而 $F(x)$ 在 $[a,b]$ 上满足罗尔定理，故至少存在一点 $\xi\in(a,b)$，使 $F'(\xi)=0$，即

$$\frac{f'(\xi)g(\xi)-f(\xi)g'(\xi)}{g^2(\xi)}=0,$$

即有 $f'(\xi)g(\xi)=f(\xi)g'(\xi)$．

例 5　设函数 $f(x)$ 在 $[0,1]$ 上连续，在 $(0,1)$ 上可导，且 $f(0)=1$，$f(1)=0$．证明在 $(0,1)$ 内至少存在一点 ξ，使 $f'(\xi)=-\dfrac{1}{\xi}f(\xi)$．

证　设 $F(x)=xf(x)$，$x\in[0,1]$．由题意知 $F(x)$ 在 $[0,1]$ 上连续，在 $(0,1)$ 内可导，由于 $F(0)=F(1)=0$，从而 $F(x)$ 在 $[0,1]$ 上满足罗尔定理，故至少存在一点 $\xi\in(0,1)$，使 $F'(\xi)=0$，即

$$\xi f'(\xi)+f(\xi)=0,$$

即有 $f'(\xi)=-\dfrac{1}{\xi}f(\xi)$．

例 6　已知 $f(x)$ 在 $[0,1]$ 上连续，$(0,1)$ 内可导，$f(0)=f(1)=0$，证明在 $(0,1)$ 内必存在一点 ξ，使 $f'(\xi)+f(\xi)=0$．

证　设 $F(x)=\mathrm{e}^x f(x)$，$x\in[0,1]$．由题意知 $F(x)$ 在 $[0,1]$ 上连续，在 $(0,1)$ 内可导，由于 $F(0)=F(1)=0$，从而 $F(x)$ 在 $[0,1]$ 上满足罗尔定理，故至少存在一点 $\xi\in(0,1)$，使 $F'(\xi)=0$，即

$$\mathrm{e}^\xi[f'(\xi)+f(\xi)]=0,$$

即有 $f'(\xi)+f(\xi)=0$．

注意：根据题意构造辅助函数 $F(x)$ 是解决有关中值定理证明题的常用方法，常见的辅助函数有以下几种：

(1) 要证存在 ξ，使 $f'(\xi)=k$（常数），可令 $F(x)=f(x)-kx$，则 $F'(x)=f'(x)-k$；

(2) 要证存在 ξ，使 $f'(\xi)g(\xi)-f(\xi)g'(\xi)=0$ 或 $f'(\xi)g(\xi)+f(\xi)g'(\xi)=0$，

可令 $F(x)=\dfrac{f(x)}{g(x)}$ 或 $F(x)=f(x)g(x)$；

(3) 要证存在 ξ，使　$\xi f'(\xi)+f(\xi)=0$，

可令 $F(x)=xf(x)$；

(4) 要证存在 ξ，使 $f'(\xi)+\lambda f(\xi)=0$，

可令 $F(x)=\mathrm{e}^{\lambda x}f(x)$．

4.1.2 拉格朗日中值定理

定理 4.3(拉格朗日中值定理) 若函数 $f(x)$ 在闭区间 $[a,b]$ 上连续，而在开区间 (a,b) 内可导，则在区间 (a,b) 内至少存在一点 ξ，使得

$$f'(\xi)=\frac{f(b)-f(a)}{b-a}.$$

在证明此定理之前，我们不难发现，在拉格朗日中值定理中，当 $f(a)=f(b)$ 时，有 $f'(\xi)=0$. 可见，罗尔定理是拉格朗日中值定理的特例. 因此证明定理 4.3 的基本思路是构造一个辅助函数，使其符合罗尔定理的条件而得以证明.

证 作辅助函数

$$\varphi(x)=f(x)-\frac{f(b)-f(a)}{b-a}x,$$

容易验证

$$\varphi(a)=\varphi(b)=\frac{bf(a)-af(b)}{b-a}.$$

由于 $f(x)$ 在闭区间 $[a,b]$ 上连续，在开区间 (a,b) 内可导，故有 $\varphi(x)$ 在 $[a,b]$ 上连续，在 (a,b) 内可导，因此 $\varphi(x)$ 满足罗尔定理的全部条件，则在区间 (a,b) 内至少存在一点 ξ，使得 $\varphi'(\xi)=0$，即

$$f'(\xi)-\frac{f(b)-f(a)}{b-a}=0,$$

于是得

$$f'(\xi)=\frac{f(b)-f(a)}{b-a}.$$

证毕.

拉格朗日中值定理的几何意义是：在处处有非铅直切线的曲线 AB 上，割线 AB 的斜率为 $\frac{f(b)-f(a)}{b-a}$，我们可以平移割线段 AB 至曲线 AB 上某一点(可能不止一点)与曲线相切. 如图 4-1-3 中的点 C 或点 D.

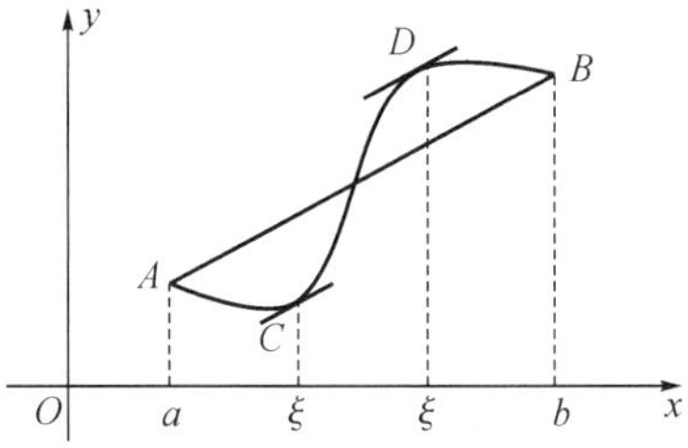

图 4-1-3

若对区间 $[x,x+\Delta x]$(当 $\Delta x>0$) 或区间 $[x+\Delta x,x]$(当 $\Delta x<0$) 应用定理 4.3 得

$$f(x+\Delta x)-f(x)=f'(\xi)\Delta x \qquad \xi=x+\theta\Delta x,\ 0<\theta<1.$$

这一式子将自变量和函数的改变量与导数的值联系在一起.在许多论证中有广泛的应用.

推论 1　设函数 $f(x)$ 在开区间(a,b) 内可导,且 $f'(x)\equiv 0$,则在(a,b) 上 $f(x)$ 为常值函数.

证　在区间(a,b) 内任取两点 x_1,x_2(不妨设 $x_1<x_2$).由题设可得 $f(x)$ 在$[x_1,x_2]$上连续,在(x_1,x_2) 内可导.由拉格朗日中值定理得,在(x_1,x_2) 至少存在一点 ξ,使得

$$f(x_2)-f(x_1)=f'(\xi)(x_2-x_1).$$

已知 $f'(x)\equiv 0$,得 $f'(\xi)=0$,因此有 $f(x_2)=f(x_1)$.

又因 x_1,x_2 是任意的,故在 (a,b) 上 $f(x)$ 为常值函数.证毕.

推论 2　如果 $f(x)$ 与 $g(x)$ 在(a,b) 内每一点的导数相等,即 $f'(x)=g'(x)$,那么这两个函数在区间 (a,b) 内最多相差一个常数.

证　设 $\varphi(x)=f(x)-g(x)$,

因　$f'(x)=g'(x),x\in(a,b)$

故　$\varphi'(x)=0,x\in(a,b)$. 由推论 1 可知

$$\varphi(x)=C,x\in(a,b),$$

即
$$f(x)-g(x)=C.$$

证毕.

用推论 1 我们可以证明一些恒等式.

例 7　证明:当 $|x|<1$ 时,有 $\arctan\sqrt{\dfrac{1-x}{1+x}}+\dfrac{1}{2}\arcsin x=\dfrac{\pi}{4}$.

证　设 $f(x)=\arctan\sqrt{\dfrac{1-x}{1+x}}+\dfrac{1}{2}\arcsin x$,

下面只需证明两点:(1) $f(x)$ 是一个常值 C;(2) 常值 $C=\dfrac{\pi}{4}$.

首先证明 $f(x)$ 是一个常值函数.

因 $$f'(x)=\frac{1}{1+\dfrac{1-x}{1+x}}\cdot\frac{1}{2\sqrt{\dfrac{1-x}{1+x}}}\cdot\frac{-2}{(1+x)^2}+\frac{1}{2\sqrt{1-x^2}}$$

$$=-\frac{1}{2\sqrt{1-x^2}}+\frac{1}{2\sqrt{1-x^2}}=0,$$

所以当$|x|<1$ 时,由推论 1 得 $f(x)\equiv C$,即

$$\arctan\sqrt{\frac{1-x}{1+x}}+\frac{1}{2}\arcsin x\equiv C,\quad -1<x<1.$$

在上式中，令 $x=0$，有 $\arctan 1+0=C$，即 $C=\frac{\pi}{4}$，
于是当 $|x|<1$ 时，有

$$\arctan\sqrt{\frac{1-x}{1+x}}+\frac{1}{2}\arcsin x=\frac{\pi}{4}.$$

用拉格朗日中值定理还可以证明一些重要的不等式.

例 8 证明：$|\sin x-\sin y|\leqslant|x-y|$.

证 对于任意 x,y（设 $x>y$），函数 $\sin t$ 在区间 $[y,x]$ 上满足拉格朗日中值定理的条件，故存在 $\xi\in(y,x)$，有

$$\sin x-\sin y=\cos\xi\cdot(x-y).$$

取绝对值，并注意到 $|\cos\xi|\leqslant 1$ 故有

$$|\sin x-\sin y|=|\cos\xi||x-y|\leqslant|x-y|.$$

把拉格朗日中值定理再推广，就是下面所介绍的柯西中值定理.

4.1.3 柯西中值定理

定理 4.4(柯西中值定理) 若 $f(x)$ 与 $g(x)$ 在闭区间 $[a,b]$ 上连续，而在开区间 (a,b) 内可导，$g'(x)$ 在 (a,b) 内均不为零，则在开区间 (a,b) 内至少有一点 ξ，使得等式

$$\frac{f(b)-f(a)}{g(b)-g(a)}=\frac{f'(\xi)}{g'(\xi)}$$

成立.

证 对于函数 $g(x)$ 由拉格朗日中值定理有，

$$g(b)-g(a)=g'(x_0)(b-a),\quad a<x_0<b,$$

因 $g'(x)\neq 0$，$a<x<b$，则有 $g(b)-g(a)\neq 0$.

作辅助函数 $\varphi(x)=[g(b)-g(a)]f(x)-[f(b)-f(a)]g(x)$，
显然 $\varphi(x)$ 满足罗尔定理的全部条件，则在 (a,b) 内至少有一点 ξ，使得 $\varphi'(\xi)=0$，即有

$$\varphi'(\xi)=[g(b)-g(a)]f'(\xi)-[f(b)-f(a)]g'(\xi)=0,$$

于是

$$\frac{f(b)-f(a)}{g(b)-g(a)}=\frac{f'(\xi)}{g'(\xi)},$$

这就证明了柯西中值定理.

在柯西中值定理中取 $g(x)=x$ 即得拉格朗日中值定理，可见拉格朗日中值定理是柯西中值定理的特例.

例 9 验证函数 $f(x)=x^3$ 及 $g(x)=x^2+1$ 在区间 $[1,2]$ 上满足柯西中值定理. 并求定理中的 ξ 值.

解 显然 $f(x)$ 与 $g(x)$ 在闭区间 $[1,2]$ 上连续，开区间 $(1,2)$ 内可导，及 $g'(x)=2x$

$\neq 0, x \in (1,2)$.

计算 $f(1)=1, f(2)=8; g(1)=2, g(2)=5, f'(x)=3x^2, g'(x)=2x$.
由柯西中值定理有

$$\frac{f(2)-f(1)}{g(2)-g(1)}=\frac{3\xi^2}{2\xi},\ 1<\xi<2,$$

解出 $\xi=\frac{14}{9}\in(1,2)$，故可取 $\xi=\frac{14}{9}$，使得

$$\frac{f(2)-f(1)}{g(2)-g(1)}=\frac{f'(\xi)}{g'(\xi)}$$

成立.

习题　4.1

1. 下列函数在给定区间上是否满足罗尔定理的条件?如果满足,求出定理中的 ξ.

(1) $f(x)=\ln\sin x, \left[\frac{\pi}{6},\frac{5\pi}{6}\right]$

(2) $f(x)=\frac{3}{1+x^2}$, $[-2, 2]$

(3) $f(x)=x^3-3x$, $[0, \sqrt{3}]$

2. 下列函数在给定区间上是否满足拉格朗日中值定理的条件?如满足求出定理中的 ξ.

(1) $f(x)=\arctan x$, $[0, 1]$

(2) $f(x)=\ln x$, $[1, \mathrm{e}]$

3. 不求出函数 $f(x)=(x-1)(x-2)(x-3)(x-4)$ 的导数,说明方程 $f'(x)=0$ 有几个实根,并指出它们所在的区间.

4. 证明恒等式：$\arctan x+\arctan\frac{1}{x}=\frac{\pi}{2}(x>0)$.

5. 试用微分中值定理证明:若 $0<b<a$,则 $\frac{a-b}{a}<\ln a-\ln b<\frac{a-b}{b}$.

6. 已知 $f(x)$ 在 $[0,1]$ 上连续,$(0,1)$ 内可导,$f(0)=f(1)=0$，证明在 $(0,1)$ 内必存在一点 ξ,使 $f'(\xi)=f(\xi)$.

7. 设 $f(x)$ 在 $[a,b]$ 上连续,(a,b) 内可导,证明至少存在一点 $\xi\in(a,b)$,使

$$\frac{bf(b)-af(a)}{b-a}=f(\xi)+\xi f'(\xi).$$

8. 已知 $f(x)$ 在 $[a,b]$ 上二阶可导,$f(a)=f(b)=0$，设 $F(x)=(x-a)^2f(x)$，证明:存在 $\xi\in(a,b)$,使 $F''(\xi)=0$.

4.2 洛必达法则

通过第二章的学习,可以看到,极限的计算问题是十分重要的,而在求极限问题中常遇到两个无穷小或两个无穷大之比等形式的极限,这些极限往往很复杂.例如,当 $x \to 0$ 时,x^2 与 x^3 都是无穷小.这样下列两个分式

$$\frac{x^2}{x^3},\ \frac{x^3}{x^2}$$

均是无穷小量之比,但在 $x \to 0$ 的过程中,它们的趋势不相同:

$$\lim_{x\to 0}\frac{x^2}{x^3} = \lim_{x\to 0}\frac{1}{x} = \infty,$$

$$\lim_{x\to 0}\frac{x^3}{x^2} = \lim_{x\to 0}x = 0.$$

由此看来,我们不能对某一些极限作出一般性的结论,通常称这类极限为“不定式”.我们常遇到的极限不定式有:$\frac{0}{0}$(表示两个无穷小之比),$\frac{\infty}{\infty}$(表示两个无穷大之比),$\infty - \infty$ 表示两个无穷大之差),$0 \cdot \infty$(无穷小与无穷大之积)等.虽然这些极限类型在第二章已经给出了一些有效的方法,现在我们利用柯西中值定理导出一种新的、强有力的解决方法,即洛必达法则.

4.2.1 $\frac{0}{0}$ 型

定理 4.5(洛必达法则 Ⅰ) 如果函数 $f(x)$ 与 $g(x)$ 满足如下三个条件:

(1) 函数 $f(x)$ 与 $g(x)$ 在 $x = a$ 点连续且函数 $f(a) = g(a) = 0$;

(2) 在点 a 的某一去心邻域内 $f'(x)$, $g'(x)$ 存在,且 $g'(x) \neq 0$;

(3) $\lim\limits_{x\to a}\frac{f'(x)}{g'(x)}$ 存在或为 ∞;

则极限

$$\lim_{x\to a}\frac{f(x)}{g(x)} = \lim_{x\to a}\frac{f'(x)}{g'(x)}.$$

证 设 x 为该邻域内的一点,由已知条件得,$f(x)$ 与 $g(x)$ 在以 a 及 x 为端点的闭区间上都是连续,在以 a 及 x 为端点的开区间内可导.根据柯西中值定理,得到

$$\frac{f(x)}{g(x)} = \frac{f(x) - f(a)}{g(x) - g(a)} = \frac{f'(\xi)}{g'(\xi)},\quad \xi \text{ 介于 } a \text{ 与 } x \text{ 之间}.$$

对于上式两端令 $x \to a$ 取极限,并当 $x \to a$ 时,$\xi \to a$,

故得

$$\lim_{x\to a}\frac{f(x)}{g(x)} = \lim_{\xi\to a}\frac{f'(\xi)}{g'(\xi)} = \lim_{x\to a}\frac{f'(x)}{g'(x)}.$$

洛必达法则 Ⅰ 得证.

注意：若把洛必达法则 Ⅰ 中的第一个条件改为 $\lim\limits_{x\to a}f(x)=\lim\limits_{x\to a}g(x)=0$，结论同样成立.

洛必达法则 Ⅰ 的意义在于，当定理条件满足时，将求“$\frac{0}{0}$”型的不定式 $\frac{f(x)}{g(x)}$ 的极限转化为 $\frac{f'(x)}{g'(x)}$ 的极限. 如果 $\frac{f'(x)}{g'(x)}$ 仍是“$\frac{0}{0}$”型且满足条件，则可以继续应用洛必达法则，即

$$\lim_{x\to a}\frac{f(x)}{g(x)}=\lim_{x\to a}\frac{f'(x)}{g'(x)}=\lim_{x\to a}\frac{f''(x)}{g''(x)}.$$

注意：其中的极限过程 $x\to a$ 换为 $x\to\infty$，$x\to+\infty$，$x\to-\infty$，$x\to a^-$，$x\to a^+$ 中的任何一个，结论也成立.

例 1　求 $\lim\limits_{x\to 0}\frac{\cos x+2x-1}{3x}$.

解　因上述极限为两个无穷小之比，即 $\frac{0}{0}$，

故用洛必达法则

$$\lim_{x\to 0}\frac{\cos x+2x-1}{3x}=\lim_{x\to 0}\frac{-\sin x+2}{3}=\frac{2}{3}.$$

例 2　求 $\lim\limits_{x\to 1}\frac{x^3-3x+2}{x^3-x^2-x+1}$.

解　此为 $\frac{0}{0}$，故

$$\lim_{x\to 1}\frac{x^3-3x+2}{x^3-x^2-x+1}=\lim_{x\to 1}\frac{3x^2-3}{3x^2-2x-1}\quad\left(\text{仍为}\frac{0}{0}\right)$$

$$=\lim_{x\to 1}\frac{6x}{6x-2}=\frac{3}{2}.$$

运用洛必达法则时，必须逐步考察是否满足定理的条件，否则会导致错误出现. 如在例 2 中比式 $\frac{6x}{6x-2}$，当 $x\to 1$ 时已不是 $\frac{0}{0}$ 型，因此不能继续用洛必达法则，否则将出现错误.

例 3　求 $\lim\limits_{x\to 0}\frac{e^x-\sin x-1}{1-\sqrt{1-x^2}}$.

解　$\lim\limits_{x\to 0}\frac{e^x-\sin x-1}{1-\sqrt{1-x^2}}=\lim\limits_{x\to 0}\frac{(e^x-\sin x-1)(1+\sqrt{1-x^2})}{x^2}$

$$=\lim_{x\to 0}\frac{(e^x-\sin x-1)}{x^2}\lim_{x\to 0}(1+\sqrt{1-x^2})$$

$$= 2\lim_{x\to 0}\frac{e^x - \sin x - 1}{x^2}$$

$$\overset{\frac{0}{0}}{=} 2\lim_{x\to 0}\frac{e^x - \cos x}{2x} = \lim_{x\to 0}\frac{e^x - \cos x}{x}$$

$$\overset{\frac{0}{0}}{=} \lim_{x\to 0}(e^x + \sin x) = 1.$$

例 4 求 $\lim\limits_{x\to 0}\dfrac{1-\cos x^2}{x^2\sin x^2}$.

解 这是 $\dfrac{0}{0}$ 型,先作变量代换 $t = x^2$, 则

$$\text{原式} = \lim_{t\to 0}\frac{1-\cos t}{t\sin t} = \lim_{t\to 0}\frac{1-\cos t}{t^2}$$

$$\overset{\frac{0}{0}}{=} \lim_{t\to 0}\frac{\sin t}{2t} = \frac{1}{2}.$$

在运用洛必达法则求极限过程中,应注意根据题目特点,结合运用变量替换、有理化、重要极限等,使过程简化.

例 5 求 $\lim\limits_{x\to 0}\dfrac{x^2\sin\frac{1}{x}}{\sin x}$.

解 此式是 $\dfrac{0}{0}$ 型,用洛必达法则

$$\text{原式} = \lim_{x\to 0}\frac{\left(x^2\sin\frac{1}{x}\right)'}{(\sin x)'} = \lim_{x\to 0}\frac{2x\sin\frac{1}{x} + x^2\cos\frac{1}{x}\left(-\frac{1}{x^2}\right)}{\cos x}$$

$$= \lim_{x\to 0}\frac{2x\sin\frac{1}{x} - \cos\frac{1}{x}}{\cos x},$$

上式不存在极限也非无穷大,因而洛必达法则失效.该极限是否存在?事实上经过适当变换后仍能求得它的极限.

$$\lim_{x\to 0}\frac{x^2\sin\frac{1}{x}}{\sin x} = \lim_{x\to 0}\frac{x}{\sin x}\cdot x\sin\frac{1}{x} = 1\times 0 = 0.$$

4.2.2 $\dfrac{\infty}{\infty}$ 型

定理 4.6 (洛必达法则 Ⅱ) 如果函数 $f(x)$ 与 $g(x)$ 满足如下三个条件:

(1) $\lim\limits_{x\to a}f(x) = \lim\limits_{x\to a}g(x) = \infty$;

(2) 在点 a 的某一去心邻域内 $f'(x)$，$g'(x)$ 存在，且 $g'(x)\neq 0$；

(3) $\lim\limits_{x\to a}\dfrac{f'(x)}{g'(x)}$ 存在或为 ∞.

则极限
$$\lim_{x\to a}\frac{f(x)}{g(x)}=\lim_{x\to a}\frac{f'(x)}{g'(x)}.$$

(证明略).

与定理 4.5 类似，对于 $x\to a$ 可换为 $x\to\infty$，$x\to+\infty$，$x\to-\infty$，$x\to a^-$，$x\to a^+$ 中的任何一个，结论也成立.

例 6　求 $\lim\limits_{x\to+\infty}\dfrac{\sqrt{x}}{\ln x}$.

解
$$\lim_{x\to+\infty}\frac{\sqrt{x}}{\ln x}\overset{\frac{\infty}{\infty}}{=}\lim_{x\to+\infty}\frac{\frac{1}{2\sqrt{x}}}{\frac{1}{x}}=\lim_{x\to+\infty}\frac{\sqrt{x}}{2}=\infty.$$

例 7　求 $\lim\limits_{x\to+\infty}\dfrac{x^4}{e^x}$.

解
$$\lim_{x\to+\infty}\frac{x^4}{e^x}\overset{\frac{\infty}{\infty}}{=}\lim_{x\to+\infty}\frac{4x^3}{e^x}\overset{\frac{\infty}{\infty}}{=}\lim_{x\to+\infty}\frac{12x^2}{e^x}$$
$$\overset{\frac{\infty}{\infty}}{=}\lim_{x\to+\infty}\frac{24x}{e^x}\overset{\frac{\infty}{\infty}}{=}\lim_{x\to+\infty}\frac{24}{e^x}=0.$$

例 8　求 $\lim\limits_{x\to 0^+}\dfrac{\ln\sin 2x}{\ln\sin 3x}$.

解
$$\lim_{x\to 0^+}\frac{\ln\sin 2x}{\ln\sin 3x}\overset{\frac{\infty}{\infty}}{=}\lim_{x\to 0^+}\frac{\frac{\cos 2x}{\sin 2x}\cdot 2}{\frac{\cos 3x}{\sin 3x}\cdot 3}=\frac{2}{3}\lim_{x\to 0^+}\frac{\cos 2x}{\cos 3x}\cdot\frac{\sin 3x}{\sin 2x}$$
$$=\frac{2}{3}\lim_{x\to 0^+}\frac{\cos 2x}{\cos 3x}\cdot\lim_{x\to 0^+}\frac{\sin 3x}{\sin 2x}=\frac{2}{3}\lim_{x\to 0^+}\frac{\sin 3x}{\sin 2x}$$
$$\overset{\frac{0}{0}}{=}\frac{2}{3}\lim_{x\to 0^+}\frac{3\cos 3x}{2\cos 2x}=\frac{2}{3}\times\frac{3}{2}=1.$$

上题说明在采用洛必达法则之前，先将式子加以化简，这样可以大大减少计算量.

例 9　求 $\lim\limits_{x\to\frac{\pi}{2}}\dfrac{\sec x}{\tan x}$.

解
$$\lim_{x\to\frac{\pi}{2}}\frac{\sec x}{\tan x}\overset{\frac{\infty}{\infty}}{=}\lim_{x\to\frac{\pi}{2}}\frac{\sec x\cdot\tan x}{\sec^2 x}\overset{\frac{\infty}{\infty}}{=}\lim_{x\to\frac{\pi}{2}}\frac{\tan x}{\sec x}\overset{\frac{\infty}{\infty}}{=}\lim_{x\to\frac{\pi}{2}}\frac{\sec^2 x}{\sec x\cdot\tan x}=\lim_{x\to\frac{\pi}{2}}\frac{\sec x}{\tan x}=\cdots,$$

因此用洛必达法则不能计算出极限，事实上只要将原式化简就可得

$$\lim_{x\to\frac{\pi}{2}}\frac{\sec x}{\tan x}=\lim_{x\to\frac{\pi}{2}}\frac{\frac{1}{\cos x}}{\frac{\sin x}{\cos x}}=\lim_{x\to\frac{\pi}{2}}\frac{1}{\sin x}=1.$$

我们说洛必达法则是解决 $\frac{0}{0}$ 型与 $\frac{\infty}{\infty}$ 型不定式非常有效的方法，但从例 5 和例 9 可看到洛必达法则也不是万能的.

4.2.3 其他类型的不定式

除了 $\frac{0}{0}$ 型与 $\frac{\infty}{\infty}$ 型的不定式外还有 $0\cdot\infty$，$\infty-\infty$，0^0，1^∞ 和 ∞^0 等类型的不定式. 这些不定式计算极限的方法是先把它们化为 $\frac{0}{0}$ 型或 $\frac{\infty}{\infty}$ 型，然后再用洛必达法则 Ⅰ 或 Ⅱ.

$0\cdot\infty$ 型

设在某一变化过程中，$f(x)\to 0, g(x)\to\infty$ 则

$$f(x)\cdot g(x)=\frac{f(x)}{\frac{1}{g(x)}}\qquad\left(\frac{0}{0}\right)$$

$$=\frac{g(x)}{\frac{1}{f(x)}}\qquad\left(\frac{\infty}{\infty}\right)$$

例 10 求 $\lim\limits_{x\to 0^+}x^2\ln x$.

解 此式为 $0\cdot\infty$ 型

原式 $=\lim\limits_{x\to 0^+}\frac{\ln x}{\frac{1}{x^2}}\overset{\frac{\infty}{\infty}}{=}\lim\limits_{x\to 0^+}\frac{\frac{1}{x}}{-\frac{2}{x^3}}=\lim\limits_{x\to 0^+}-\frac{x^2}{2}=0.$

例 11 求 $\lim\limits_{x\to\frac{\pi}{2}}(\pi-2x)\tan x$.

解 此式为 $0\cdot\infty$ 型

原式 $=\lim\limits_{x\to\frac{\pi}{2}}\frac{(\pi-2x)}{\cot x}\overset{\frac{0}{0}}{=}\lim\limits_{x\to\frac{\pi}{2}}\frac{-2}{-\csc^2 x}$

$=\lim\limits_{x\to\frac{\pi}{2}}2\sin^2 x=2.$

例 12 求 $\lim\limits_{x\to\infty}\left[x^2\left(1-x\cdot\sin\frac{1}{x}\right)\right]$.

解　此式为 $0\cdot\infty$ 型

原式 $=\lim\limits_{x\to\infty}\dfrac{1-x\cdot\sin\dfrac{1}{x}}{\dfrac{1}{x^2}}$，这是 $\dfrac{0}{0}$ 型，先作变量代换 $t=\dfrac{1}{x}$，则

$$原式=\lim_{t\to 0}\frac{1-\dfrac{\sin t}{t}}{t^2}=\lim_{t\to 0}\frac{t-\sin t}{t^3}$$

$$\overset{\frac{0}{0}}{=}\lim_{t\to 0}\frac{1-\cos t}{3t^2}\overset{\frac{0}{0}}{=}\lim_{t\to 0}\frac{\sin t}{6t}=\frac{1}{6}.$$

$\infty-\infty$ 型

设在某一变化过程中，$f(x)\to\infty, g(x)\to\infty$ 则

$$f(x)-g(x)=\frac{1}{\dfrac{1}{f(x)}}-\frac{1}{\dfrac{1}{g(x)}}$$

$$=\frac{\dfrac{1}{g(x)}-\dfrac{1}{f(x)}}{\dfrac{1}{f(x)}\cdot\dfrac{1}{g(x)}}\qquad\left(\frac{0}{0}\right)$$

在实际计算中，有时可不采用上述步骤，只需经过通分就可化为 $\dfrac{0}{0}$ 型.

例 13　求 $\lim\limits_{x\to 0}\left(\dfrac{1}{x}-\dfrac{1}{e^x-1}\right)$.

解　此式为 $\infty-\infty$ 型，经过通分得

$$原式=\lim_{x\to 0}\frac{e^x-1-x}{x(e^x-1)}\overset{\frac{0}{0}}{=}\lim_{x\to 0}\frac{e^x-1}{e^x-1+xe^x}$$

$$\overset{\frac{0}{0}}{=}\lim_{x\to 0}\frac{e^x}{e^x+e^x+xe^x}=\lim_{x\to 0}\frac{1}{2+x}=\frac{1}{2}.$$

例 14　求 $\lim\limits_{x\to 0}\left(\dfrac{1+x}{1-e^{-x}}-\dfrac{1}{x}\right)$.

解　此式为 $\infty-\infty$ 型

$$原式=\lim_{x\to 0}\frac{x+x^2-1+e^{-x}}{x(1-e^{-x})}=\lim_{x\to 0}\frac{x+x^2-1+e^{-x}}{x^2}$$

$$\overset{\frac{0}{0}}{=}\lim_{x\to 0}\frac{1+2x-e^{-x}}{2x}\overset{\frac{0}{0}}{=}\lim_{x\to 0}\frac{2+e^{-x}}{2}=\frac{3}{2}\ .$$

例 15　求 $\lim\limits_{x\to\infty}\left[x-x^2\ln\left(1+\dfrac{1}{x}\right)\right]$.

解 因$\lim\limits_{x\to\infty}x^2\ln\left(1+\dfrac{1}{x}\right)\overset{0\cdot\infty}{=}\lim\limits_{x\to\infty}\dfrac{\ln\left(1+\dfrac{1}{x}\right)}{\dfrac{1}{x^2}}\overset{t=\frac{1}{x}}{=}\lim\limits_{t\to 0}\dfrac{\ln(1+t)}{t^2}$

$$\overset{\frac{0}{0}}{=}\lim_{t\to 0}\frac{\frac{1}{1+t}}{2t}=\infty,$$

故原极限为 $\infty-\infty$ 型

$$\text{原式}=\lim_{x\to\infty}x^2\left[\frac{1}{x}-\ln\left(1+\frac{1}{x}\right)\right]\overset{0\cdot\infty}{=}\lim_{x\to\infty}\frac{\frac{1}{x}-\ln\left(1+\frac{1}{x}\right)}{\frac{1}{x^2}},$$

令 $t=\dfrac{1}{x}$,则有

$$\text{上式}=\lim_{t\to 0}\frac{t-\ln(1+t)}{t^2}\overset{\frac{0}{0}}{=}\lim_{t\to 0}\frac{1-\frac{1}{1+t}}{2t}$$

$$=\lim_{t\to 0}\frac{t}{2t(1+t)}=\lim_{t\to 0}\frac{1}{2(1+t)}=\frac{1}{2}.$$

1^∞, 0^0, ∞^0 型

设在某一变化过程中,当 $f(x)\to 1, g(x)\to\infty$ 时,$[f(x)]^{g(x)}$ 极限类型简记 1^∞;当 $f(x)\to 0, g(x)\to 0$ 时,$[f(x)]^{g(x)}$ 极限类型简记 0^0;当 $f(x)\to\infty, g(x)\to 0$ 时,$[f(x)]^{g(x)}$ 极限类型简记 ∞^0. 对于 1^∞,0^0,∞^0不定式,我们采用换底方法:

$$[f(x)]^{g(x)}=e^{g(x)\ln f(x)}$$

即可化为 $0\cdot\infty$ 型,再化为 $\dfrac{0}{0}$ 型或 $\dfrac{\infty}{\infty}$ 型.

例 16 求 $\lim\limits_{x\to e}(\ln x)^{\frac{1}{1-\ln x}}$.

解 上式为 1^∞ 型

$$\text{原式}=\lim_{x\to e}e^{\ln(\ln x)^{\frac{1}{1-\ln x}}}=\lim_{x\to e}e^{\frac{\ln(\ln x)}{1-\ln x}}.$$

因为 $\lim\limits_{x\to e}\dfrac{\ln(\ln x)}{1-\ln x}\overset{\frac{0}{0}}{=}\lim\limits_{x\to e}\dfrac{\frac{1}{\ln x}\cdot\frac{1}{x}}{-\frac{1}{x}}$

$$=\lim_{x\to e}-\frac{1}{\ln x}=-1,$$

故$\lim\limits_{x\to e}(\ln x)^{\frac{1}{1-\ln x}}=e^{-1}$.

例 17　求 $\lim\limits_{x\to 0^+}(\sin x)^x$.

解　上式为 0^0 型

原式 $=\lim\limits_{x\to 0^+}e^{\ln(\sin x)^x}=e^{\lim\limits_{x\to 0^+}x\ln(\sin x)}$.

因为 $\lim\limits_{x\to 0^+}x\ln(\sin x)\overset{0\cdot\infty}{=}\lim\limits_{x\to 0^+}\dfrac{\ln(\sin x)}{\dfrac{1}{x}}\overset{\frac{\infty}{\infty}}{=}\lim\limits_{x\to 0^+}\dfrac{\dfrac{\cos x}{\sin x}}{-\dfrac{1}{x^2}}$

$$=-\lim_{x\to 0^+}\frac{x^2}{\sin x}\cos x=0,$$

故 $\lim\limits_{x\to 0^+}(\sin x)^x=e^0=1$.

例 18　求 $\lim\limits_{x\to 0^+}(\cot x)^{\frac{1}{\ln x}}$.

解　上式为 ∞^0 型

原式 $=\lim\limits_{x\to 0^+}e^{\ln(\cot x)^{\frac{1}{\ln x}}}=e^{\lim\limits_{x\to 0^+}\frac{\ln(\cot x)}{\ln x}}$.

因为 $\lim\limits_{x\to 0^+}\dfrac{\ln(\cot x)}{\ln x}\overset{\frac{\infty}{\infty}}{=}\lim\limits_{x\to 0^+}\dfrac{\dfrac{1}{\cot x}(-\csc^2 x)}{\dfrac{1}{x}}$

$$=\lim_{x\to 0^+}\frac{-x}{\sin x\cdot\cos x}=-1$$

故 $\lim\limits_{x\to 0^+}(\cot x)^{\frac{1}{\ln x}}=e^{-1}$.

例 19　求 $\lim\limits_{n\to\infty}(n\tan\dfrac{1}{n})^{n^2}$.

解　上式为 1^∞ 型，但这是数列极限，不能直接使用洛必达法则，可先化为函数极限，即先求 $\lim\limits_{x\to+\infty}\left(x\tan\dfrac{1}{x}\right)^{x^2}$.

上式 $=\lim\limits_{x\to+\infty}e^{\ln\left(x\tan\frac{1}{x}\right)^{x^2}}=e^{\lim\limits_{x\to+\infty}\frac{\ln(x\tan\frac{1}{x})}{x^{-2}}}$

因为 $\lim\limits_{x\to+\infty}\dfrac{\ln(x\tan\dfrac{1}{x})}{x^{-2}}\overset{t=\frac{1}{x}}{=}\lim\limits_{t\to 0^+}\dfrac{\ln\left(\dfrac{1}{t}\tan t\right)}{t^2}\overset{\frac{0}{0}}{=}\lim\limits_{t\to 0^+}\dfrac{\dfrac{\sec^2 t}{\tan t}-\dfrac{1}{t}}{2t}$

$$=\lim_{t\to 0^+}\frac{2t-\sin 2t}{2t^2\sin 2t}=\lim_{t\to 0^+}\frac{2t-\sin 2t}{4t^3}$$

$$\overset{\frac{0}{0}}{=}\lim_{t\to 0^+}\frac{2-2\cos 2t}{12t^2}\overset{\frac{0}{0}}{=}\lim_{t\to 0^+}\frac{2\sin 2t}{12t}=\frac{1}{3},$$

所以 $\lim\limits_{x\to+\infty}\left(x\tan\dfrac{1}{x}\right)^{x^2}=e^{\frac{1}{3}}$，

即 $$\lim_{n\to\infty}\left(n\tan\frac{1}{n}\right)^{n^2}=e^{\frac{1}{3}}.$$

在运用洛必达法则求极限过程中，一般步骤为：

（1）判断极限类型；

（2）简化函数，包括有理化、变量替换等初等方法，提取确定极限值不为零的因式；

（3）使用洛必达法则后注意整理、化简.

习题 4.2

1. 求下列极限

（1）$\lim\limits_{x\to1}\dfrac{(x-1)^2}{\ln x}$　　（2）$\lim\limits_{x\to0}\dfrac{\ln(1+x)}{x^2}$

（3）$\lim\limits_{x\to\frac{\pi}{2}}\dfrac{\ln\sin x}{(\pi-2x)^2}$　　（4）$\lim\limits_{x\to0}\dfrac{x-\arcsin x}{\sin^3 x}$

（5）$\lim\limits_{x\to0}\dfrac{x-\arctan x}{x-\arcsin x}$　　（6）$\lim\limits_{x\to+\infty}\dfrac{\ln x}{x^{\beta}}(\beta>0)$

（7）$\lim\limits_{x\to0}\dfrac{\cos(\sin x)-1}{1-\cos x}$　　（8）$\lim\limits_{x\to0^+}\dfrac{\ln\tan 7x}{\ln\tan 3x}$

（9）$\lim\limits_{x\to0^+}\tan x\cdot\ln x$　　（10）$\lim\limits_{x\to+\infty}x\left(\dfrac{\pi}{2}-\arctan x\right)$

（11）$\lim\limits_{x\to0^+}\ln x\cdot\ln(1+x)$　　（12）$\lim\limits_{x\to0}\left[\dfrac{1}{4x}-\dfrac{1}{2x(e^{\pi x}+1)}\right]$

（13）$\lim\limits_{x\to1}\left(\dfrac{x}{x-1}-\dfrac{1}{\ln x}\right)$　　（14）$\lim\limits_{x\to0}\left(\dfrac{1}{x^2}-\cot^2 x\right)$

（15）$\lim\limits_{x\to0^+}x^{\tan x}$　　（16）$\lim\limits_{x\to+\infty}\left[\tan\left(\dfrac{\pi}{4}+\dfrac{1}{x}\right)\right]^x$

（17）$\lim\limits_{x\to0^+}\left(\ln\dfrac{1}{x}\right)^x$　　（18）$\lim\limits_{x\to+\infty}\left(\dfrac{2}{\pi}\arctan x\right)^x$

2. 设函数 $f(x)$ 具有二阶连续导数，且 $f(0)=0,f'(0)=1,f''(0)=2$，试求 $\lim\limits_{x\to0}\dfrac{f(x)-x}{x^2}$.

3. 设函数 $f(x)=\begin{cases}\dfrac{\ln\cos(x-1)}{1-\sin\frac{\pi}{2}x}, & x\neq1\\ 1, & x=1\end{cases}$，问函数 $f(x)$ 在 $x=1$ 处是否连续？若不连续，修改函数值 $f(1)$，使之连续.

4.3　函数性质的研究

4.3.1　函数单调性的判定

在第一章里我们已经给出函数在区间上单调的定义，这里我们将利用导数来对函数的单调性进行讨论.

从几何直观上看，一个函数在区间上递增（或递减），其图形的特点是沿着 x 轴正方向，曲线是上升（或下降）的，而曲线的升降是与切线方向密切相关的. 由于导数是曲线切线的斜率，从图 4－3－1 可以看见，当斜率为正时，曲线上升，函数递增；当斜率为负时，曲线下降，函数递减. 因此我们可以利用导数的符号来判别函数的单调性.

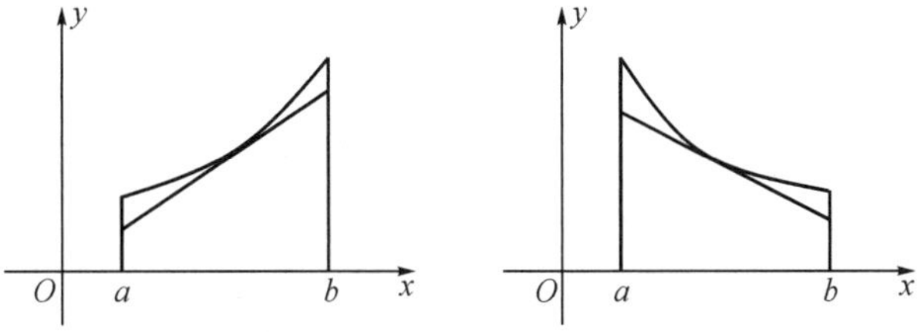

图 4－3－1

定理 4.7（函数单调性的充分条件）　设函数 $f(x)$ 在区间 (a,b) 内可导，且导函数 $f'(x)$ 不变号，若

(1) $f'(x)>0$，则 $f(x)$ 在区间 (a,b) 内单调递增；

(2) $f'(x)<0$，则 $f(x)$ 在区间 (a,b) 内单调递减.

证　设 x_1,x_2 为区间 (a,b) 内的任意两点，且 $x_1<x_2$. 由于函数 $f(x)$ 在区间 (a,b) 内可导，因而它在闭区间 $[x_1,x_2]$ 上连续，开区间内 (x_1,x_2) 可导，根据拉格朗日中值定理有

$$f(x_2)-f(x_1)=f'(\xi)(x_2-x_1),\quad x_1<\xi<x_2.$$

(1) 若 $f'(x)>0$，则上式右端大于零，即

$$f(x_2)-f(x_1)>0\Rightarrow f(x_2)>f(x_1),$$

故函数 $f(x)$ 在区间 (a,b) 内单调递增. 证毕.

同理可证(2).

需要指出的，若条件 $f'(x)>0$（或 $f'(x)<0$）改成 $f'(x)\geqslant 0$（或 $f'(x)\leqslant 0$），如果等号只在个别（也可无数个孤立）点成立（即不在某区间内恒有 $f'(x)\equiv 0$），则该单调性结论仍成立. 例如，函数 $f(x)=x^3$，在点 $x=0$ 处导数为零外，其余 $f'(x)$ 均为正值，因而 $f(x)=x^3$ 在整个实数内是单调递增的.

例 1　讨论函数 $y=\arctan x-x$ 的单调性.

解　$y'=\dfrac{1}{1+x^2}-1=\dfrac{-x^2}{1+x^2}$.

在 $(-\infty,+\infty)$ 内除了 $x=0$ 时 $y'=0$ 外,其他恒有 $y'<0$,因此函数 $y=\arctan x-x$ 在 $(-\infty,+\infty)$ 内是单调递减.

例 2　讨论函数 $f(x)=\dfrac{x^3}{3}+x^2-3x+4$ 的单调性.

解　$f(x)$ 的定义域为 $(-\infty,+\infty)$, $f'(x)=x^2+2x-3=(x+3)(x-1)$,令 $f'(x)=0$, 解得　$x_1=-3,x_2=1$.

用 x_1,x_2 划分它的定义域,分成三个区间

$$(-\infty,-3),\quad(-3,1),\quad(1,+\infty).$$

在这三个区间上分别讨论 $f(x)$ 的单调性:

当 $x\in(-\infty,-3)$ 时, $f'(x)>0$, 即 $f(x)$ 在 $(-\infty,-3)$ 内单调递增;

当 $x\in(-3,1)$ 时, $f'(x)<0$,即 $f(x)$ 在 $(-3,1)$ 内单调递减;

当 $x\in(1,+\infty)$ 时, $f'(x)>0$, 即 $f(x)$ 在 $(1,+\infty)$ 内单调递增.

为了简便起见,我们也可以列表来讨论函数的单调性:

x	$(-\infty,-3)$	$(-3,1)$	$(1,+\infty)$
$f'(x)$	+	−	+
$f(x)$	单调递增	单调递减	单调递增

通常我们把函数单调递增和单调递减区间统称为单调区间.

例 3　设函数 $f(x)=\begin{cases}x^2, & x\geqslant 0\\ 1-x, & x<0\end{cases}$,求 $f(x)$ 的单调区间.

解　$f(x)$ 的定义域为 $(-\infty,+\infty)$,

$$f'(x)=\begin{cases}2x, & x>0\\ \text{不存在}, & x=0\\ -1, & x<0\end{cases}$$

因 $f(x)$ 在点 $x=0$ 不连续,则 $f(x)$ 在点 $x=0$ 不可导.这里我们用不可导点 $x=0$ 将 $f(x)$ 的定义域分成两个区间,并将 $f'(x)$ 的符号以及 $f(x)$ 的单调区间列表如下:

x	$(-\infty,0)$	$(0,+\infty)$
$f'(x)$	−	+
$f(x)$	单调递减	单调递增

由上述两个例子可以看出，函数 $f(x)$ 的单调区间可能的分界点是驻点和不可导点．因此求函数 $f(x)$ 的单调区间的步骤如下：

(1) 确定 $f(x)$ 的定义域；

(2) 求出 $f(x)$ 单调区间所有可能的分界点，即 $f(x)$ 的驻点和不可导点，并根据分界点把定义域分成相应的小区间；

(3) 判断一阶导数在各小区间内的符号，从而判断在各小区间内函数的单调性(通常列表)．

例 4　证明方程 $x^5+x-1=0$ 有且仅有一个实根．

证　令 $f(x)=x^5+x-1$，它在 $(-\infty,+\infty)$ 上连续，易知 $f(0)=-1<0$，$f(1)=1>0$．由介值定理可知，至少存在点 $\xi\in(0,1)$，使 $f(\xi)=0$．即方程 $x^5+x-1=0$ 在 $(-\infty,+\infty)$ 有实根；

又由 $f'(x)=5x^4+1>0$，知 $f(x)=x^5+x-1$ 在 $(-\infty,+\infty)$ 上单调递增，故其与 x 轴最多交于一点．即方程 $x^5+x-1=0$ 在 $(-\infty,+\infty)$ 最多有一个实根．

综上所述该方程 $x^5+x-1=0$ 在 $(-\infty,+\infty)$ 有且仅有一个实根．

利用函数的单调性还可以证明一些不等式．

例 5　试证：当 $x>1$ 时，有 $2\sqrt{x}>3-\dfrac{1}{x}$．

证　设 $f(x)=2\sqrt{x}-3+\dfrac{1}{x}$，只需证当 $x>1$ 时，$f(x)>0$ 即可．

由于
$$f'(x)=\frac{1}{\sqrt{x}}-\frac{1}{x^2}=\frac{x^{\frac{3}{2}}-1}{x^2}>0,\quad x>1,$$
所以 $f(x)$ 在 $(1,+\infty)$ 内单调递增．而 $f(1)=0$，且 $x\geqslant 1$，$f(x)$ 连续，因此
$$\text{当 } x>1 \text{ 时，} f(x)>f(1)=0,$$
即
$$\text{当 } x>1 \text{ 时，有 } 2\sqrt{x}>3-\frac{1}{x}.$$

4.3.2　函数极值的判定

定理 4.1 已证明可导函数的极值点必是函数的驻点，同时也说明了函数的驻点不一定是极值点．此外我们还从一些实例中可知，导数不存在的点也可能是极值点．例如函数 $f(x)=|x|$，显然 $x=0$ 是它的一个极小值点，但它在 $x=0$ 点不可导．所以对某一区间上的连续函数 $f(x)$，**若 x_0 是它的极值点，则必有 $f'(x_0)=0$ 或 $f'(x_0)$ 不存在．但反之若 x_0 是函数的驻点或不可导点，则 x_0 不一定是函数的极值点**．现在问题是如何进一步判定这些驻点或不可导点是否为极值点?不难发现，这与函数 $f(x)$ 在 x_0 两侧邻近的单调性有关．如果在点 x_0 左侧邻近函数是单调增加，在点 x_0 右侧邻近函数是单调减少，则点 x_0 必

是 $f(x)$ 的极大值点；如果在点 x_0 左侧邻近函数是单调减少，在点 x_0 右侧邻近函数是单调增加，则点 x_0 必是 $f(x)$ 的极小值点；如果在点 x_0 两侧邻近函数的单调性不变，则点 x_0 就不是极值点. 而函数的单调性可由 $f'(x)$ 的符号来确定，故可总结如下判断法则.

定理 4.8(函数取得极值的第一充分条件) 已知 $f(x)$ 在 x_0 的邻域 $|x-x_0|<\delta$ 内连续，在空心邻域 $0<|x-x_0|<\delta$ 内可导，则有如下结论：

(1) 当 $x_0-\delta<x<x_0$ 时，$f'(x)>0$，$x_0<x<x_0+\delta$ 时，$f'(x)<0$，则 $f(x)$ 在点 x_0 达到极大值；

(2) 当 $x_0-\delta<x<x_0$ 时，$f'(x)<0$，$x_0<x<x_0+\delta$ 时，$f'(x)>0$，则 $f(x)$ 在点 x_0 达到极小值；

(3) 当 x 在 x_0 两侧时，$f'(x)$ 均大于零或 $f'(x)$ 小于零，则点 x_0 不是极值点.

例 6 求函数 $f(x)=2x^3-x^4$ 的极值.

解 首先确定函数的定义域是 $(-\infty,+\infty)$，

再求可能取得极值的点(驻点和不可导点)

$$f'(x)=6x^2-4x^3=2x^2(3-2x),$$

令 $f'(x)=0$，得驻点 $x_1=0, x_2=\dfrac{3}{2}$，并且没有不可导点.

然后再判定上述各点是否为极值点. 下面列表判定：

x	$(-\infty,0)$	0	$\left(0,\dfrac{3}{2}\right)$	$\dfrac{3}{2}$	$\left(\dfrac{3}{2},+\infty\right)$
$f'(x)$	$+$	0	$+$	0	$-$
$f(x)$	单调增加	非极值	单调增加	极大值	单调减少

由表知，极大值是 $f\left(\dfrac{3}{2}\right)=\dfrac{27}{16}$.

例 7 求函数 $f(x)=(x-1)\sqrt[3]{x^2}$ 的极值.

解 函数的定义域是 $(-\infty,+\infty)$，

再求可能取得极值的点(驻点和不可导点)：

$$f'(x)=\frac{5}{3}x^{\frac{2}{3}}-\frac{2}{3}x^{-\frac{1}{3}}=\frac{5x-2}{3\sqrt[3]{x}},$$

令 $f'(x)=0$，得驻点 $x_1=\dfrac{2}{5}$，并求得不可导点为 $x_2=0$，

然后再判定上述各点是否为极值点. 下面列表判定：

x	$(-\infty,0)$	0	$\left(0,\frac{2}{5}\right)$	$\frac{2}{5}$	$\left(\frac{2}{5},+\infty\right)$
$f'(x)$	$+$	不存在	$-$	0	$+$
$f(x)$	单调增加	极大值	单调减少	极小值	单调增加

由表知，极大值 $f(0)=0$，极小值 $f\left(\frac{2}{5}\right)=-\frac{3}{5}\sqrt[3]{\frac{4}{25}}$.

当函数 $f(x)$ 在驻点的二阶导数存在时，特别是当 $f'(x)$ 的符号不易直接判定时，我们还可以利用下面定理来判定极值.

定理 4.9(函数取得极值的第二充分条件)　设 $f(x)$ 在 $|x-x_0|<\delta$ 内可导，$f'(x_0)=0$，$f''(x_0)$ 存在，则有：

(1) 当 $f''(x_0)>0$ 时，$f(x_0)$ 为极小值；

(2) 当 $f''(x_0)<0$ 时，$f(x_0)$ 为极大值；

(3) 当 $f''(x_0)=0$ 时，不能判别 $f(x_0)$ 是否为极值.

证　根据二阶导数定义及 $f'(x_0)=0$，得

$$f''(x_0)=\lim_{x\to x_0}\frac{f'(x)-f'(x_0)}{x-x_0}=\lim_{x\to x_0}\frac{f'(x)}{x-x_0},$$

(1) 若成立，即 $f''(x_0)>0$，则由极限的保号性得，存在点 x_0 的某一去心邻域即 $x\in(x_0-\delta,x_0)\cup(x_0,x_0+\delta)$ 时，

$$\frac{f'(x)}{x-x_0}>0.$$

这说明当 $x\in(x_0-\delta,x_0)$ 时 $f'(x)<0$，而当 $x\in(x_0,x_0+\delta)$ 时 $f'(x)>0$，从而由定理 4.8 即知，$x=x_0$ 是函数的极小值点.

同理可证(2)的情况.

对于结论(3)以例子说明. 例如 $f(x)=x^3$，$f'(0)=0$，$f''(0)=0$，但 $x=0$ 不是它的极值点；又如，$f(x)=x^4$，$f'(0)=0$，$f''(0)=0$，而 $x=0$ 是它的极小值点. 这就是说当 $f'(x_0)=f''(x_0)=0$ 时，此判别法失效.

例 8　求函数 $f(x)=\sqrt{3}\arctan x-2\arctan\frac{x}{\sqrt{3}}$ 的极值.

解　函数的定义域是 $(-\infty,+\infty)$，

由于
$$f'(x)=\frac{\sqrt{3}}{1+x^2}-\frac{\frac{2}{\sqrt{3}}}{1+\left(\frac{x}{\sqrt{3}}\right)^2}=\frac{\sqrt{3}}{1+x^2}-\frac{2\sqrt{3}}{3+x^2},$$

令 $f'(x)=0$，得驻点 $x_1=-1$，$x_2=1$，没有不可导点.

则 $$f''(x)=-\frac{2\sqrt{3}x}{(1+x^2)^2}+\frac{4\sqrt{3}x}{(3+x^2)^2},$$

故有 $$f''(-1)=\frac{\sqrt{3}}{4}>0, f''(1)=-\frac{\sqrt{3}}{4}<0,$$

因此 $f(x)$ 的极小值是 $f(-1)=-\frac{\sqrt{3}}{4}\pi+\frac{1}{3}\pi$，极大值是 $f(1)=\frac{\sqrt{3}}{4}\pi-\frac{1}{3}\pi$.

上述给出的两个判别法在应用时各有所长，当函数在驻点不存在二阶导数，或二阶导数为零时，必须用第一个判别法，但当函数在驻点存在不为零的二阶导数时，用第二个判别法就十分方便了.

4.3.3　函数的最大值和最小值

函数的极值是函数的一个局部概念，而函数的最大值和最小值是表示，函数 $f(x)$ 在某一范围 D 上的函数值满足

$$m\leqslant f(x)\leqslant M,$$

其中 $f(x_1)=m, f(x_2)-M, x_1, x_2\in D$，则 x_1 为 $f(x)$ 在 D 上的最小值点，x_2 为 $f(x)$ 在 D 上的最大值点，$f(x_1)=m$ 为 $f(x)$ 在 D 上的最小值，$f(x_2)=M$ 为 $f(x)$ 在 D 上的最大值. 显然最值是函数在区间上的一个整体性质.

在第二章中我们曾指出，闭区间上的连续函数一定有最大值和最小值. 如何求出闭区间上连续函数的最大值和最小值？从图 4-3-1 我们可以看到：连续函数的最值可能在极值点取得，也可能在区间端点上取得.

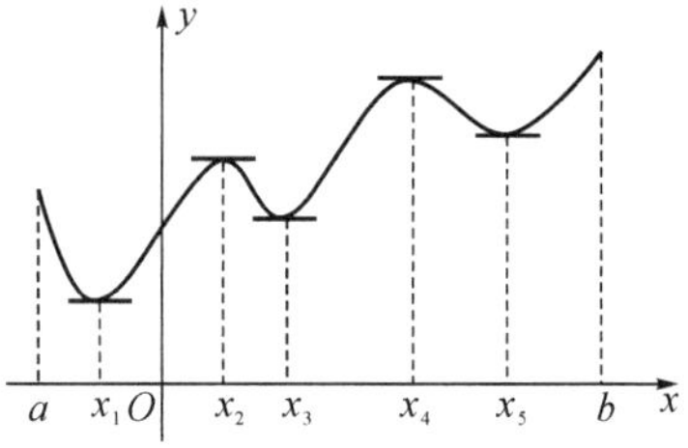

图 4-3-1

由此我们就有求连续函数 $f(x)$ 在闭区间 $[a,b]$ 上最大值和最小值的方法：

(1) 求出 $f(x)$ 在区间 (a,b) 内所有的驻点和不可导点；

(2) 求出驻点和不可导点以及区间端点 a,b 的函数值；

(3) 对上述函数值进行比较，其最大者即为最大值，其最小者即最小值.

例 9　求函数 $f(x)=x^{\frac{2}{3}}-(x^2-1)^{\frac{1}{3}}$ 在区间 $[0,2]$ 上的最大值与最小值.

解　(1) 由 $f'(x)=\frac{2}{3}x^{-\frac{1}{3}}-\frac{1}{3}(x^2-1)^{-\frac{2}{3}}(2x)$

$$= \frac{2}{3}\frac{(x^2-1)^{\frac{2}{3}}-x^{\frac{4}{3}}}{x^{\frac{1}{3}}(x^2-1)^{\frac{2}{3}}},$$

令 $f'(x)=0$，即

$$(x^2-1)^{\frac{2}{3}}-x^{\frac{4}{3}}=0 \Rightarrow 1-2x^2=0,$$

上述方程在区间 $[0,2]$ 上可解得驻点 $x=\frac{\sqrt{2}}{2}$，

此外，函数在 $x=0, x=1$ 不可导.

(2) 计算上述驻点、不可导点及端点上的函数值.

$$f\left(\frac{\sqrt{2}}{2}\right)=\sqrt[3]{4},\ f(0)=1,\ f(1)=1,\ f(2)=\sqrt[3]{4}-\sqrt[3]{3}.$$

故比较上述几个函数值可得函数在 $[0,2]$ 上的最大值为 $\sqrt[3]{4}$，最小值为 $\sqrt[3]{4}-\sqrt[3]{3}$.

在实际问题中常常遇到这样一种特殊情况，连续函数若在区间内有且仅有一个极大值(或极小值)，而没有极小值(或极大值)，则此极大值(或极小值)就是函数在该区间上的最大值(或最小值).

例 10　将边长为 a 的正方形铁皮在四角处剪去相同的小正方块，然后折起各边焊成一个容积最大的无盖盒，问剪去的小正方块的边长为多少?

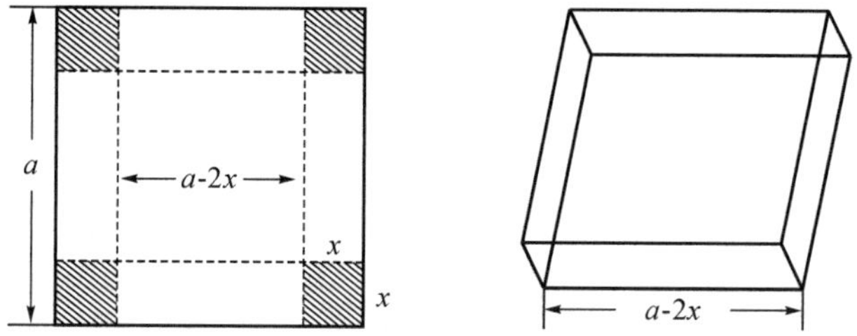

解　设剪去的小正方形的边长为 x，得盒底的边长为 $a-2x$，高为 x，则盒子的容积

$$V(x)=x(a-2x)^2,\qquad 0<x<\frac{a}{2}$$

$$V'(x)=(a-2x)^2+2x(a-2x)(-2)$$
$$=(a-2x)(a-6x).$$

令 $V'(x)=0$，得 $x=\frac{a}{6}$，$x=\frac{a}{2}$(舍去)，且

$$V''(x)=8(3x-a),\ V''\left(\frac{a}{6}\right)=-4a<0,$$

则 $x=\frac{a}{6}$ 是 $V(x)$ 在 $\left(0,\frac{a}{2}\right)$ 内唯一的极大值点，且无极小值点，则当剪去的小正方形的

边长为 $\frac{a}{6}$ 时，所制成的方盒容积最大，且最大容积为 $\frac{2a^3}{27}$.

习题 4.3

1. 求下列函数的单调区间及极值：

(1) $f(x)=2x^3-3x^2-12x+21$

(2) $f(x)=x\ln x$

(3) $f(x)=(x-1)^3(x+2)^2$

(4) $f(x)=\sqrt[3]{(2x-x^2)^2}$

(5) $f(x)=x+\frac{1}{x}$

2. 利用单调性证明下列不等式：

(1) 当 $0<x<1$ 时，$x>1+\ln x$

(2) 当 $x\neq 0$ 时，$e^x>1+x$

(3) 当 $x>0$ 时，$\arctan x+\frac{1}{x}>\frac{\pi}{2}$.

3. 求各函数在所给区间上的最大值和最小值.

(1) $f(x)=x+3\sqrt[3]{x}$，$[-1,8]$

(2) $f(x)=\frac{x-1}{x+1}$，$[0,4]$

(3) $f(x)=\frac{8}{4-x^2}$，$(-2,2)$

(4) $f(x)=x^5-5x^4+5x^3+1$，$[-1,2]$

4. 求使函数 $f(x)=x^3+3kx^2-kx-1$ 没有极值的实数 k 的取值范围.

5. 在曲线 $y=e^{-x}(x\geqslant 0)$ 上找一点，使过该点的切线与两个坐标轴所夹平面图形的面积最大，并求出该面积.

6. 求证：方程 $x+a+b\cos x=0$ 恰有一实根，其中 a,b 为实数，且 $0<b<1$.

7. 设常数 $a>0$，试证：$f(x)=\ln x-\frac{x}{e}+a$ 在 $(0,+\infty)$ 内仅有两个零点，并指出其所在区间.

8. 证明：若 $\lim\limits_{x\to 0}\frac{f(x)}{x}=1$，$f(x)$ 二阶可导且 $f''(x)>0$，则 $f(x)\geqslant x$.

4.4　曲线的凹向和函数的图象

4.4.1　曲线的凹向及拐点

在研究函数曲线的变化时，了解它是递增的还是递减的是很重要的，但这还不能完全反映其变化规律，例如图 4-4-1，我们可以看到两曲线在 $x \geqslant 0$ 时，都是单调递增的，但是它们图形的形状是不一样的. 曲线 A 图形是向上弯曲，其上任意一点的切线都在曲线弧的下方；曲线 B 图形是向下弯曲，其上任意一点的切线都在曲线弧的上方. 我们称曲线 A 是上凹的，曲线 B 是下凹的.

为了明确曲线的弯曲方向，由此有如下定义：

定义 4.2　若区间 (a,b) 上，$y = f(x)$ 的曲线弧位于其上每一点的切线的上方，则称曲线在 (a,b) 是上凹的，若曲线弧位于其上每一点的切线的下方，则称此曲线在 (a,b) 是下凹的.

由图 4-4-1 可以看到，若一点沿曲线弧向右移动时(即其 x 坐标增加)，上凹的曲线在动点的切线斜率随之增加；下凹的曲线在动点的切线斜率随之减少. 也就是说，$f'(x)$ 相应为 x 的单调增加函数，或单调减少函数. 由此得出如下判别法.

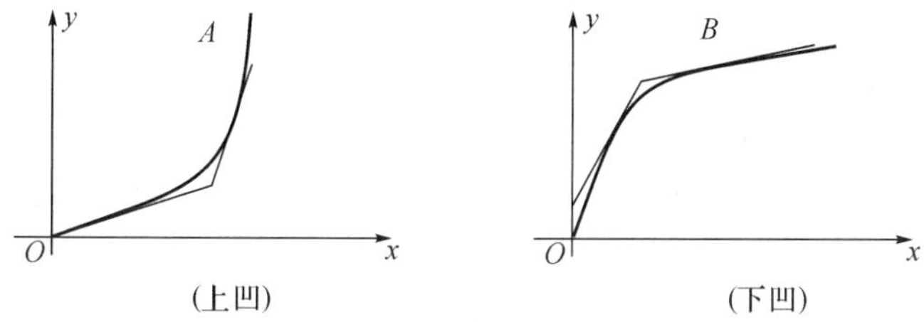

图 4-4-1

定理 4.10　设函数 $f(x)$ 在区间 (a,b) 内有二阶导数，则

(1) 若在 (a,b) 内，$f''(x) > 0$，那么曲线 $y = f(x)$ 在 (a,b) 内是上凹；

(2) 若在 (a,b) 内，$f''(x) < 0$，那么曲线 $y = f(x)$ 在 (a,b) 内是下凹.

分析：我们考虑情况(1)

因为过曲线 $y = f(x)$ 上任一点 $(x_0, f(x_0))$ 的切线方程为

$$Y = f(x_0) + f'(x_0)(X - x_0),$$

现在需证曲线在 (a,b) 内是上凹的，则在 (a,b) 内横坐标 x 处，必有曲线上的纵坐标 y 大于过曲线上任一点 $(x_0, f(x_0))$ 的切线上的纵坐标 Y，则在(1) 的情况下，欲证

$$f(x) > f(x_0) + f'(x_0)(x - x_0),\ x \in (a,b) \text{ 且 } x \neq x_0.$$

证　由拉格朗日中值定理,得

$$f(x)=f(x_0)+f'(\xi)(x-x_0),\ \xi \text{ 介于 } x_0 \text{ 与 } x \text{ 之间}.$$

已知 $f''(x)>0, x\in(a,b)$,这说明了导数 $f'(x)$ 在(a,b)上是单调递增的,即:

当 $x>x_0$ 时,应有 $\xi>x_0$,得 $f'(\xi)>f'(x_0)$,则有 $f'(\xi)(x-x_0)>f'(x_0)(x-x_0)$;

当 $x<x_0$ 时,应有 $\xi<x_0$,得 $f'(\xi)<f'(x_0)$,则有 $f'(\xi)(x-x_0)>f'(x_0)(x-x_0)$.

因此定理的结论自然成立.

情况(2) 完全类似地可得到证明.

例 1　判定 $y=x-\ln(1+x)$ 的凹向.

解　因 $y'=1-\dfrac{1}{1+x}, y''=\dfrac{1}{(1+x)^2}>0$,

所以函数在定义域 $(-1,+\infty)$ 内为上凹的.

有许多函数在整个定义域上,$f''(x)$(若存在的话)未必能保持定号.例如,函数 $f(x)=x^3$,因 $y'=3x^2, y''=6x$,故函数 $f(x)=x^3$ 在$(-\infty,0)$内是下凹的,而在$(0,+\infty)$内是上凹的.函数 $f(x)=x^3$ 的图形从下凹到上凹有一个转折点$(0,0)$,我们把$(0,0)$点称为曲线 $f(x)=x^3$ 的拐点.

定义 4.3　连续曲线上凹与下凹弧段的交界点称为此曲线的拐点.

由拐点的定义知,拐点是曲线上凹和下凹的分界点.因此在拐点左右两侧附近 $f''(x)$ 必然异号,而在拐点处有 $f''(x)=0$ 或 $f''(x)$ 不存在,因而我们可以利用二阶导数 $f''(x)$ 的符号来判别曲线的拐点.

定理 4.11(拐点判别定理)　设连续函数 $y=f(x)$ 在区间(a,b)内除 x_0 外具有二阶连续导数 $f''(x)$,又 x_0 是(a,b)内一点,那么:

(1) 若 $f''(x)$ 在点 x_0 的左右近邻具有相反的符号,则$(x_0,f(x_0))$是曲线 $y=f(x)$ 的拐点;

(2) 若 $f''(x)$ 在点 x_0 的左右近邻具有相同的符号,则$(x_0,f(x_0))$不是曲线 $y=f(x)$ 的拐点.

综上所述,计算曲线 $y=f(x)$ 的上凹、下凹区间及拐点,可依照下述步骤进行:

(1) 求连续区间;

(2) 求函数的二阶导数 $f''(x)$;

(3) 令 $f''(x)=0$,求出二阶导数为零的点,及二阶不可导点;

(4) 以二阶导数为零的点和二阶导数不存在的点把函数的连续区间分成小区间,然后再确定二阶导数在各小区间内的符号,并据此判定曲线的凹向和拐点.

例 2　求函数 $f(x)=x^2+\dfrac{1}{x}$ 的上凹、下凹区间及拐点.

解　连续区间 $(-\infty,0)\cup(0,+\infty)$,

$$f'(x)=2x-\frac{1}{x^2},\ f''(x)=2+\frac{2}{x^3}=2(1+\frac{1}{x^3}),$$

令 $f''(x)=0$,得 $x=-1$,并且在定义域内没有 $f''(x)$ 不存在的点.

用 $x=-1$ 划分连续区间,列表如下:

x	$(-\infty,-1)$	-1	$(-1,0)$	$(0,+\infty)$
$f''(x)$	+	0	−	+
$f(x)$	上凹	拐点$(-1,0)$	下凹	上凹

由表中可得,函数的上凹区间为 $(-\infty,-1)\cup(0,+\infty)$,下凹区间为 $(-1,0)$,拐点为$(-1,0)$.

注意:拐点必须以坐标形式表示.

例 3　求函数 $f(x)=(x-1)\sqrt[3]{x^5}$ 的上凹、下凹区间及拐点.

解　连续区间 $(-\infty,+\infty)$,

$$f'(x)=\frac{8}{3}x^{\frac{5}{3}}-\frac{5}{3}x^{\frac{2}{3}},\ f''(x)=\frac{40}{9}x^{\frac{2}{3}}-\frac{10}{9}x^{-\frac{1}{3}}=\frac{10}{9}\frac{4x-1}{\sqrt[3]{x}},$$

令 $f''(x)=0$,得 $x=\dfrac{1}{4}$,而在 $x=0$ 处 $f''(x)$ 不存在.

用 $x=\dfrac{1}{4}$,$x=0$ 划分连续区间,列表如下:

x	$(-\infty,0)$	0	$\left(0,\frac{1}{4}\right)$	$\frac{1}{4}$	$\left(\frac{1}{4},+\infty\right)$
$f''(x)$	+	不存在	−	0	+
$f(x)$	上凹	拐点$(0,0)$	下凹	拐点$\left(\frac{1}{4},-\frac{3}{16\sqrt[3]{16}}\right)$	上凹

由表中可得,函数的上凹区间为 $(-\infty,0)\cup\left(\dfrac{1}{4},+\infty\right)$,下凹区间为$\left(0,\dfrac{1}{4}\right)$,拐点为$(0,0)$ 和$\left(\dfrac{1}{4},-\dfrac{3}{16\sqrt[3]{16}}\right)$.

4.4.2　曲线的渐近线

为了准确地画出函数和图象,除了要研究函数的单调性、极值、曲线的凹向和拐点以外,还需对曲线伸向无穷远处的渐近性态作一些分析.因此我们有必要研究函数的渐近线.

定义 4.4 如果曲线上的动点沿曲线趋于无限远离原点时,该动点与某条直线的距离趋于零,我们称这种直线为该曲线的渐近线.

例如函数 $f(x)=\dfrac{1}{x}$,图 4-4-2 中当 x 沿着曲线无限趋于 0 时,第一象限和第三象限的两支曲线无限靠近 y 轴,即 $x=0$ 是函数 $f(x)=\dfrac{1}{x}$ 的一条渐近线,而当 x 沿着曲线趋向无穷大时,这两支曲线无限靠近 x 轴,即 $y=0$ 又是它的另一条渐近线.

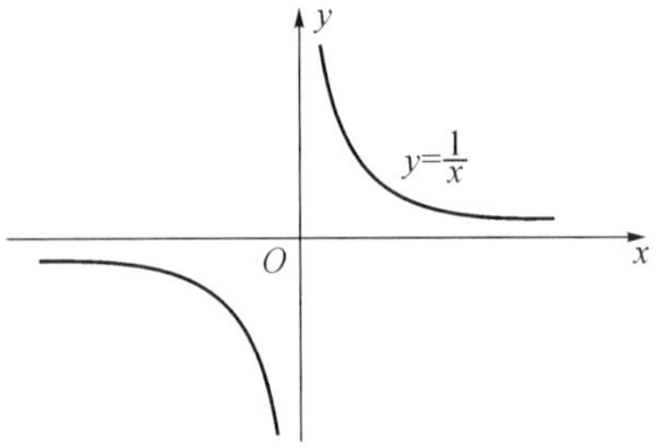

图 4-4-2

在明确函数曲线 $y=f(x)$ 的渐近线定义之后,我们真正感兴趣的实际问题是:给定曲线的方程 $y=f(x)$,如何判定该曲线有无渐近线?如果有,又如何求出它?

渐近线分三种类型:铅直渐近线、水平渐近线和斜渐近线.

铅直渐近线

若曲线 $y-f(x)$ 在点 a 处间断,且

$$\lim_{x\to a^-}f(x)=\infty \text{ 或 } \lim_{x\to a^+}f(x)=\infty,$$

则直线 $x=a$ 是曲线 $y=f(x)$ 的铅直渐近线.

例 4 求曲线 $f(x)=\dfrac{4x+1}{(x-3)^2}$ 的铅直渐近线.

解 函数的定义域为 $(-\infty,3)\cup(3,+\infty)$,$x=3$ 是间断点,由于

$$\lim_{x\to 3}\frac{4x+1}{(x-3)^2}=\infty,$$

所以 $x=3$ 是曲线 $f(x)=\dfrac{4x+1}{(x-3)^2}$ 的铅直渐近线.

斜渐近线及水平渐近线

设函数 $y=f(x)$ 的定义域是无穷区间,假定函数曲线 $y=f(x)$ 在 x 轴正向这一边有渐近线,即当 $x\to+\infty$ 时,曲线 $y=f(x)$ 上的动点 $(x,f(x))$ 与直线 $y=ax+b$ 的距离趋于 0. 由于点 $(x,f(x))$ 到直线 $y=ax+b$ 的距离为

$$d=\frac{|f(x)-ax-b|}{\sqrt{1+a^2}},$$

故有

$$\lim_{x\to+\infty}|f(x)-ax-b|=0,$$

即

$$b=\lim_{x\to+\infty}(f(x)-ax), \tag{4-1}$$

又

$$\lim_{x\to+\infty}\frac{1}{x}(f(x)-ax-b)=\lim_{x\to+\infty}\frac{f(x)-ax-b}{x}=0,$$

有
$$a=\lim_{x\to+\infty}\frac{f(x)}{x}. \tag{4-2}$$

由(4-1)和(4-2)给出了确定渐近线 $y=ax+b$ 中常数 a,b 的公式,先用(4-2)确定常数 a,再用(4-1)确定常数 b.

类似地,若函数曲线 $y=f(x)$ 在负 x 轴这一边有渐近线 $y=ax+b$,当且仅当下列两个极限

$$a=\lim_{x\to-\infty}\frac{f(x)}{x}\text{ 及 }b=\lim_{x\to-\infty}(f(x)-ax) \tag{4-3}$$

同时存在.

曲线 $y=f(x)$ 的渐近线 $y=ax+b$,当 $a=0$ 时,称 $y=b$ 为曲线 $y=f(x)$ 的水平渐近线;当 $a\neq 0$ 时,称 $y=ax+b$ 为曲线 $y=f(x)$ 斜渐近线.

注意:曲线 $y=f(x)$ 的水平渐近线和斜渐近线总共最多有两条,当一侧有了水平渐近线,这一侧就没有了斜渐近线,反之亦然.

例 5　求曲线 $f(x)=\sqrt{x^2+1}-(x+1)$ 的渐近线.

解　(1) 函数的定义域为 $(-\infty,+\infty)$,无间断点,所以没有铅直渐近线.

(2) $a=\lim\limits_{x\to+\infty}\dfrac{f(x)}{x}=\lim\limits_{x\to+\infty}\dfrac{\sqrt{x^2+1}-(x+1)}{x}=\lim\limits_{x\to+\infty}\left[\sqrt{1+\dfrac{1}{x^2}}-\left(1+\dfrac{1}{x}\right)\right]=0$

$$\begin{aligned}b&=\lim_{x\to+\infty}[f(x)-ax]=\lim_{x\to+\infty}[\sqrt{x^2+1}-(x+1)]\\&=\lim_{x\to+\infty}\frac{[\sqrt{x^2+1}-(x+1)][\sqrt{x^2+1}+(x+1)]}{\sqrt{x^2+1}+(x+1)}\\&=\lim_{x\to+\infty}\frac{-2x}{\sqrt{x^2+1}+(x+1)}=\lim_{x\to+\infty}\frac{-2x}{x\left[\sqrt{\frac{1}{x^2}+1}+\left(\frac{1}{x}+1\right)\right]}=-1\end{aligned}$$

则 $y=-1$ 是曲线 $f(x)=\sqrt{x^2+1}-(x+1)$ 的一条水平渐近线.

又因 $a=\lim\limits_{x\to-\infty}\dfrac{f(x)}{x}=\lim\limits_{x\to-\infty}\dfrac{\sqrt{x^2+1}-(x+1)}{x}$

$$=\lim_{x\to-\infty}\left[-\sqrt{1+\frac{1}{x^2}}-\left(1+\frac{1}{x}\right)\right]=-2$$

$$\begin{aligned}b&=\lim_{x\to-\infty}[f(x)-ax]=\lim_{x\to-\infty}[\sqrt{x^2+1}+(x-1)]\\&=\lim_{x\to-\infty}\frac{2x}{\sqrt{x^2+1}-(x-1)}=\lim_{x\to-\infty}\frac{2x}{-x\left[\sqrt{1+\frac{1}{x^2}}+\left(1-\frac{1}{x}\right)\right]}=-1\end{aligned}$$

故 $y=-2x-1$ 是曲线 $f(x)=\sqrt{x^2+1}-(x+1)$ 的一条斜渐近线.

例 6 求曲线 $y=\dfrac{(x-3)^2}{4(x+1)}$ 的渐近线.

解 (1) 函数的定义域为 $(-\infty,-1)\cup(-1,+\infty)$,

因为 $\lim\limits_{x\to -1}\dfrac{(x-3)^2}{4(x+1)}=\infty$,所以 $x=-1$ 是曲线的铅直渐近线;

(2) 因为 $$a=\lim_{x\to\pm\infty}\frac{f(x)}{x}=\lim_{x\to\pm\infty}\frac{(x-3)^2}{4x(x+1)}=\frac{1}{4},$$

$$b=\lim_{x\to\pm\infty}[f(x)-ax]=\lim_{x\to\pm\infty}\left[\frac{(x-3)^2}{4(x+1)}-\frac{x}{4}\right]=\lim_{x\to\pm\infty}\frac{-7x+9}{4x+4}=-\frac{7}{4}.$$

则 $y=\dfrac{1}{4}x-\dfrac{7}{4}$ 是曲线的一条斜渐近线,无水平渐近线.

4.4.3 函数图象的作法

综合前面所作的分析,我们来描绘函数的图象.对具体函数 $y=f(x)$ 大体可分以下几步:

(1) 确定函数的定义域;

(2) 确定函数的奇偶性,周期性;

(3) 讨论函数的单调性和极值;

(4) 讨论函数的凹向与拐点;

(5) 确定曲线的渐近线;

(6) 计算出一些关键点的坐标,如与 x 轴、y 轴的交点;

(7) 依据上述结果(除(5) 外) 依 x 增大的顺序列表;

(8) 画出 $y=f(x)$ 的图象.

例 7 作出函数 $f(x)=\dfrac{x}{1+x^2}$ 的图象.

解 (1) 定义域$(-\infty,+\infty)$.

(2) 奇偶性及周期性

由于 $f(-x)=-f(x)$,故 $f(x)=\dfrac{x}{1+x^2}$ 为奇函数,图象关于原点对称,但无周期性.

(3) 单调性、凹向、拐点、极值

$$f'(x)=\frac{(1+x^2)-2x^2}{(1+x^2)^2}=\frac{1-x^2}{(1+x^2)^2}$$

$$f''(x)=\frac{-2x(1+x^2)^2-(1-x^2)\cdot 2(1+x^2)(2x)}{(1+x^2)^4}=\frac{2x(x^2-3)}{(1+x^2)^3}$$

令 $f'(x)=0$,得驻点 $x=1,x=-1$,

令　$f''(x)=0$ 解得 $x=0, x=-\sqrt{3}, x=\sqrt{3}$. 没有一阶、二阶导数不存在的点.

(4) 把$(0,+\infty)$分区间,其讨论结果列表如下:

x	0	$(0,1)$	1	$(1,\sqrt{3})$	$\sqrt{3}$	$(\sqrt{3},+\infty)$
$f'(x)$	+	+	0	−	−	−
$f''(x)$	0	−	−	−	0	+
$f(x)$	拐点$(0,0)$	单增下凹	极大值$\frac{1}{2}$	单减下凹	拐点$\left(\sqrt{3},\frac{\sqrt{3}}{4}\right)$	单减上凹

(5) 渐近线

由于 $\lim\limits_{x\to\infty}f(x)=\lim\limits_{x\to\infty}\dfrac{x}{1+x^2}=0$,故 $y=0$ 是它的水平渐近线.

(6) 可以找一些辅助点.

(7) 综合上述讨论,其图形如下(见图 4-4-3)

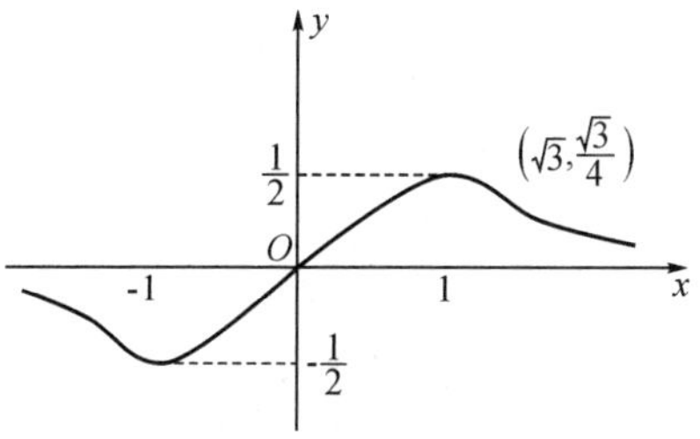

图 4-4-3

例 8　作出函数 $f(x)=\left(\dfrac{x+1}{1-x}\right)^4$ 的图象.

解　(1) 定义域 $(-\infty,1)\cup(1,+\infty)$.

(2) 非奇非偶函数,不是周期函数.

(3) 由于$f'(x)=4\cdot\left(\dfrac{x+1}{1-x}\right)^3\dfrac{1-x-(1+x)(-1)}{(1-x)^2}=\dfrac{8(1+x)^3}{(1-x)^5}$

$$f''(x)=8\cdot\frac{3(1+x)^2(1-x)^5-(1+x)^3 5(1-x)^4(-1)}{(1-x)^{10}}$$

$$=\frac{16(1+x)^2(x+4)}{(1-x)^6}$$

令 $f'(x)=0$, 得驻点 $x=-1$,

令 $f''(x)=0$ 解得 $x=-1, x=-4$，在定义域内没有一阶、二阶导数不存在的点.

(4) 列表如下：

x	$(-\infty,-4)$	-4	$(-4,-1)$	-1	$(-1,1)$	$(1,+\infty)$
$f'(x)$	$-$	$-$	$-$	0	$+$	$-$
$f''(x)$	$-$	0	$+$	0	$+$	$+$
$f(x)$	单减下凹	拐点 $\left(-4, \left(\frac{3}{5}\right)^4\right)$	单减上凹	极小值 0	单增上凹	单减上凹

(5) 渐近线

由于 $\lim\limits_{x\to 1}\left(\dfrac{x+1}{1-x}\right)^4=\infty$，故 $x=1$ 为曲线的铅直渐近线.

又因 $\lim\limits_{x\to\infty}f(x)=\lim\limits_{x\to\infty}\left(\dfrac{x+1}{1-x}\right)^4=1$，所以 $y=1$ 为曲线的水平渐近线.

(6) 再找几个辅助点

$f(-5)=\left(\dfrac{2}{3}\right)^4$， $f(0)=1$， $f(2)=81$， $f(4)=\left(\dfrac{5}{3}\right)^4$

(7) 综合上述讨论，其图形如下(见图 4-4-4)

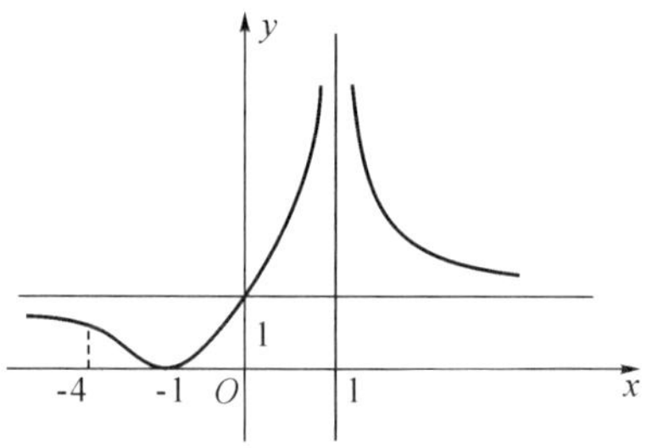

图 4-4-4

例 9 作出函数 $y=\dfrac{x^3-2}{2(x-1)^2}$ 的图形.

解：(1) 定义域 $(-\infty,1)\cup(1,+\infty)$.

(2) $y'=\dfrac{(x-2)^2(x+1)}{2(x-1)^3}, y''=\dfrac{3(x-2)}{(x-1)^4}$

令 $y'=0$，得驻点 $x=-1, x=2$；

令 $y''=0$，解得 $x=2$.

(3) 列表如下：

x	$(-\infty,-1)$	-1	$(-1,1)$	1	$(1,2)$	2	$(2,+\infty)$
y'	$+$	0	$-$	不存在	$+$	0	$+$
y''	$-$	$-$	$-$	不存在	$-$	0	$+$
y	单增下凹	$-\frac{3}{8}$ 极大值	单减下凹	无定义	单增下凹	(2,3) 拐点	单增上凹

(4) 因为$\lim\limits_{x\to1}\dfrac{x^3-2}{2(x-1)^2}=\infty$,所以,$x=1$ 是曲线的铅直渐近线.又因为

$$a=\lim_{x\to\infty}\frac{y}{x}=\lim_{x\to\infty}\frac{x^3-2}{2x(x-1)^2}=\frac{1}{2},$$

$$b=\lim_{x\to\infty}(y-ax)=\lim_{x\to\infty}\left[\frac{x^3-2}{2(x-1)^2}-\frac{1}{2}x\right]=1,$$

所以 $y=\dfrac{1}{2}x+1$ 是曲线的斜渐近线.

(5) 当 $x=0$ 时,$y=-1$;当 $y=0$ 时, $x=\sqrt[3]{2}$.

综合上述讨论,其图形如下(见图 4－4－5)

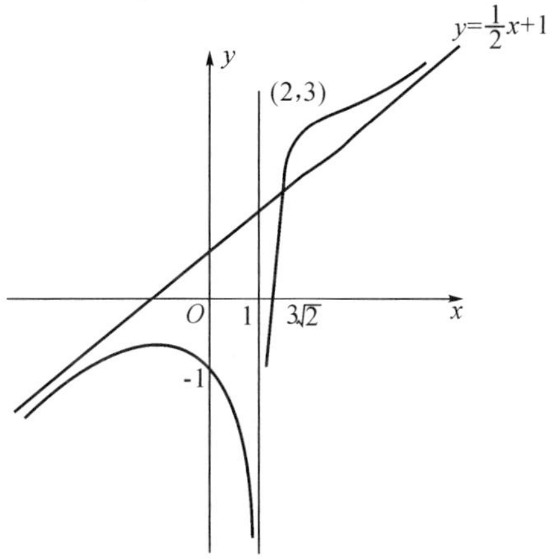

图 4－4－5

习题　4.4

1. 求下列函数曲线的拐点及上凹、下凹区间.

(1) $y=\dfrac{x^3}{3}-x^2+2$　　　　(2) $y=\mathrm{e}^{-x^2}$

(3) $y = xe^{-x}$　　(4) $y = (x-1)\sqrt[3]{x^2}$

2. 求下列函数曲线的渐近线：

(1) $f(x) = \dfrac{(x-1)^3}{(1+x)^2}$　　(2) $f(x) = xe^{\frac{1}{x^2}}$

(3) $f(x) = xe^{-x}$　　(4) $f(x) = \dfrac{2x^3}{x^2-5x+4}$

(5) $f(x) = x + \arctan x$　　(6) $f(x) = 4x + \dfrac{12}{(x-1)^2}$

3. 设曲线 $y = x^3 + 3ax^2 + 3bx + c$ 在 $x = -1$ 处有极大值，并且点(0,3)是它的拐点，试求 a,b,c 的值.

4. 作下列函数的图象：

(1) $y = 3x - x^3$　　(2) $y = \dfrac{(x-1)^3}{(x+1)^2}$

(3) $y = \dfrac{x^2}{x+1}$　　(4) $y = e^{-x^2}$

4.5　导数在经济分析中的应用

数学在经济领域的应用取得了令人瞩目的成就. 近 30 年，高等数学的许多概念都已融入到经济学中. 下面结合所学的一元微分学知识来介绍几个经济学中的概念.

4.5.1　经济学中的常用函数

需求函数

在经济学中，只有购买者同时具备了购买商品的欲望和支付能力两个条件，才称得上需求. 影响需求的因素有许多，如人口、收入、该商品的价格、其他相关商品的价格等. 在所考虑的时间范围内，如果将该商品价格外的其他因素设定为不变的，则可把该商品价格 P 看作自变量，需求量 Q 看作因变量，即需求量 Q 视为该商品价格 P 的函数，称此为需求函数，记作

$$Q = f(P).$$

需求函数一般是价格的递减函数，即价格上涨，需求量则逐步减少；价格下降，需求量则逐步增大.

习惯上，不少经济分析的著作喜欢把需求函数写成反函数形式 $P = f^{-1}(Q)$，这个反函数常被称为生产函数，但从经济意义上分析时，仍应将 P 作为自变量，把 Q 作为因变量.

成本函数

某产品的总成本是指生产一定数量的产品所需的费用总额. 它由固定成本与可变成本组成.

在生产技术水平和生产要素的价格固定不变的条件下,产品的总成本可视为产量的函数.

设 C 为总成本, C_1 为固定成本, C_2 为可变成本, x 为产量.

总成本函数 $$C(x)=C_1+C_2(x)$$

平均成本是生产一定量产品,平均每单位产品的成本.

平均成本函数 $$\bar{C}(x)=\frac{C(x)}{x}=\frac{C_1}{x}+\frac{C_2(x)}{x}$$

收益函数

总收益是生产者出售一定量产品所得到的全部收入.

设某种商品的价格为 P, 相应的需求量为 Q, 则销售该商品的总收益 R 为 PQ,又若需求函数为 $Q=f(P)$, 其反函数为 $P=g(Q)$,则

总收益函数 $$R(Q)=QP=Qg(Q)$$

平均收益是生产者出售一定量产品,平均每单位产品所得到的收入.

平均收益函数 $$\bar{R}(Q)=\frac{R(Q)}{Q}=\frac{Qg(Q)}{Q}=g(Q)=P$$

利润函数

在产量与销售量一致的前提下,总收益减去总成本得到总利润.

利润函数 $$L(Q)=R(Q)-C(Q)$$

4.5.2　边际函数

对于经济函数 $y=f(x)$, 通常把 x 在 x_0 点改变"1 个单位"时, y 相应的改变量 Δy 称为 x_0 点的"边际". 即

$$\Delta y=f(x_0+\Delta x)-f(x_0)=f(x_0+1)-f(x_0).$$

若 $f(x)$ 在 x_0 点可微,则

$$\Delta y\approx \mathrm{d}y\big|_{x=x_0}=f'(x_0)\Delta x.$$

而"$\Delta x=1$", 则 $\Delta y\approx f'(x_0)$. 即 x_0点的边际"近似"等于 $f'(x_0)$. 在实际应用中, 经济学家常常略去"近似", 而直接用 $f'(x_0)$ 表示 x_0点的边际, 这就是边际函数值的含义.

定义 4.5　设函数 $y=f(x)$ 在 x_0处可导,则称 $f'(x_0)$ 为边际函数值. 它具体的意义是:当 x 在 x_0 点改变 1 个单位时, y 改变 $f'(x_0)$ 个单位(实质是近似的).

例 1　设函数 $y=x^3$, 试求 y 在 $x=2$ 时的边际函数值.

解 因为 $y' = 3x^2$,所以 $y'(2) = 12$.

该值表明:当 $x = 2$ 时,x 改变 1 个单位(增加或减少 1 个单位),y 改变 12 个单位(增加或减少 12 个单位).

下面介绍几个经济学中常用的边际函数.

边际成本

设总成本函数 $C = C(Q)$,Q 为产量,则生产 Q 个单位产品时的边际成本函数为

$$MC = C'(Q).$$

该式可理解为当生产 Q 个单位产品,再增加 1 单位产品,总成本增加(实质是近似的)的数量.

例 2 已知某商品的成本函数为 $C(x) = 100 + \frac{x^2}{4}$,求当 $x = 10$ 时的总成本、平均成本及边际成本.

解 由于 $C(10) = 100 + \frac{100}{4} = 125$,

故
$$\overline{C}(10) = \frac{C(10)}{10} = \frac{125}{10} = 12.5,$$

而
$$MC\big|_{x=10} = \frac{x}{2}\Big|_{x=10} = 5.$$

因此 $x = 10$ 时的总成本为 125,平均成本为 12.5,边际成本为 5.

该例可表明边际成本与平均成本的显著区别.

$MC\big|_{x=10} = 5$,这表明生产由 10 个单位增至 11 个单位时实际增加的成本为 5.

边际收益

设总收益函数为 $R(Q) = QP$,P 为价格,Q 为销售量,再设 P 与 Q 之间有关系式 $P = P(Q)$,则销售 Q 个单位产品时的边际收益函数为

$$MR = R'(Q) = P(Q) + QP'(Q).$$

该式表示当销售 Q 个单位时,多销售 1 个单位产品或少销售 1 个单位产品使其增加或减少的收益.其他,如边际利润等也作类似的处理.

例 3 设某产品的需求函数为 $P = 20 - \frac{Q}{5}$,其中 P 为价格,Q 为销售量,求销售量为 15 个单位时的总收益、平均收益与边际收益.并求当销售量从 15 个单位增加到 20 个单位时收益的平均变化率.

解 设总收益为 R,则

$$R = QP(Q) = 20Q - \frac{Q^2}{5}.$$

故销售量为 15 个单位时有,

总收益　　$R(15)=\left(20Q-\dfrac{Q^2}{5}\right)\Big|_{Q=15}=255$，

平均收益　　$\overline{R}(15)=\dfrac{R(15)}{15}=P(Q)\big|_{Q=15}=17$，

边际收益　　$MR\big|_{Q=15}=\dfrac{\mathrm{d}R}{\mathrm{d}Q}\Big|_{Q=15}=\left(20-\dfrac{2Q}{5}\right)\Big|_{Q=15}=14$，

求当销售量从 15 个单位增加到 20 个单位时收益的平均变化率：

$$\frac{\Delta R}{\Delta Q}=\frac{R(20)-R(15)}{20-15}=13.$$

4.5.3　函数的弹性

上面我们利用导数讨论了一些经济量的变化率问题，这些变化率都是绝对变化率. 在经济学中，有时还需要研究经济量相对变化率. 例如，甲、乙两种商品的单价分别是 $p_1=5$ 元，$p_2=200$ 元，市场需求量分别为 $Q_1=100$ 台，$Q_2=1000$ 台，它们各涨价 1 元，即 $\Delta p_1=\Delta p_2=1$ 元，甲、乙两种商品的需求分别下降 4 台和 2 台，即 $\Delta Q_1=-4$，$\Delta Q_2=-2$，现在要判断哪种商品价格的变动对该商品的市场需求影响大？这个问题不能简单地从甲乙两种商品的市场需求分别下降 4 台和 2 台，就认为甲商品价格的变动对它的市场需求影响大. 实际上两者都涨价 1 元，但它们的涨价幅度却大不相同，商品甲涨了 $\dfrac{\Delta p_1}{p_1}=20\%$，商品乙涨了 $\dfrac{\Delta p_2}{p_2}=0.5\%$. 同样它们的市场需求的改变幅度也不同，即商品甲的市场需求下降了$\dfrac{\Delta Q_1}{Q_1}=-4\%$，商品乙市场需求下降了 $\dfrac{\Delta Q_2}{Q_2}=-0.2\%$，因此在商品涨价百分比相同的情况下，商品甲的市场需求下降的百分比为$\dfrac{\Delta Q_1/Q_1}{\Delta p_1/p_1}=-20\%$，商品乙的市场需求下降的百分比为$\dfrac{\Delta Q_2/Q_2}{\Delta p_2/p_2}=-40\%$，从这种市场需求变化的百分比相对于商品价格变化的百分比中可断定商品乙价格的变动对它的市场需求影响大. 从上述例子中可知，我们有必要研究函数的相对改变量与相对变化率. 为此有如下定义：

定义 4.6　设函数 $y=f(x)$ 在 x 处可导，函数的相对改变量

$$\frac{\Delta y}{y}=\frac{f(x+\Delta x)-f(x)}{f(x)}.$$

当 $\Delta x\to 0$ 时，$\dfrac{\Delta y}{y}\Big/\dfrac{\Delta x}{x}$ 的极限称为函数 $y=f(x)$ 在 x 处的弹性，记作$\dfrac{\mathrm{E}y}{\mathrm{E}x}$. 即

$$\frac{\mathrm{E}y}{\mathrm{E}x}=\lim_{\Delta x\to 0}\left(\frac{\Delta y}{y}\Big/\frac{\Delta x}{x}\right)=\frac{x}{f(x)}\lim_{\Delta x\to 0}\frac{\Delta y}{\Delta x}=\frac{x}{f(x)}f'(x).$$

也可将上式改写为

$$\frac{\mathrm{E}y}{\mathrm{E}x}=\frac{\mathrm{d}y/\mathrm{d}x}{y/x}=\frac{\text{边际函数}}{\text{平均函数}},$$

即在经济学中,弹性又可理解为边际函数与平均函数之比.

函数 $y=f(x)$ 在 x 处的弹性 $\frac{\mathrm{E}y}{\mathrm{E}x}$ 表示在点 x 处,当 x 产生 1% 的改变时,$f(x)$ 近似地改变 $\frac{\mathrm{E}f(x)}{\mathrm{E}x}\%$. 在应用问题中解释弹性的具体意义时,我们略去“近似”二字.

经济学中我们常用需求价格弹性来衡量价格的变动对需求量的影响程度.

定义 4.7 某商品需求函数 $Q=f(p)$,在 $p=p_0$ 处可导,把 $f'(p_0)\frac{p_0}{f(p_0)}$ 称为该商品在 $p=p_0$ 处的需求弹性. 记作 $\eta\big|_{p=p_0}=\eta(p_0)=f'(p_0)\frac{p_0}{f(p_0)}$.

例 4 某商品需求函数为 $Q=10-\frac{p}{2}$. 求:

(1) 需求价格弹性函数;

(2) 当 $p=3$ 时的需求价格弹性,并说明其经济意义;

(3) 当 $p=3$ 时,若价格上涨 1%,其总收益是增加还是减少?它将变化百分之几?

解 (1) 按弹性定义

$$\eta=Q'(p)\frac{p}{Q}=-\frac{1}{2}\frac{p}{10-\frac{p}{2}}=\frac{p}{p-20}.$$

(2) 当 $p=3$ 时的需求价格弹性为

$$\eta(3)=-\frac{3}{17}\approx-0.176,$$

其经济意义为:当 $p=3, Q=8.5$ 时,若价格提高或降低 1%,需求将由 $Q=8.5$ 起减少或增加 0.176%.

(3) 先求总收益 R 对价格 p 的弹性

由于总收益为
$$R=Qp=10p-\frac{p^2}{2},$$

于是总收益的价格弹性函数为

$$\left.\frac{\mathrm{E}R}{\mathrm{E}p}\right|_{p=3}=\left.\frac{2(10-p)}{20-p}\right|_{p=3}\approx 0.82,$$

故在 $p=3$ 时,若价格上涨 1%,其总收益约增加 0.82%.

4.5.4 函数最值在经济中的应用

在实际应用中,常会遇到这样的问题,在一定条件下,如何“使平均成本最低”、“利润最大”、“产品的用料最省”等. 把这类问题建立数学模型,可以归结为某个函数在一定范围的最大值或最小值问题.

平均成本最低问题

生产实际中,常常要解决这样的问题,即在既定的生产规模条件下,如何生产能使平均成本最低.

设某产品的产量为 x 个单位,$C(x)$ 代表总成本,于是在 x 处的边际成本为

$$C' = C'(x),$$

而生产每单位产品的平均成本为

$$\bar{C}(x) = \frac{C(x)}{x},$$

因而
$$[\bar{C}(x)]' = \left[\frac{C(x)}{x}\right]' = \frac{xC'(x) - C(x)}{x^2},$$

令$[\bar{C}(x)]' = 0$,即
$$xC'(x) - C(x) = 0,$$

由可导函数极值存在的必要条件知,使平均成本为最小的生产量 x_0 应满足

$$x_0C'(x_0) - C(x_0) = 0,$$

即
$$C'(x_0) = \frac{C(x_0)}{x_0} = \bar{C}(x_0).$$

从上式导出了经济学中的一个重要结论:**产出水平(生产量 x_0)能使边际成本等于平均成本时,平均成本最低.**

例 5　设成本函数为 $C(x) = 54 + 18x + 6x^2$,试求平均成本最小的产量.

解　平均成本为 $\bar{C}(x) = \dfrac{C(x)}{x} = \dfrac{54}{x} + 18 + 6x(x > 0)$,

$[\bar{C}(x)]' = \dfrac{-54}{x^2} + 6$,　令$[\bar{C}(x)]' = 0$,解得唯一驻点 $x = 3$(负值舍去).

由于
$$[\bar{C}(x)]'' = \frac{108}{x^3} > 0,(x > 0),$$

故 $x = 3$ 是 $\bar{C}(x)$ 的极小值点,也就是平均成本最小的产量.

再看,$\bar{C}(3) = 54 = C'(3)$,即 $x = 3$ 时,使边际成本等于平均成本,也使平均成本达到最小.

最大收益问题

设总收益为 R,p 为销售价格,Q 为销售量,再设 $Q = f(p)$,则总收益 R 对价格 p 的边际收益与需求弹性有下述关系,

$$\begin{aligned}\frac{\mathrm{d}R}{\mathrm{d}p} &= [Qp]' = [pf(p)]' \\ &= f(p) + pf'(p) = f(p)\left(1 + f'(p)\,\frac{p}{f(p)}\right)\end{aligned}$$

$$= f(p)(1+\eta(p)),$$

即有
$$\frac{dR}{dp} = f(p)(1+\eta(p)),$$

令 $\frac{dR}{dp}=0$，解得 $\eta(p)=-1$.

上式也给出了一个重要结论：**当收益取得最大时，价格弹性必为 -1.**

例 6 已知某商品的需求函数为 $Q=20-\frac{p}{3}$，其中 Q 为需求量，p 销售价格. 求销售价定为多少时，收益最大？并求获最大收益时的需求量.

解 收益 R 与 p 之间的关系有

$$R = pQ = p(20-\frac{p}{3}), p>0,$$

故
$$R'(p) = 20-\frac{2}{3}p,$$

令 $R'(p)=20-\frac{2}{3}p=0$，解得唯一驻点 $p=30$.

由于 $R''(p)=-\frac{2}{3}<0$，所以 $p=30$ 是 $R(p)$ 的极大值点，即 $p=30$ 时收益最大. 此时需求量为 $Q=10$.

并有 $\eta(30)=\frac{Q'(30)}{Q(30)}\cdot 30=-1$，即获最大收益时，需求价格弹性为 -1.

最大利润问题

在经济学中，总收入和总成本都可以表示为产量 x 的函数，分别记 $R(x)$ 和 $C(x)$，则总利润 $L(x)$ 可表示为 $L(x)=R(x)-C(x)$.

为使总利润最大，令其一阶导数等于零，即 $L'(x)=R'(x)-C'(x)=0$，由此得

$$R'(x)=C'(x).$$

因此上式表示**欲使总利润最大，必须使边际收益等于边际成本.**

例 7 设某厂每月生产某产品的总成本 $C(x)=1000+6x-0.003x^2+10^{-6}x^3$，每单位产品的价格是 6 元，求使利润最大的最佳产量.

解 利润函数
$$\begin{aligned} L(x) &= R(x)-C(x) = px - C(x) \\ &= 6x-(1000+6x-0.003x^2+10^{-6}x^3) \\ &= 0.003x^2-10^{-6}x^3-1000 \qquad (x>0) \end{aligned}$$

故 $L'(x)=0.006x-3\times 10^{-6}x^2$

令 $L'(x)=0$，解得唯一驻点 $x=2000$.

又由于 $L''(x)=0.006-6\times 10^{-6}x$，$L''(2000)=-6\times 10^{-3}<0$，

所以 $x=2000$ 是 $L(x)$ 的极大值点，即当产量 $x=2000$ 时，获利最大.

例 8　某商店每天向工厂按出厂价每件 3 元购进一批商品零售. 若零售价定为每件 4 元,估计销售量为 400 件,若一件售价每降低 0.05 元,则可多销售 40 件,问每件售价应定为多少和从工厂购进多少件时,才可获得最大利润?最大利润为多少元?

解　设利润为 L,进货量为 x 件,售价为 p 元 / 件,则利润为

$$L=(p-3)x,$$

由题意可得 p 与 x 的关系式

$$x=400+\frac{4-p}{0.05}\cdot 40=3600-800p,$$

所以有

$$\begin{aligned}L(p)&=(p-3)(3600-800p)\\&=-800p^2+6000p-10800,\\L'(p)&=-1600p+6000,\end{aligned}$$

令 $L'(p)=0$,解得唯一驻点 $p=3.75$.

又由于

$$L''(p)=-1600<0,$$

故 $p=3.75$ 是 $L(p)$ 的极大值点,即当定价为每件 3.75 元时,获利最大. 且此时的进货量为

$$x=3600-800\times 3.75=600(\text{件}),$$

最大利润为

$$L(3.75)=450(\text{元}).$$

库存管理问题

企业为了完成一定的生产任务,都要预存一些生产所需的材料,称为库存. 但是在总需要量一定的条件下,订购批量大,订购次数少,订购费用就小,而库存费用就要增加;反之订购费用大,而库存费用就小. 因此就有一个如何确定订购批量使总费用最少的问题.

假定某企业某种物资的年需用量为 S,单价为 p,平均一次订购费用为 C_1,年保管费用率为 I(年保管费用率 = 年保管费 ÷ 单价),订购批量为 Q,进货周期为 T,并我们假定在"均匀销售"(即日销售量为常数),"成批到货,不许短缺"的情况下,则年总费用 C 由两部分组成:

(1) 订货费用:因按假设每次订货费用为 C_1,全年共订购次数为 $\frac{S}{Q}$,订购费用为 $\frac{C_1S}{Q}$;

(2) 保管费用:因每一进货周期 T 内都是初始库存量最大,到每个周期末库存量为零,所以在均匀销售下全年每天平均存量为 $\frac{1}{2}Q$(批量的一半).

因此保管费用 $\frac{1}{2}QpI$,于是年总费用为

$$C=\frac{C_1S}{Q}+\frac{1}{2}QpI.$$

故欲使总费用最少,只要令$\frac{dC}{dQ}=0$,即

$$-\frac{C_1 S}{Q^2}+\frac{1}{2}pI=0.$$

由此解得最优订购量

$$Q_{\max}=\sqrt{\frac{2C_1 S}{pI}}.$$

例 9 某公司全年需购进某商品 1000 台,每台购进价格为 3500 元,分若干批进货,每批进货台数相同. 每次进货需运输费 1400 元. 商品均匀投放市场,该商品每年每台库存费为进货价格的 5%. 求最优批量.

解 设批量为 x 台,则全年需分 $\frac{1000}{x}$ 批进货. 按题意全年在该商品上的投资总数 $C(x)$ 分为以下 3 部分:

所购货物总货价	3500×1000;
全年进货运输费	$1400\times\frac{1000}{x}$;
全年库存费	$3500\times5\%\times\frac{x}{2}$.

于是

$$C(x)=3500\times1000+1400\times\frac{1000}{x}+3500\times5\%\times\frac{x}{2}$$

$x\in X$(X 为 1000 的全体约数)

$$C'(x)=-14\times\frac{10^5}{x^2}+\frac{175}{2},$$

令 $C'(x)=0$,得 $x^2=16000$,取正值解得唯一驻点

$$x=126.49.$$

因为

$$C''(x)=\frac{2\times14\times10^5}{x^3}>0,\ x\in X,$$

故函数必有最小值,即当 $x=126.49$ 时可使总费用最省. 但 $x=126.49\notin X$,于是在 X 中取最靠近 $x=126.49$ 的两个点 $x_1=125$ 及 $x_2=200$ 比较:

$$C(125)=3522137.5(\text{元})$$

$$C(200)=3524500(\text{元})$$

$$C(125)<C(200),$$

所以最优批量应为 125 台.

注意:由于很多经济函数的自变量只取正整数值,是离散的点,不能直接运用微积分

方法，故一般应先将其定义域X扩大到相应的连续区间$\ddot{X}$(如例 9)，然后再利用导数求其最值.如果所求得的最值点$x_0\in X$，则x_0也必定是原经济函数所要求的最值点.如果$x_0\notin X$，则可按例 9 中的做法，分别在X中取两点x_1及x_2，其中x_1是X中小于x_0的最大数；x_2是X中大于x_0的最小数.比较x_1及x_2处的函数值，如果所求的是经济函数的最大值，就取两个函数值中较大的一个；如果所求的是经济函数的最小值，就取两个函数值中较小的一个.在例 9 中为不使解题过程过于烦琐，我们省略了扩充定义域过程，但应作上述理解.

习题　4.5

1. 某制造商发现销售某种产品x个单位的收益为$R(x)=0.0002x^3+10x$，试求出：

(1) 销售 50 个单位产品时的边际收益；

(2) 销售由 50 个单位增加至 51 个单位时实际增加的收益.

2. 设总成本函数$C(Q)=0.001Q^3-0.3Q^2+40Q+1000$，求：

(1) $Q=50$单位时的总成本、平均成本；

(2) $Q=50$单位时的边际成本.

3. 设某产品生产x个单位的总收入R为x的函数，

$$R=R(x)=200x-0.01x^2,$$

求：生产 50 个单位产品时的总收入及平均单位产品的收入和边际收入.

4. 设某产品的价格函数为$p=60-\dfrac{x}{1000}(10000\leqslant x\leqslant 60000)$，其中$x$为销售量(件)，又设生产该产品的固定成本为 60000 元，变动成本为每件 20 元，试求：

(1) 成本函数和边际成本函数；

(2) 收益函数和边际收益函数；

(3) 销售量x对价格p的弹性.

5. 设某商品的总收益$R(x)=16x-2x^2$(x为销售量)，求：

(1) 需求对价格的弹性η；

(2) 价格$p=6$时需求对价格的弹性，并说明其经济意义；

(3) $p=6$时，若价格上调 3%，需求将减少百分之几？

6. 设$f_1(x)$对x的弹性为$\dfrac{\mathrm{E}f_1(x)}{\mathrm{E}x}$，$f_2(x)$对$x$的弹性为$\dfrac{\mathrm{E}f_2(x)}{\mathrm{E}x}$，试证：$y=\dfrac{f_1(x)}{f_2(x)}$在$x$处的弹性为$\dfrac{\mathrm{E}y}{\mathrm{E}x}=\dfrac{\mathrm{E}f_1(x)}{\mathrm{E}x}-\dfrac{\mathrm{E}f_2(x)}{\mathrm{E}x}$.

7. 某商品的成本函数为$C=Q^3-6Q^2+15Q$(Q为产量).

(1) 产量为多少时，可使平均成本最小？

（2）求出边际成本，并验证当平均成本达到最小时，边际成本等于平均成本.

8. 一公司某产品的需求函数为 $p=10-3Q$，平均成本 $\bar{C}(Q)=Q$，问：当产品的需求量为多少时可使利润最大？并求最大利润.

9. 设某产品的需求函数为 $Q=125-5P$（其中 Q 表示需求量，P 表示价格，单位：百元），若生产该产品的固定成本为100（百元），多生产一个产品成本增加4（百元），且工厂自产自销，产销平衡，试问如何定价，才能使工厂获得利润最大？最大利润是多少？

10. 某糖果厂生产的奶糖每袋售价5.4元，如果每周销售量为 Q（千袋）时，每周成本为

$$C(Q)=2400+4000Q+100Q^2\text{（元）},$$

设价格不变，求：

（1）可以获利的销售量范围；

（2）每周销售多少袋时，可获最大利润.

11. 某厂生产摄影机，年产量1000台，每台成本800元，每一季度每台摄影机的库存费用是成本的5%，工厂分批生产，每批生产准备费为5000元；市场对产品一致需求，不许缺货，试决策批量使一年总费用最少.

复习题四

一、单项选择题

1. 下列函数中，在[−1, 1]上满足罗尔定理条件的是（　　）.

A. $f(x)=\begin{cases}\sin\dfrac{1}{x}, & x\neq 0\\ 0, & x=0\end{cases}$　　B. $f(x)=\begin{cases}x\sin\dfrac{1}{x}, & x\neq 0\\ 0, & x=0\end{cases}$

C. $f(x)=\begin{cases}x^2\sin\dfrac{1}{x}, & x\neq 0\\ 0, & x=0\end{cases}$　　D. $f(x)=\begin{cases}x^2\sin\dfrac{1}{x^2}, & x\neq 0\\ 0, & x=0\end{cases}$

2. 设 $f(x)=x\ln x$，则 $f(x)$（　　）.

A. 在 $\left(0, \dfrac{1}{e}\right)$ 内单调减少　　B. 在 $\left(\dfrac{1}{e}, +\infty\right)$ 内单调减少

C. 在 $(0, +\infty)$ 内单调减少　　D. 在 $(0, +\infty)$ 内单调增加

3. 设函数 $f(x)$ 在 $[a, b]$ 上连续，且 $f(a)=f(b)$，但 $f(x)$ 不恒为常数，则在 (a, b) 内（　　）.

A. 必有最大值或最小值　　B. 既有最大值又有最小值

C. 既有极大值又有极小值　　D. 至少存在一点 ξ 使 $f'(\xi)=0$

4. 函数 $f(x)$ 在$[a, b]$上有 $f'(x) < 0, f''(x) > 0$,则曲线 $y = f(x)$ 在$[a, b]$上(　　).

A. 单调递减,图形上凹　　B. 单调递减,图形下凹

C. 单调递增,图形上凹　　D. 单调递增,图形下凹

5. 设函数 $f(x)$ 有一阶连续的导数,且 $\lim\limits_{x \to x_0} f'(x) = 2$,则 $f(x_0)$(　　).

A. 是 $f(x)$ 的极大值　　B. 是 $f(x)$ 的极小值

C. 不是 $f(x)$ 的极值　　D. 不一定是 $f(x)$ 的极值

6. 设函数 $f(x)$ 在点 x_0 二阶可导,且 $f'(x_0) = f''(x_0) = 0$,则 $f(x)$ 在点 x_0 处(　　).

A. 一定有极大值　　B. 一定有极小值

C. 不一定有极值　　D. 一定没有极值

7. 函数 $f(x)$ 在点 x_0处取得极小值,则必有(　　).

A. $f'(x_0) = 0$　　B. $f''(x_0) > 0$

C. $f'(x_0) = 0$,且 $f''(x_0) > 0$　　D. $f'(x_0) = 0$ 或 $f'(x_0)$ 不存在

8. 若函数 $f(x)$ 在$[1, 3]$上连续,在$(1, 3)$内可导,且 $f(1) = f(3) + 1$,则在$(1, 3)$内曲线 $y = f(x)$ 上至少有一条切线平行于直线(　　).

A. $y = 2x$　　B. $y = -2x$　　C. $y = \frac{1}{2}x$　　D. $y = -\frac{1}{2}x$

9. 条件 $f''(x_0) = 0$ 是 $f(x)$ 的图形在点$(x_0, f(x_0))$处有拐点的(　　)条件.

A. 必要　　B. 充分

C. 充分必要　　D. 既非充分又非必要

10. 若在 x_0 的邻域内 $f'''(x) > 0$,且 $f''(x_0) = 0$,则曲线 $y = f(x)$ 在点$(x_0, f(x_0))$两侧的凹向是(　　).

A. 左侧下凹,右侧上凹　　B. 左侧上凹,右侧下凹

C. 左、右两侧均为下凹　　D. 左、右两侧均为上凹

11. 设 $f(x)$ 在区间$[a, b]$上恒有 $f''(x) > 0$,则在(a, b)内,(　　)使 $f'(x_0) = \frac{f(b) - f(a)}{b - a}$.

A. 至少有一点 x_0　　B. 有唯一的 x_0

C. 不存在 x_0　　D. 不能断定是否有 x_0

12. 设 $f(x) = \frac{1}{3}x^3 - x$,则 $x = 1$ 为 $f(x)$ 在 $[-2, 2]$ 上的(　　).

A. 极小值点,但不是最小值点　　B. 极小值点,也是最小值点

C. 极大值点,但不是最大值点　　D. 极大值点,也是最大值点

13. 点 (1, 2) 是曲线 $y=ax^3+bx^2$ 的拐点,则(　　).

A. $a=-1, b=3$　　B. $a=0, b=1$

C. a 为任意数, $b=3$　　D. $a=-1$, b 为任意数

14. 曲线 $y=\frac{2x+x^2}{(x-1)(x+2)}$ 有(　　)条渐近线.

A. 0　　B. 1　　C. 2　　D. 3

15. 已知 $f(x)$ 在点 $x_0=0$ 的某邻域内连续,且 $\lim\limits_{x\to 0}\frac{f(x)}{1-\cos x}=2$,则在点 $x_0=0$ 处, $f(x)$(　　).

A. 不可导　　B. 可导, $f'(0)\neq 0$

C. 取得极小值　　D. 取得极大值

二、填空题

1. 函数 $y=\ln(x+1)$ 在 $[0, 1]$ 上满足拉格朗日中值定理的 $\xi=$ ____________.

2. 函数 $y=2^{\sin x}$ 在 $[0, \pi]$ 上满足罗尔定理的 $\xi=$ ____________.

3. $\lim\limits_{x\to 0}\frac{\ln\cos x}{x^2}=$ ____________.

4. $y=xe^x$ 在 $x=$ ____ 处取得极____ 值.

5. 函数 $y=x+\frac{1}{x}$ 的单调减少区间为____________.

6. 函数若 $y=2\sin x+a\sin 3x$ 在 $x=\frac{\pi}{3}$ 处有极值,则 $a=$ ____________.

7. 曲线 $f(x)=x^3-3x$ 上的拐点是____________.

8. 曲线 $f(x)=\frac{x^4}{12}-\frac{1}{2}x^2+x+1$ 的下凹区间为____________.

9. 曲线 $y=xe^{-x}$ 的水平渐近线为____________.

10. 曲线 $y=\frac{(e^{2x}-1)(x+1)}{x(x^2-1)}$ 的铅直渐近线为____________.

三、计算题

1. $\lim\limits_{x\to 1^+}\frac{\ln(x-1)}{\ln(e^x-e)}$　　2. $\lim\limits_{x\to+\infty}\frac{\ln\left(1+\frac{1}{x}\right)}{\operatorname{arccot}x}$

3. $\lim\limits_{x\to\infty}x\left[\left(1+\frac{1}{x}\right)^x-e\right]$　　4. $\lim\limits_{x\to a}\left(\frac{\sin x}{\sin a}\right)^{\frac{1}{x-a}}(a\neq k\pi, k=0, \pm 1, \cdots)$

5. $\lim\limits_{x\to 0}\left(\frac{2^x+3^x}{2}\right)^{\frac{1}{x}}$　　6. $\lim\limits_{x\to 0}\left(\frac{1}{\sin x}-\frac{1}{x}\right)$

7. 已知函数 $y=\frac{2x^2}{(x-1)^2}$,求:

(1) 函数的增减区间及极值；

(2) 曲线的上凹、下凹区间和拐点.

8. 设 $y = ax^3 - 6ax^2 + b$ 在 $[-1, 2]$ 上的最大值为 3，最小值为 -29，又 $a > 0$，求 a, b 的值.

9. 求曲线 $y = ax^3 + bx^2 + cx + d$ 中的 a, b, c, d，使得该曲线过原点，在点 $(1, 1)$ 处有水平切线，并且 $(1, 1)$ 是曲线的拐点.

10. 求曲线 $f(x) = \dfrac{|x^3 + 1| + x^3}{x^2 + x + 1}$ 的渐近线.

11. 设函数 $y = y(x)$ 由方程 $x^3 - 3xy^2 + 2y^3 = 32$ 确定，试讨论该函数有无极值点. 若有，求出此极值点，并说明是极大还是极小值点？

四、应用题

1. 设某商品的需求函数 $Q = 12 - p^2$，其中 Q 为需求量，p 为单价，试求：

(1) p 为多少时，总收益最大？

(2) 当收益最大时，需求量是多少？

2. 某旅行社举办风景区旅游团，若每团人数不超过 30 人，飞机票每张收费 900 元；若每团人数多于 30 人，则给予优惠，每多 1 人，机票每张减少 10 元，直至每张降为 450 元为止. 每团乘飞机，旅行社需付给航空公司包机费 15000 元，

(1) 写出飞机票的价格函数；

(2) 每团人数为多少时，旅行社可获最大利润？

3. 某商品的需求函数为 $Q = Q(P) = 12 - 0.01P^2$，单位：Q— 吨，P— 百元，求：

(1) $P = 10$ 时的边际需求，并说明其经济意义；

(2) $P = 10$ 时的需求弹性，并说明其经济意义；

(3) $P = 10$ 时，若价格上涨 1%，总收益将变化百分之几？是增加还是减少？

(4) $P = 30$ 时，若价格上涨 1%，总收益将变化百分之几？是增加还是减少？

五、证明题

1. 证明当 $x > 0$ 时，$\ln(1 + x) > \dfrac{\arctan x}{x + 1}$.

2. 利用中值定理证明：方程 $5ax^4 + 4bx^3 + 3cx^2 + 2dx = a + b + c + d$ 在 $(0, 1)$ 内至少有一个根.

3. 证明方程 $\sin x - x = 1$ 只有一个实根.

4. 已知函数 $f(x)$ 二阶可导，且 $f''(x) > 0$，试证：$f'(0) < f(1) - f(0) < f'(1)$.

5. 设 $f(x)$ 在 $[a, b]$ 上为正值的连续函数，在 (a, b) 内可导，试证：至少存在一点 $c \in (a, b)$，使 $\ln \dfrac{f(b)}{f(a)} = \dfrac{f'(c)}{f(c)}(b - a)$.

第五章　不定积分

一元函数积分学包括不定积分和定积分两部分，不定积分是作为微分学的逆问题引进的. 微分学的基本问题是给定函数 $F(x)$，求其导数 $F'(x)$. 但在许多的实际问题中，往往需要解决相反的问题，这就是已知某函数的导数，反过来求这个函数的问题，即给定函数 $f(x)$，求满足 $F'(x)=f(x)$ 的函数 $F(x)$，这种运算叫做求原函数，也就是求不定积分，这是本章要讨论的积分学中的基本问题之一.

5.1　不定积分的概念及性质

5.1.1　原函数与不定积分的概念

定义 5.1　设 $f(x)$ 是定义在区间 I 上的函数，若存在函数 $F(x)$，使得对任一 $x\in I$ 均有

$$F'(x)=f(x)\text{ 或 }\mathrm{d}F(x)=f(x)\mathrm{d}x,$$

那么函数 $F(x)$ 就称为 $f(x)$ 在区间 I 上的一个**原函数**.

例如，因为 $(\sin x)'=\cos x$，故 $\sin x$ 是 $\cos x$ 的一个原函数. 又如，因为 $(x^2)'=2x$，故 x^2 是 $2x$ 的一个原函数.

对于一个函数 $f(x)$，我们关心的是如果它的原函数存在，那么是否唯一？如果不唯一，有多少个，这些原函数之间有何关系，怎样寻找全体原函数？

事实上，一个函数的原函数不是唯一的. 因为 $[F(x)+C]'=f(x)$（C 为任意常数），若函数 $F(x)$ 是函数 $f(x)$ 的一个原函数，则 $F(x)+C$ 也是 $f(x)$ 的原函数. 这说明，如果 $f(x)$ 有一个原函数，那么 $f(x)$ 就有无限多个原函数.

设 $G(x)$ 是 $f(x)$ 的另一个原函数，即对任一 $x\in I$，有

$$G'(x)=f(x),$$

于是

$$[G(x)-F(x)]'=G'(x)-F'(x)=f(x)-f(x)=0.$$

由于导数恒为零的函数必为常数，从而

$$G(x)-F(x)=C_0\,(C_0\text{ 为某个常数}),$$

这表明 $f(x)$ 的任意两个原函数之间只差一个常数. 由此可知,当我们知道了 $f(x)$ 的一个原函数 $F(x)$ 后,表达式 $F(x)+C$(C 是任意常数) 就可以表示 $f(x)$ 的任意一个原函数,也就是说 $F(x)+C$ 包含了 $f(x)$ 的所有原函数.

基于上述的说明,我们引进如下的不定积分定义.

定义 5.2　在区间 I 上,函数 $f(x)$ 的所有原函数 $F(x)+C$ 称为 $f(x)$ 在区间 I 上的不定积分,记为

$$\int f(x)\mathrm{d}x = F(x)+C.$$

其中记号 $\int$ 称为积分号,$f(x)$ 称为被积函数,$f(x)\mathrm{d}x$ 称为被积表达式,x 称为积分变量,C 称为积分常数.

注意:由于函数 $f(x)$ 的不定积分表示 $f(x)$ 的全体原函数,因此不定积分必须加积分常数 C.

对于一个已知函数 $f(x)$,在什么条件下它一定有原函数存在呢?关于这一点,我们将在下一章中说明,现在先给出结论:连续函数一定具有原函数. 由于初等函数在其定义域上都是连续的,因此初等函数在其定义域上一定存在原函数.

例 1　求下列不定积分:

(1) $\int x^3\mathrm{d}x$;　　　　(2) $\int \sin x\mathrm{d}x$.

解　(1) 由于 $\left(\dfrac{x^4}{4}\right)' = x^3$,所以 $\dfrac{x^4}{4}$ 是 x^3 的一个原函数. 因此

$$\int x^3\mathrm{d}x = \frac{x^4}{4}+C.$$

(2) 由 $(-\cos x)' = \sin x$ 知 $-\cos x$ 是 $\sin x$ 的一个原函数,故

$$\int \sin x\mathrm{d}x = -\cos x + C.$$

例 2　已知曲线 $y=f(x)$ 通过点(1,2),且在任一点处的切线斜率为 $2x$,求此曲线的方程.

解　根据题意知

$$f'(x) = 2x,$$

即 $f(x)$ 是 $2x$ 的一个原函数,而

$$\int 2x\mathrm{d}x = x^2 + C,$$

故必有某个常数 C 使得 $f(x) = x^2 + C$.

由曲线通过点(1,2),得 $2 = 1 + C$,即 $C = 1$,故所求曲线方程为

$$y = x^2 + 1.$$

5.1.2　不定积分的几何意义

在例 2 中,平面曲线 $y = x^2 + 1$ 可以由曲线 $y = x^2$ 沿 y 轴向上平移一个单位得到,类似地,曲线 $y = x^2$ 沿 y 轴上下平移可以得到一族平面曲线 $y = x^2 + C$,它的每一条曲线在横坐标为 x 的点处的切线斜率都是 $2x$,即这些曲线在横坐标相同的点处切线都是互相平行的(图 5－1－1).

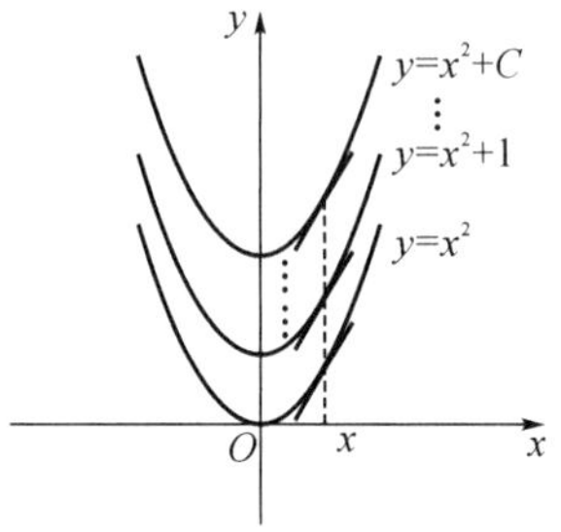

图 5－1－1

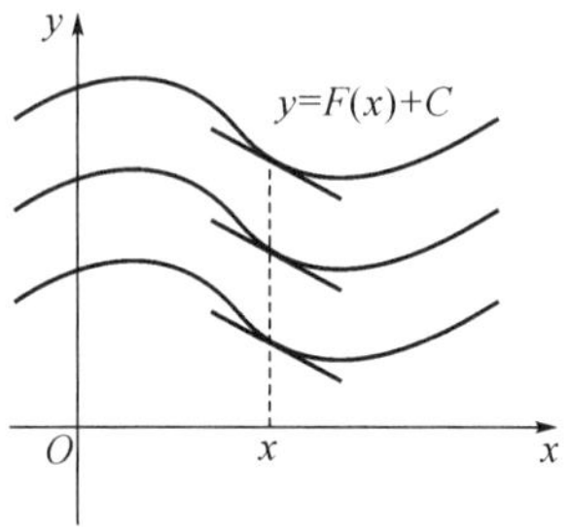

图 5－1－2

一般地，设函数 $f(x)$ 在某区间上的一个原函数为 $F(x)$,在几何上将曲线 $y = F(x)$ 称为 $f(x)$ 的一条积分曲线. 不定积分 $\int f(x)\mathrm{d}x = F(x) + C$ 的图形是一族积分曲线(图 5－1－2). 该积分曲线族具有以下两个特点：

(1) 积分曲线族中任一曲线 $y = F(x) + C$ 都可以由积分曲线 $y = F(x)$ 沿 y 轴向上 $(C > 0)$ 或向下 $(C < 0)$ 移动 $|C|$ 个单位得到；

(2) 积分曲线族中横坐标相同的点处切线都平行.

5.1.3　不定积分的基本积分公式

由于积分运算是微分运算的逆运算,可以从导数的基本公式得到相应的积分基本公式. 下面我们把一些基本的积分公式列成一个表,称为基本积分表.

表 5－1

(1) $\int 0\mathrm{d}x = C$;

(2) $\int x^{\alpha}\mathrm{d}x = \frac{1}{\alpha + 1}x^{\alpha+1} + C(\alpha \neq -1)$;

(3) $\int \frac{1}{x}\mathrm{d}x = \ln|x| + C$;

(4) $\int \cos x\mathrm{d}x = \sin x + C$;

(5) $\int \sin x\mathrm{d}x = -\cos x + C$;

续　表

(6) $\int \frac{1}{\cos^2 x}dx = \int \sec^2 x dx = \tan x + C$;
(7) $\int \frac{1}{\sin^2 x}dx = \int \csc^2 x dx = -\cot x + C$;
(8) $\int \sec x \tan x dx = \sec x + C$;
(9) $\int \csc x \cot x dx = -\csc x + C$;
(10) $\int a^x dx = \frac{a^x}{\ln a} + C$,特别地 $\int e^x dx = e^x + C$;
(11) $\int \frac{1}{1+x^2}dx = \arctan x + C$;
(12) $\int \frac{1}{\sqrt{1-x^2}}dx = \arcsin x + C$.

以上 12 个基本积分公式是计算不定积分的基础,必须熟记.

5.1.4　不定积分的性质

从不定积分的定义可推得如下性质:

性质 1(积分与微分运算的互逆性质)

(1) $[\int f(x)dx]' = f(x)$ 或 $d[\int f(x)dx] = f(x)dx$;

(2) $\int F'(x)dx = F(x) + C$ 或 $\int dF(x) = F(x) + C$.

即若先求不定积分,再求导数,其结果是被积函数还原;反之,若先求导数,再求不定积分,其结果是原函数 $F(x)$ 加上一个任意常数,即表明微分运算与不定积分运算互为逆运算.因此,可以利用此性质验证不定积分计算的正确性.

利用微分运算法则和不定积分的定义,可得下列运算性质:

性质 2　两个函数的代数和的不定积分等于各函数不定积分的代数和,即

$$\int [f(x) \pm g(x)]dx = \int f(x)dx \pm \int g(x)dx.$$

此性质对有限个函数也成立.

性质 3　被积函数中不为零的常数因子可以移到积分号的前面,即

$$\int kf(x)dx = k\int f(x)dx \quad (k \text{ 是非零常数}).$$

利用基本积分公式以及不定积分的性质,可以直接计算一些简单函数的不定积分,这一方法称为**直接积分法**.

例 3　求$\int(3x^3-2x^2+x+1)\mathrm{d}x$.

解　$\int(3x^3-2x^2+x+1)\mathrm{d}x=3\int x^3\mathrm{d}x-2\int x^2\mathrm{d}x+\int x\mathrm{d}x+\int\mathrm{d}x$

$$=\frac{3}{4}x^4-\frac{2}{3}x^3+\frac{1}{2}x^2+x+C.$$

应当注意,对于不定积分的和(或差),每个积分都含有任意常数,由于这些任意常数的和仍是任意常数,因此,只要总的写出一个任意常数C即可. 由于求导运算与积分运算互逆,所以,如果对积分的结果求导,看它的导数是否等于被积函数,相等时结果是正确的,否则结果是错误的. 就例 3 的结果而言,由于

$$\left(\frac{3}{4}x^4-\frac{2}{3}x^3+\frac{1}{2}x^2+x+C\right)'=3x^3-2x^2+x+1,$$

所以结果是正确的.

例 4　求$\int(3\mathrm{e}^x-4\sin x+2^x)\mathrm{d}x$.

解　$\int(3\mathrm{e}^x-4\sin x+2^x)\mathrm{d}x=3\int\mathrm{e}^x\mathrm{d}x-4\int\sin x\mathrm{d}x+\int 2^x\mathrm{d}x$

$$=3\mathrm{e}^x+4\cos x+\frac{2^x}{\ln 2}+C.$$

例 5　求$\int 2^x\mathrm{e}^x\mathrm{d}x$.

解　因为$2^x\mathrm{e}^x=(2\mathrm{e})^x$,所以由积分公式(10)得

$$\int 2^x\mathrm{e}^x\mathrm{d}x=\int(2\mathrm{e})^x\mathrm{d}x=\frac{2^x\mathrm{e}^x}{\ln(2\mathrm{e})}+C=\frac{2^x\mathrm{e}^x}{1+\ln 2}+C.$$

对于被积函数含三角函数的不定积分,如果不属于基本积分表的形式,常利用三角恒等式,将被积函数化为能分项积分的函数.

例 6　求$\int\cos^2\frac{x}{2}\mathrm{d}x$.

解　$\int\cos^2\frac{x}{2}\mathrm{d}x=\int\frac{1}{2}(1+\cos x)\mathrm{d}x=\frac{1}{2}\left(\int\mathrm{d}x+\int\cos x\mathrm{d}x\right)=\frac{1}{2}(x+\sin x)+C.$

例 7　求$\int\tan^2x\mathrm{d}x$.

解　$\int\tan^2x\mathrm{d}x=\int(\sec^2x-1)\mathrm{d}x=\int\sec^2x\mathrm{d}x-\int\mathrm{d}x=\tan x-x+C.$

例 8　求$\int\frac{1}{1+\cos 2x}\mathrm{d}x$.

解　$\int\frac{1}{1+\cos 2x}\mathrm{d}x=\int\frac{1}{2\cos^2x}\mathrm{d}x=\frac{1}{2}\int\sec^2x\mathrm{d}x=\frac{1}{2}\tan x+C.$

例 9　求$\int\frac{1}{\sin^2 x\cos^2 x}dx$.

解　由于$\frac{1}{\sin^2 x\cos^2 x}=\frac{\sin^2 x+\cos^2 x}{\sin^2 x\cos^2 x}=\frac{1}{\cos^2 x}+\frac{1}{\sin^2 x}$,故可分项积分,

$$\int\frac{1}{\sin^2 x\cos^2 x}dx=\int\left(\frac{1}{\cos^2 x}+\frac{1}{\sin^2 x}\right)dx=\int\frac{1}{\cos^2 x}dx+\int\frac{1}{\sin^2 x}dx$$

$$=\int\sec^2 x dx+\int\csc^2 x dx=\tan x-\cot x+C.$$

例 10　求$\int\frac{\sin^2 x}{1+\cos 2x}dx$.

解　$\int\frac{\sin^2 x}{1+\cos 2x}dx=\int\frac{\sin^2 x}{2\cos^2 x}dx=\frac{1}{2}\int(\sec^2 x-1)dx=\frac{1}{2}(\tan x-x)+C.$

例 11　求$\int\frac{x^4}{1+x^2}dx$.

解　对于有理函数的积分,如不属于表5-1中的形式,可通过拆项,化为几个分式之和,再分项积分.

$$\int\frac{x^4}{1+x^2}dx=\int\frac{(x^4-1)+1}{1+x^2}dx=\int\frac{(x^2+1)(x^2-1)+1}{1+x^2}dx$$

$$=\int\left(x^2-1+\frac{1}{1+x^2}\right)dx=\frac{1}{3}x^3-x+\arctan x+C.$$

例 12　求$\int\frac{1}{x^2(1+x^2)}dx$.

解　$\int\frac{1}{x^2(1+x^2)}dx=\int\frac{1+x^2-x^2}{x^2(1+x^2)}dx=\int\left(\frac{1}{x^2}-\frac{1}{1+x^2}\right)dx$

$$=-\frac{1}{x}-\arctan x+C.$$

例 13　求$\int\frac{(1+x)^2}{x(1+x^2)}dx$.

解　$\int\frac{(1+x)^2}{x(1+x^2)}dx=\int\frac{1+x^2+2x}{x(1+x^2)}dx=\int\left(\frac{1}{x}+\frac{2}{1+x^2}\right)dx$

$$=\ln|x|+2\arctan x+C.$$

以上各例都是利用代数运算或三角函数恒等变形,将被积函数转化为基本积分公式的形式,再求积分.

习题　5.1

1. 求下列不定积分：

(1) $\int (x+1)^2 \mathrm{d}x$　　(2) $\int \frac{\mathrm{d}x}{x^2\sqrt{x}}$

(3) $\int \sqrt{x}(x-3)\mathrm{d}x$　　(4) $\int \frac{(x+1)^2}{x^2}\mathrm{d}x$

(5) $\int \left(\frac{3}{1+x^2} - \frac{2}{\sqrt{1-x^2}}\right)\mathrm{d}x$　　(6) $\int \left(2\mathrm{e}^x + \frac{3}{x}\right)\mathrm{d}x$

(7) $\int \mathrm{e}^{x-2}\mathrm{d}x$　　(8) $\int 3^x \mathrm{e}^x \mathrm{d}x$

(9) $\int \mathrm{e}^x \left(1 - \frac{\mathrm{e}^{-x}}{\sqrt{x}}\right)\mathrm{d}x$　　(10) $\int \frac{\mathrm{e}^{2x}-1}{\mathrm{e}^x-1}\mathrm{d}x$

(11) $\int \frac{2\cdot 3^x - 5\cdot 2^x}{3^x}\mathrm{d}x$　　(12) $\int \sin^2 \frac{x}{2}\mathrm{d}x$

(13) $\int \sec x(\sec x - \tan x)\mathrm{d}x$　　(14) $\int \frac{1}{1-\cos 2x}\mathrm{d}x$

(15) $\int \frac{\cos 2x}{\sin^2 x\cos^2 x}\mathrm{d}x$　　(16) $\int \frac{\cos 2x}{\cos x - \sin x}\mathrm{d}x$

(17) $\int \frac{1+\cos^2 x}{1+\cos 2x}\mathrm{d}x$　　(18) $\int \frac{3x^4+3x^2+1}{1+x^2}\mathrm{d}x$

(19) $\int \frac{x^2}{1+x^2}\mathrm{d}x$　　(20) $\int \frac{1-x^2}{1+x^2}\mathrm{d}x$

2. 设$\int xf(x)\mathrm{d}x = \arccos x + C$，求 $f(x)$.

3. 已知 $f(x)$ 的一个原函数为$\frac{1}{x}$，求 $f'(x)$.

4. 设 $f(x)$ 的导函数为 $\cos x$，求 $f(x)$ 的原函数的全体.

5. 设曲线经过点$(\mathrm{e}^2, 3)$，且在任一点处的切线斜率等于该点横坐标的倒数，求该曲线的方程.

6. 一物体由静止开始作直线运动，其速度为 $v = 3t^2$(m/s)，求物体运动的路程与时间的关系及物体经过多少时间能走完 216m.

7. 设生产某产品 x 件的总成本函数为$C(x)$，已知固定成本(即 $C(0)$) 为 50 元，边际成本函数为 $C'(x) = 2x+5$(元 / 件)，求总成本函数 $C(x)$.

8. 设商品的需求量 Q 是价格 P 的函数，该商品的最大需求量为 1000 (即 $P=0$ 时，$Q=1000$)，已知需求量的变化率(边际需求) 为

$$Q'(P) = -1000\ln 3 \cdot \left(\frac{1}{3}\right)^P,$$

试求需求量 Q 与价格 P 的函数关系.

9. 设某产品的边际收入 $R'(x) = 200 - \frac{x}{50}$(元 / 单位)，其中 x 是产品的销售量，求销售该产品 2000 个单位时的总收入和平均单位收入.

5.2　第一类换元积分法

利用基本积分表及不定积分的运算法则，所能计算的不定积分是十分有限的，因此，还需要进一步研究求不定积分的方法. 本节将介绍积分法中最基本的方法之一 —— 第一类换元积分法. 换元积分法的实质是将复合函数的求导法则反过来用于不定积分，通过适当的变量代换，把某些不定积分化为可利用基本积分公式求解的形式，再计算出所求不定积分.

利用复合函数的求导法则，可以得到下述换元积分公式.

定理 5.1　设 $f(u)$ 的原函数为 $F(u)$，且 $u = \varphi(x)$ 可导，则有换元公式

$$\int f(\varphi(x))\varphi'(x)\mathrm{d}x = \int f(u)\mathrm{d}u \,\Big|_{u=\varphi(x)} = F(\varphi(x)) + C. \tag{5-1}$$

证　只要证 $\frac{\mathrm{d}F(\varphi(x))}{\mathrm{d}x} = f(\varphi(x))\varphi'(x)$ 即可.

$$\frac{\mathrm{d}F(\varphi(x))}{\mathrm{d}x} = F'(u)\varphi'(x) = f(u)\varphi'(x) = f(\varphi(x))\varphi'(x),$$

从而 $\int f(\varphi(x))\varphi'(x)\mathrm{d}x = F(\varphi(x)) + C$.

定理 5.1 表明，计算函数 $f(\varphi(x))\varphi'(x)$ 的不定积分可以通过作变量代换：令 $u = \varphi(x)$，使其转化为求函数 $f(u)$ 的不定积分，求出后再把 u 换成 $\varphi(x)$. 这种方法称为**第一类换元积分法**.

例如利用第一类换元积分法计算 $\int \sin 2x\mathrm{d}x$ 时，令 $u = 2x$，则有

$$\int \sin 2x\mathrm{d}x = \frac{1}{2}\int \sin u\mathrm{d}u.$$

进一步，利用 $\int \sin u du = -\cos u + C$ 得

$$\int \sin 2x\mathrm{d}x = \frac{1}{2}\int \sin u\mathrm{d}u = -\frac{1}{2}\cos u + C = -\frac{1}{2}\cos 2x + C.$$

由此看来通常所求的不定积分 $\int g(x)\mathrm{d}x$ 并不一定恰好是 $f[\varphi(x)]\varphi'(x)\mathrm{d}x$ 的形式，

所以利用公式(5-1)的关键在于如何选择中间变量 $u=\varphi(x)$，使被积表达式 $g(x)\mathrm{d}x$ 可以分解成两个因子，一个是 u 的函数 $f(\varphi(x))=f(u)$，另一个则凑成 u 的微分形式 $\varphi'(x)\mathrm{d}x=\mathrm{d}u$，从而将原积分转化为 $\int f(u)\mathrm{d}u$，此积分可利用基本积分公式求解. 因此有时也称第一类换元积分法为**凑微分法**.

例 1 求 $\int(2x+1)^6\mathrm{d}x$.

解

$$\begin{aligned}\int(2x+1)^6\mathrm{d}x &= \frac{1}{2}\int(2x+1)^6(2x+1)'\mathrm{d}x \\ &= \frac{1}{2}\int(2x+1)^6\mathrm{d}(2x+1) \\ &\xlongequal{2x+1=u} \frac{1}{2}\int u^6\mathrm{d}u = \frac{1}{2}\cdot\frac{u^7}{7}+C \\ &\xlongequal{u=2x+1} \frac{1}{14}(2x+1)^7+C.\end{aligned}$$

例 2 求 $\int x\mathrm{e}^{x^2}\mathrm{d}x$.

解

$$\begin{aligned}\int x\mathrm{e}^{x^2}\mathrm{d}x &= \frac{1}{2}\int\mathrm{e}^{x^2}\cdot 2x\mathrm{d}x = \frac{1}{2}\int\mathrm{e}^{x^2}\mathrm{d}(x^2) \\ &\xlongequal{x^2=u} \frac{1}{2}\int\mathrm{e}^u\mathrm{d}u = \frac{1}{2}\mathrm{e}^u+C \\ &\xlongequal{u=x^2} \frac{1}{2}\mathrm{e}^{x^2}+C.\end{aligned}$$

例 3 求 $\int\mathrm{e}^x\sin\mathrm{e}^x\mathrm{d}x$.

解

$$\begin{aligned}\int\mathrm{e}^x\sin\mathrm{e}^x\mathrm{d}x &= \int\sin\mathrm{e}^x\mathrm{d}(\mathrm{e}^x) \xlongequal{\mathrm{e}^x=u} \int\sin u\mathrm{d}u \\ &= -\cos u+C \xlongequal{u=\mathrm{e}^x} -\cos(\mathrm{e}^x)+C.\end{aligned}$$

由以上例题可以看出，用凑微分法求不定积分时，熟悉一些常见的“凑微分”是很有帮助的. 一般地，我们可根据微分基本公式得到下列常见的凑微分公式.

(1) $\mathrm{d}x=\frac{1}{a}\mathrm{d}(ax+b)(a\neq 0)$；　　(2) $\frac{1}{x}\mathrm{d}x=\mathrm{d}(\ln|x|)$；

(3) $x^u\mathrm{d}x=\frac{1}{u+1}\mathrm{d}(x^{u+1})(u\neq -1)$

（特例：$x\mathrm{d}x=\frac{1}{2}\mathrm{d}(x^2)$；$\frac{1}{\sqrt{x}}\mathrm{d}x=2\mathrm{d}(\sqrt{x})$；$\frac{1}{x^2}\mathrm{d}x=-\mathrm{d}\frac{1}{x}$)；

(4) $a^x\mathrm{d}x=\frac{1}{\ln a}\mathrm{d}(a^x)$，特别地，$\mathrm{e}^x\mathrm{d}x=\mathrm{d}(\mathrm{e}^x)$；

(5) $\sin x\mathrm{d}x = -\mathrm{d}(\cos x)$；　　(6) $\cos x\mathrm{d}x = \mathrm{d}(\sin x)$；

(7) $\sec^2 x\mathrm{d}x = \mathrm{d}(\tan x)$；　　(8) $\csc^2 x\mathrm{d}x = -\mathrm{d}(\cot x)$；

(9) $\sec x\tan x\mathrm{d}x = \mathrm{d}(\sec x)$；　　(10) $\csc x\cot x\mathrm{d}x = -\mathrm{d}(\csc x)$；

(11) $\dfrac{1}{\sqrt{1-x^2}}\mathrm{d}x = \mathrm{d}(\arcsin x)$；　　(12) $\dfrac{1}{1+x^2}\mathrm{d}x = \mathrm{d}(\arctan x)$；

(13) $\dfrac{x}{\sqrt{1+x^2}}\mathrm{d}x = \mathrm{d}(\sqrt{1+x^2})$；　　(14) $\dfrac{x}{\sqrt{1-x^2}}\mathrm{d}x = -\mathrm{d}(\sqrt{1-x^2})$.

对凑微分法比较熟悉以后，就不一定要写出变量代换过程 $u=\varphi(x)$，只需将 $\varphi(x)$ 看成一个变量再利用基本积分公式即可.

例 4　求 $\displaystyle\int \frac{2x+3}{x^2+3x+5}\mathrm{d}x$.

解　$$\int \frac{2x+3}{x^2+3x+5}\mathrm{d}x = \int \frac{\mathrm{d}(x^2+3x+5)}{x^2+3x+5} = \ln(x^2+3x+5)+C.$$

例 5　求 $\displaystyle\int \frac{\sin\sqrt{x}}{\sqrt{x}}\mathrm{d}x$.

解　$$\int \frac{\sin\sqrt{x}}{\sqrt{x}}\mathrm{d}x = \int \sin\sqrt{x}\,\frac{\mathrm{d}x}{\sqrt{x}} = 2\int \sin\sqrt{x}\,\mathrm{d}(\sqrt{x}) = -2\cos\sqrt{x}+C.$$

例 6　求 $\displaystyle\int \frac{\mathrm{d}x}{x(1+\ln x)}$.

解　$$\int \frac{\mathrm{d}x}{x(1+\ln x)} = \int \frac{1}{1+\ln x}\cdot\frac{\mathrm{d}x}{x} = \int \frac{1}{1+\ln x}\mathrm{d}(\ln x)$$
$$= \int \frac{1}{1+\ln x}\mathrm{d}(1+\ln x) = \ln|1+\ln x|+C.$$

例 7　求 $\displaystyle\int \frac{\arctan x}{1+x^2}\mathrm{d}x$.

解　$$\int \frac{\arctan x}{1+x^2}\mathrm{d}x = \int \arctan x\,\frac{\mathrm{d}x}{1+x^2} = \int \arctan x\,\mathrm{d}(\arctan x)$$
$$= \frac{1}{2}(\arctan x)^2+C.$$

例 8　求 $\displaystyle\int \tan x\mathrm{d}x$.

解　$$\int \tan x\mathrm{d}x = \int \frac{\sin x}{\cos x}\mathrm{d}x = -\int \frac{1}{\cos x}\mathrm{d}(\cos x)$$
$$= -\ln|\cos x|+C = \ln|\sec x|+C.$$

同理可得

$$\int \cot x\mathrm{d}x = \ln|\sin x|+C = -\ln|\csc x|+C.$$

例 9 求$\int \frac{1}{x^2+a^2}\mathrm{d}x(a \neq 0)$.

解 $\int \frac{1}{x^2+a^2}\mathrm{d}x = \int \frac{1}{a^2} \cdot \frac{1}{1+\left(\frac{x}{a}\right)^2}\mathrm{d}x = \frac{1}{a}\int \frac{1}{1+\left(\frac{x}{a}\right)^2}\mathrm{d}\left(\frac{x}{a}\right)$

$$= \frac{1}{a}\arctan \frac{x}{a} + C.$$

例 10 求$\int \frac{1}{x^2-a^2}\mathrm{d}x(a \neq 0)$.

解 由于$\frac{1}{x^2-a^2} = \frac{1}{2a}\left(\frac{1}{x-a} - \frac{1}{x+a}\right)$,于是

$$\begin{aligned}\int \frac{1}{x^2-a^2}\mathrm{d}x &= \frac{1}{2a}\int\left(\frac{1}{x-a} - \frac{1}{x+a}\right)\mathrm{d}x \\ &= \frac{1}{2a}\left(\int \frac{1}{x-a}\mathrm{d}(x-a) - \int \frac{1}{x+a}\mathrm{d}(x+a)\right) \\ &= \frac{1}{2a}(\ln|x-a| - \ln|x+a|) + C \\ &= \frac{1}{2a}\ln\left|\frac{x-a}{x+a}\right| + C.\end{aligned}$$

例 11 求$\int \frac{x}{(1+x)^3}\mathrm{d}x$.

解 $\int \frac{x}{(1+x)^3}\mathrm{d}x = \int \frac{x+1-1}{(1+x)^3}\mathrm{d}x$

$$\begin{aligned}&= \int\left[\frac{1}{(1+x)^2} - \frac{1}{(1+x)^3}\right]\mathrm{d}(1+x) \\ &= -\frac{1}{1+x} + \frac{1}{2(1+x)^2} + C.\end{aligned}$$

例 12 求$\int \frac{x+5}{x^2-2x-3}\mathrm{d}x$.

解 由于$\frac{x+5}{x^2-2x-3} = \frac{x+5}{(x+1)(x-3)}$,其中$x+1$与$x-3$都是一次因式,因此可设

$$\frac{x+5}{x^2-2x-3} = \frac{A}{x+1} + \frac{B}{x-3},$$

将上式右端通分,然后两端去分母,得

$$x+5 = A(x-3) + B(x+1) = (A+B)x + (-3A+B),$$

比较同次幂系数,得如下方程组

$$\begin{cases} A+B=1 \\ -3A+B=5 \end{cases},$$

解得 $A=-1,\ B=2$，于是

$$\frac{x+5}{x^2-2x-3}=\frac{2}{x-3}-\frac{1}{x+1},$$

故

$$\begin{aligned}\int\frac{x+5}{x^2-2x-3}\mathrm{d}x&=\int\frac{2}{x-3}\mathrm{d}x-\int\frac{1}{x+1}\,\mathrm{d}x\\&=\int\frac{2}{x-3}\,\mathrm{d}(x-3)-\int\frac{1}{x+1}\,\mathrm{d}(x+1)\\&=2\ln|x-3|-\ln|x+1|+C.\end{aligned}$$

例 13　求$\int\frac{x-1}{x(x+1)^2}\mathrm{d}x$.

解　设被积函数分解为

$$\frac{x-1}{x(x+1)^2}=\frac{A}{x}+\frac{B}{x+1}+\frac{C}{(x+1)^2}.$$

将上式右端通分，然后两端去分母，得

$$x-1=A(x+1)^2+Bx(x+1)+Cx.$$

令 $x=0$ 得 $A=-1$；令 $x=-1$ 得 $C=2$；再任给一个 x 值，例如取 $x=1$ 得 $B=1$. 于是

$$\frac{x-1}{x(x+1)^2}=-\frac{1}{x}+\frac{1}{x+1}+\frac{2}{(x+1)^2},$$

故

$$\begin{aligned}\int\frac{x-1}{x(x+1)^2}\mathrm{d}x&=-\int\frac{1}{x}\mathrm{d}x+\int\frac{1}{x+1}\mathrm{d}x+2\int\frac{1}{(x+1)^2}\mathrm{d}x\\&=-\ln|x|+\int\frac{1}{x+1}\mathrm{d}(x+1)+2\int\frac{1}{(x+1)^2}\mathrm{d}(x+1)\\&=-\ln|x|+\ln|x+1|-\frac{2}{x+1}+C\\&=\ln\left|\frac{x+1}{x}\right|-\frac{2}{x+1}+C.\end{aligned}$$

例 12、例 13 中的被积函数是分子、分母都是多项式的分式函数，我们将其称为有理函数. 求有理函数积分的一般方法是，先将有理函数化为多项式和有理真分式之和，然后采用例 12 中的方法（比较系数法）或例 13 中的方法（赋值法）将真分式分解为若干个部分分式的代数和，最后逐项积分.

例 14　求$\int\frac{1}{\sqrt{a^2-x^2}}\mathrm{d}x\,(a>0)$.

解　$\int\frac{1}{\sqrt{a^2-x^2}}\mathrm{d}x=\int\frac{1}{a}\cdot\frac{1}{\sqrt{1-\left(\frac{x}{a}\right)^2}}\mathrm{d}x=\int\frac{1}{\sqrt{1-\left(\frac{x}{a}\right)^2}}\mathrm{d}\left(\frac{x}{a}\right)$

$$= \arcsin\frac{x}{a} + C.$$

例 15 求$\int\frac{1}{e^x + e^{-x}}dx$.

解 $\int\frac{1}{e^x + e^{-x}}dx = \int\frac{e^x}{(e^x)^2 + 1}dx = \int\frac{1}{(e^x)^2 + 1}d(e^x)$

$$= \arctan e^x + C.$$

例 16 求$\int\frac{dx}{e^x - 1}$.

解 $\int\frac{dx}{e^x - 1} = \int\frac{e^x - e^x + 1}{e^x - 1}dx = \int\frac{e^x}{e^x - 1}dx - \int dx$

$$= \int\frac{1}{e^x - 1}d(e^x - 1) - x = \ln|e^x - 1| - x + C$$

例 17 求$\int\sec x dx$.

解 $\int\sec x dx = \int\frac{1}{\cos x}dx = \int\frac{\cos x}{\cos^2 x}dx = -\int\frac{1}{\sin^2 x - 1}d\sin x$(利用例 10 的结果)

$$= -\frac{1}{2}\ln\left|\frac{1 - \sin x}{1 + \sin x}\right| + C = \frac{1}{2}\ln\left|\frac{1 + \sin x}{1 - \sin x}\right| + C$$

$$= \frac{1}{2}\ln\frac{(1 + \sin x)^2}{\cos^2 x} + C = \ln|\sec x + \tan x| + C.$$

此题也可以这样解:

$$\int\sec x dx = \int\frac{\sec x(\sec x + \tan x)}{\sec x + \tan x}dx$$

$$= \int\frac{1}{\sec x + \tan x}d(\sec x + \tan x)$$

$$= \ln|\sec x + \tan x| + C.$$

类似地,$\int\csc x dx = \ln|\csc x - \cot x| + C$.

例 18 求$\int\sin^2 x dx$.

解 被积函数为 $\sin x$ 的偶次幂,可利用倍角公式降幂,将被积函数改写成 $\sin^2 x = \frac{1}{2}(1 - \cos 2x)$,于是

$$\int\sin^2 x dx = \frac{1}{2}\int(1 - \cos 2x)dx = \frac{1}{2}\left[x - \frac{1}{2}\int\cos 2x d(2x)\right]$$

$$= \frac{1}{2}x - \frac{1}{4}\int\cos 2x d(2x) = \frac{1}{2}x - \frac{1}{4}\sin 2x + C.$$

例 19　求$\int \cos^3 x\mathrm{d}x$.

解　被积函数为 $\cos x$ 的奇次幂,将被积函数改写成 $\cos^3 x = (1-\sin^2 x)\cos x$,凑微分 $\cos x\mathrm{d}x = \mathrm{d}\sin x$,于是

$$\int \cos^3 x\mathrm{d}x = \int (1-\sin^2 x)\cos x\mathrm{d}x = \int (1-\sin^2 x)\mathrm{d}(\sin x)$$

$$= \sin x - \frac{1}{3}\sin^3 x + C.$$

例 20　求$\int \sin^3 x\cos^2 x\mathrm{d}x$.

解　被积函数含奇次幂因式,将被积函数改写成 $\sin^3 x\cos^2 x = \sin^2 x\cos^2 x\sin x$,凑微分 $\sin x\mathrm{d}x = -\mathrm{d}\cos x$,于是

$$\int \sin^3 x\cos^2 x\mathrm{d}x = \int \sin^2 x\cos^2 x\sin x\mathrm{d}x = \int \sin^2 x\cos^2 x\mathrm{d}(-\cos x)$$

$$= -\int (1-\cos^2 x)\cos^2 x\mathrm{d}(\cos x)$$

$$= -\int (\cos^2 x - \cos^4 x)\mathrm{d}(\cos x)$$

$$= -\frac{1}{3}\cos^3 x + \frac{1}{5}\cos^5 x + C.$$

一般地,对$\int \sin^m x\cos^n x\,\mathrm{d}x$ 型的积分,若 m,n 皆为偶数,使用三角恒等式

$$\sin x\cos x = \frac{1}{2}\sin 2x,\ \sin^2 x = \frac{1}{2}(1-\cos 2x),\ \cos^2 x = \frac{1}{2}(1+\cos 2x)$$

先降幂,再积分;若 m、n 中至少有一个奇数,则将奇次幂因子拆成一个偶次幂与一个一次幂之积,将一次幂因子与 $\mathrm{d}x$ 凑微分,同时使用三角恒等式 $\sin^2 x + \cos^2 x = 1$ 即可求解.

例 21　求$\int \sin 3x\cos 2x\mathrm{d}x$.

解　利用三角函数中的积化和差公式得

$$\sin 3x\cos 2x = \frac{1}{2}(\sin 5x + \sin x),$$

于是

$$\int \sin 3x\cos 2x\mathrm{d}x = \frac{1}{2}\int (\sin 5x + \sin x)\mathrm{d}x$$

$$= \frac{1}{10}\int \sin 5x\mathrm{d}(5x) + \frac{1}{2}\int \sin x\mathrm{d}x$$

$$= -\frac{1}{10}\cos 5x - \frac{1}{2}\cos x + C.$$

例 22 求$\int\cos5x\cos3x\mathrm{d}x$.

解 利用三角函数中的积化和差公式得

$$\cos5x\cos3x=\frac{1}{2}(\cos8x+\cos2x),$$

于是

$$\begin{aligned}\int\cos5x\cos3x\mathrm{d}x&=\frac{1}{2}\int(\cos8x+\cos2x)\mathrm{d}x\\&=\frac{1}{16}\int\cos8x\mathrm{d}(8x)+\frac{1}{4}\int\cos2x\mathrm{d}2x\\&=\frac{1}{16}\sin8x+\frac{1}{4}\sin2x+C.\end{aligned}$$

一般地,对于$\int\sin\alpha x\cos\beta x\,\mathrm{d}x$,$\int\sin\alpha x\sin\beta x\,\mathrm{d}x$,$\int\cos\alpha x\cos\beta x\,\mathrm{d}x$ 型积分,应先积化和差,然后再凑微分求解.

习题 5.2

1. 在下面各式等号的空白处填入适当的函数,使等式成立(例如 $\mathrm{d}x=\frac{1}{2}\mathrm{d}(2x+1)$).

(1) $\mathrm{d}x=$ ______ $\mathrm{d}(ax)$　　(2) $\mathrm{d}x=$ ______ $\mathrm{d}(7x+4)$

(3) $x\mathrm{d}x=$ ______ $\mathrm{d}(1-x^2)$　　(4) $x^3\mathrm{d}x=$ ______ $\mathrm{d}(3x^4-2)$

(5) $\mathrm{e}^{3x}\mathrm{d}x=$ ______ $\mathrm{d}(\mathrm{e}^{3x})$　　(6) $\mathrm{e}^{-\frac{x}{2}}\mathrm{d}x=$ ______ $\mathrm{d}(1+\mathrm{e}^{-\frac{x}{2}})$

(7) $\sin\frac{x}{2}\mathrm{d}x=$ ______ $\mathrm{d}(\cos\frac{x}{2})$　　(8) $\sin2x\mathrm{d}x=$ ______ $\mathrm{d}(\sin^2x)$

(9) $\frac{1}{x}\mathrm{d}x=$ ______ $\mathrm{d}(3-5\ln x)$　　(10) $\frac{1}{1+9x^2}\mathrm{d}x=$ ______ $\mathrm{d}(\arctan3x)$

(11) $\frac{1}{\sqrt{1-x^2}}\mathrm{d}x=$ ______ $\mathrm{d}(1-\arcsin x)$

(12) $\sec^2 3x\mathrm{d}x=$ ______ $\mathrm{d}(\tan3x)$

(13) $\frac{1}{\sqrt{x}}\mathrm{d}x=$ ______ $\mathrm{d}(\sqrt{x})$　　(14) $\frac{x}{\sqrt{1-x^2}}\mathrm{d}x=$ ______ $\mathrm{d}(\sqrt{1-x^2})$

2. 求下列不定积分:

(1) $\int(2x-3)^5\mathrm{d}x$　　(2) $\int\frac{1}{2x+5}\mathrm{d}x$

(3) $\int\frac{1}{\sqrt[3]{2-3x}}\mathrm{d}x$　　(4) $\int\frac{x}{x^2+2}\mathrm{d}x$

(5) $\int \frac{2x-1}{x^2-x+1}dx$

(6) $\int \frac{3x^3}{1-x^4}dx$

(7) $\int e^{5x}dx$

(8) $\int xe^{-x^2}dx$

(9) $\int \frac{e^{\frac{1}{x}}}{x^2}dx$

(10) $\int \frac{e^x}{e^x+1}dx$

(11) $\int \frac{e^{\sqrt{x}}}{\sqrt{x}}dx$

(12) $\int \frac{1}{x\ln x}dx$

(13) $\int (\ln x)^2 \frac{dx}{x}$

(14) $\int \frac{dx}{x\ln x\ln\ln x}$

(15) $\int \frac{1+\ln x}{(x\ln x)^2}dx$

(16) $\int \cos ax\,dx$

(17) $\int \frac{1}{x^2}\sin\frac{1}{x}dx$

(18) $\int e^x\cos e^x dx$

(19) $\int x^3\cos x^4 dx$

(20) $\int \sin^5 x\cos x dx$

(21) $\int \cos^2 3x dx$

(22) $\int \tan^{10} x\sec^2 x dx$

(23) $\int \tan^3 x\sec x dx$

(24) $\int \tan^3 x dx$

(25) $\int \frac{\sin x-\cos x}{\cos x+\sin x}dx$

(26) $\int \frac{1}{1+\cos x}dx$

(27) $\int \frac{\sin x+\cos x}{(\sin x-\cos x)^3}dx$

(28) $\int \frac{dx}{\sin x\cos x}$

(29) $\int \frac{1+\cos x}{x+\sin x}dx$

(30) $\int \frac{10^{\arcsin x}}{\sqrt{1-x^2}}dx$

(31) $\int \frac{\arctan\sqrt{x}}{\sqrt{x}(1+x)}dx$

(32) $\int \sin 2x\cos 3x dx$

(33) $\int \cos x\cos\frac{x}{2}dx$

(34) $\int \frac{x}{1+x^4}dx$

(35) $\int \frac{dx}{(x+1)(x-2)}$

(36) $\int \frac{dx}{4-x^2}$

(37) $\int \frac{1+x}{1-x}dx$

(38) $\int \frac{x^2}{1+x}dx$

5.3　第二类换元积分法

如果不定积分$\int f(x)dx$采用直接积分法或第一类换元积分法不易求得，但作适当的

变量代换 $x=\varphi(t)$，将积分$\int f(x)\mathrm{d}x$ 化为积分$\int f(\varphi(t))\varphi'(t)\mathrm{d}t$，此积分便于计算，这种方法就是第二类换元积分法.

定理 5.3(第二类换元积分法) 设 $f(x)$ 连续，$x=\varphi(t)$ 单调可导且 $\varphi'(t)\neq 0$，并且 $F(t)$ 为函数 $f(\varphi(t))\varphi'(t)$ 的一个原函数，则

$$\int f(x)\mathrm{d}x = F(\varphi^{-1}(x))+C, \tag{5-2}$$

其中 $t=\varphi^{-1}(x)$ 是 $x=\varphi(t)$ 的反函数.

证 因为 $F(t)$ 是 $f(\varphi(t))\varphi'(t)$ 的一个原函数，所以

$$\frac{\mathrm{d}F(t)}{\mathrm{d}t}=f(\varphi(t))\varphi'(t).$$

于是，利用复合函数的求导法则，得到

$$\begin{aligned}\frac{\mathrm{d}}{\mathrm{d}x}F(\varphi^{-1}(x)) &= \frac{\mathrm{d}F(t)}{\mathrm{d}t}\cdot\frac{\mathrm{d}t}{\mathrm{d}x}=f(\varphi(t))\varphi'(t)\cdot\frac{1}{\frac{\mathrm{d}x}{\mathrm{d}t}}\\ &= f(\varphi(t))\varphi'(t)\cdot\frac{1}{\varphi'(t)}=f(\varphi(t))=f(x).\end{aligned}$$

即 $F(\varphi^{-1}(x))$ 是 $f(x)$ 的原函数. 从而结论得证.

例 1 求$\int\frac{1}{2+\sqrt{x+1}}\mathrm{d}x$.

解 求这个积分的困难在于被积函数中含有根式$\sqrt{x+1}$，为消去根式，作变换 $t=\sqrt{x+1}$，则

$$x=t^2-1,\ \mathrm{d}x=2t\mathrm{d}t,$$

于是

$$\begin{aligned}\int\frac{1}{2+\sqrt{x+1}}\mathrm{d}x &= \int\frac{1}{2+t}\cdot 2t\mathrm{d}t=2\int\frac{2+t-2}{2+t}\mathrm{d}t\\ &= 2\int\left(1-\frac{2}{2+t}\right)\mathrm{d}t=2(t-2\ln|2+t|)+C.\end{aligned}$$

再将 $t=\sqrt{x+1}$ 回代，得

$$\int\frac{1}{2+\sqrt{x+1}}\mathrm{d}x=2[\sqrt{x+1}-2\ln(2+\sqrt{x+1})]+C.$$

例 2 求$\int\frac{1}{\sqrt{x}+\sqrt[4]{x}}\mathrm{d}x$.

解 被积函数中出现了两个根式$\sqrt{x}$ 和$\sqrt[4]{x}$，为同时消去这两个根式，可设 $t=\sqrt[4]{x}$，则 $x=t^4$，$\mathrm{d}x=4t^3\mathrm{d}t$，于是

$$\int \frac{1}{\sqrt{x}+\sqrt[4]{x}}\mathrm{d}x = \int \frac{4t^3}{t^2+t}\mathrm{d}t = 4\int \frac{(t^2-1)+1}{t+1}\mathrm{d}t$$
$$= 4\int\left(t-1+\frac{1}{t+1}\right)\mathrm{d}t$$
$$= 4\left(\frac{1}{2}t^2 - t - \ln|t+1|\right)+C$$
$$= 2\sqrt{x} - 4\sqrt[4]{x} - 4\ln(\sqrt[4]{x}+1)+C.$$

一般地,如果被积函数中含有根式 $\sqrt[m]{ax+b}$ 时,则令 $\sqrt[m]{ax+b}=t$;如果被积函数含有 $\sqrt[n]{x}$,则令 $t=\sqrt[n]{x}$;如果含有 $\sqrt[n]{x}$ 和 $\sqrt[m]{x}$,则令 $t=\sqrt[p]{x}$,其中 p 为 n 和 m 的最小公倍数. 通过上述变量代换可以消去根号,化为有理函数的形式.

例 3　求 $\int \sqrt{a^2-x^2}\,\mathrm{d}x\,(a>0)$.

解　此积分不宜直接积分或用第一类换元积分法. 为去掉被积函数中的根号,可利用三角恒等式

$$\sin^2 t + \cos^2 t = 1$$

进行化简.

设 $x = a\sin t\left(-\frac{\pi}{2}<t<\frac{\pi}{2}\right)$,则 $\mathrm{d}x = a\cos t\mathrm{d}t$,

$$\sqrt{a^2-x^2} = \sqrt{a^2-a^2\sin^2 t} = a\cos t,$$

于是

$$\int \sqrt{a^2-x^2}\,\mathrm{d}x = \int a\cos t\cdot a\cos t\mathrm{d}t = \frac{a^2}{2}\int(1+\cos 2t)\mathrm{d}t$$
$$= \frac{a^2}{2}\left(t+\frac{1}{2}\sin 2t\right)+C$$
$$= \frac{a^2}{2}(t+\sin t\cos t)+C.$$

为了将 t, $\sin t$, $\cos t$ 还原为 x 的函数,由 $x=a\sin t$ 作直角三角形(如图 5 - 3 - 1 所示),可知

$$t = \arcsin\frac{x}{a},\ \sin t = \frac{x}{a},$$

$$\cos t = \sqrt{1-\sin^2 t} = \sqrt{1-\left(\frac{x}{a}\right)^2} = \frac{\sqrt{a^2-x^2}}{a}.$$

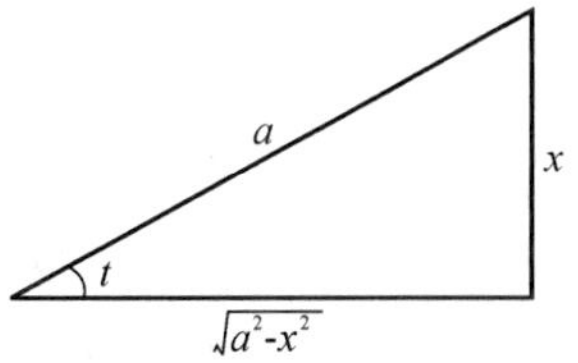

图 5 - 3 - 1

于是所求积分为

$$\int \sqrt{a^2-x^2}\,\mathrm{d}x = \frac{a^2}{2}\left(\arcsin\frac{x}{a} + \frac{x}{a}\cdot\frac{\sqrt{a^2-x^2}}{a}\right)+C$$

$$= \frac{a^2}{2}\arcsin\frac{x}{a} + \frac{x}{2}\sqrt{a^2 - x^2} + C.$$

例 4　求$\int \frac{1}{\sqrt{x^2 + a^2}}\mathrm{d}x (a > 0)$.

解　利用三角恒等式

$$1 + \tan^2 x = \sec^2 x$$

将根式消去.

设 $x = a\tan t\left(-\frac{\pi}{2} < t < \frac{\pi}{2}\right)$,则

$$\sqrt{x^2 + a^2} = \sqrt{a^2 + a^2\tan^2 t} = a\sec t,\ \mathrm{d}x = a\sec^2 t\mathrm{d}t,$$

将其代入所求积分,得

$$\int \frac{1}{\sqrt{x^2 + a^2}}\mathrm{d}x = \int \frac{1}{a\sec t}\cdot a\sec^2 t\mathrm{d}t = \int \sec t\mathrm{d}t$$

$$= \ln|\sec t + \tan t| + C.$$

为了将 $\sec t$ 及 $\tan t$ 表示为 x 的函数，我们根据 $x = a\tan t$ 作辅助三角形(如图 5-3-2 所示),得

$$\tan t = \frac{x}{a},\ \sec t = \frac{\sqrt{x^2 + a^2}}{a},$$

且 $\sec t + \tan t > 0$,因此

$$\int \frac{1}{\sqrt{x^2 + a^2}}\mathrm{d}x = \ln\left(\frac{x}{a} + \frac{\sqrt{x^2 + a^2}}{a}\right) + C_1$$

$$= \ln(x + \sqrt{x^2 + a^2}) + C,$$

其中 $C = C_1 - \ln a$.

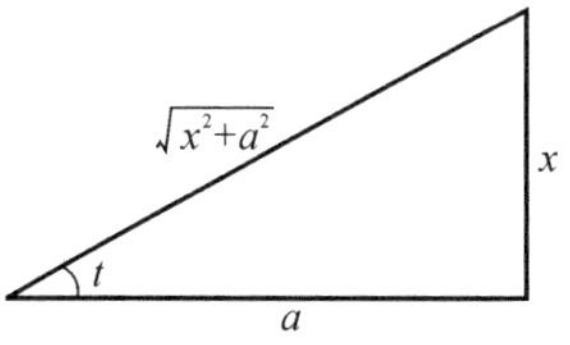

图 5-3-2

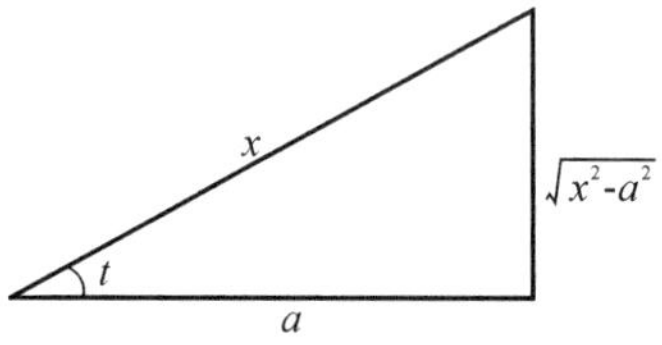

图 5-3-3

例 5　求$\int \frac{1}{\sqrt{x^2 - a^2}}\mathrm{d}x$.

解　被积函数$\frac{1}{\sqrt{x^2 - a^2}}$有两个连续区间$(-\infty, -a)$和$(a, +\infty)$. 我们可以利用三角恒等式

$$\sec^2 t - 1 = \tan^2 t$$

来化去根式,求出被积函数在区间$(a, +\infty)$内的不定积分. 设 $x = a\sec t\left(0 < t < \frac{\pi}{2}\right)$,

则 $\sqrt{x^2 - a^2} = \sqrt{a^2\sec^2 t - a^2} = a\sqrt{\sec^2 t - 1} = a\tan t$, $\mathrm{d}x = a\sec t\tan t\mathrm{d}t$,
代入所求积分,得

$$\int \frac{1}{\sqrt{x^2 - a^2}}\mathrm{d}x = \int \frac{1}{a\tan t} \cdot a\sec t\tan t\mathrm{d}t = \int \sec t\mathrm{d}t$$
$$= \ln\left|\sec t + \tan t\right| + C_1.$$

为了把 $\sec t$ 及 $\tan t$ 换成 x 的函数,我们根据 $\sec t = \frac{x}{a}$ 作辅助三角形(如图5-3-3所示),

得
$$\tan t = \frac{\sqrt{x^2 - a^2}}{a},$$

因此

$$\int \frac{1}{\sqrt{x^2 - a^2}}\mathrm{d}x = \ln\left|\frac{x}{a} + \frac{\sqrt{x^2 - a^2}}{a}\right| + C_1$$
$$= \ln\left|x + \sqrt{x^2 - a^2}\right| + C.$$

其中 $C = C_1 - \ln a$.

类似可求得被积函数在区间$(-\infty, -a)$内的不定积分

$$\int \frac{1}{\sqrt{x^2 - a^2}}\mathrm{d}x = \ln\left|x + \sqrt{x^2 - a^2}\right| + C,$$

因此,两个区间内的不定积分可写成统一的表达式

$$\int \frac{1}{\sqrt{x^2 - a^2}}\mathrm{d}x = \ln\left|x + \sqrt{x^2 - a^2}\right| + C.$$

以上三个例子中所使用的均为三角代换,三角代换的目的是化掉根式,其一般规律如下:

当被积函数中含有

(1) $\sqrt{a^2 - x^2}$, 可令 $x = a\sin t$;

(2) $\sqrt{x^2 + a^2}$, 可令 $x = a\tan t$;

(3) $\sqrt{x^2 - a^2}$, 可令 $x = a\sec t$.

第二类换元积分法的使用并不局限于前面几种常见的形式,可灵活地根据所给被积函数的具体形式,选择适当的变量代换,化为便于求积的形式.

例 6　求 $\int \frac{1}{\sqrt{\mathrm{e}^x + 1}}\mathrm{d}x$.

解 为消去根式，设 $\sqrt{e^x+1}=t$，则 $x=\ln(t^2-1)$，$dx=\frac{2t}{t^2-1}dt$，代入所给积分，得

$$\int\frac{1}{\sqrt{e^x+1}}dx=\int\frac{1}{t}\cdot\frac{2t}{t^2-1}dt=2\int\frac{1}{t^2-1}dt\text{(利用节 5.2 例 10 的结果)}$$
$$=\ln\left|\frac{t-1}{t+1}\right|+C$$
$$=\ln\left|\frac{\sqrt{e^x+1}-1}{\sqrt{e^x+1}+1}\right|+C$$
$$=2\ln(\sqrt{e^x+1}-1)-x+C.$$

例 7 求 $\int\frac{x^5}{\sqrt{1+x^2}}dx$.

解 本题如果采用三角代换将非常复杂，我们可采用根式有理化代换，设 $t=\sqrt{1+x^2}$，则

$$x^2=t^2-1,\ x dx=t dt,$$

于是

$$\int\frac{x^5}{\sqrt{1+x^2}}dx=\int\frac{(t^2-1)^2}{t}t\,dt$$
$$=\int(t^4-2t^2+1)dt$$
$$=\frac{1}{5}t^5-\frac{2}{3}t^3+t+C$$
$$=\frac{1}{15}(3x^4-4x^2+8)\sqrt{1+x^2}+C.$$

当有理函数中分母的幂次较高时，常采用倒代换 $x=\frac{1}{t}$.

例 8 求 $\int\frac{1}{x(x^6+3)}dx$.

解 令 $x=\frac{1}{t}$，则 $dx=-\frac{1}{t^2}dt$，于是

$$\int\frac{1}{x(x^6+3)}dx=\int\frac{t}{\left(\frac{1}{t}\right)^6+3}\cdot\left(-\frac{1}{t^2}\right)dt$$
$$=-\int\frac{t^5}{1+3t^6}dt$$
$$=-\frac{1}{18}\int\frac{d(1+3t^6)}{1+3t^6}$$

$$=-\frac{1}{18}\ln(1+3t^6)+C$$

$$=-\frac{1}{18}\ln(x^6+3)+\frac{1}{3}\ln|x|+C$$

例 9　求$\int\frac{1}{x^4+x^6}\mathrm{d}x$.

解　令 $x=\frac{1}{t}$,则 $\mathrm{d}x=-\frac{1}{t^2}\mathrm{d}t$,于是

$$\int\frac{1}{x^4+x^6}\mathrm{d}x=-\int\frac{t^4}{1+t^2}\mathrm{d}t=-\int\frac{t^4-1+1}{1+t^2}\mathrm{d}t$$

$$=\int(1-t^2)\mathrm{d}t-\int\frac{1}{1+t^2}\mathrm{d}t$$

$$=t-\frac{1}{3}t^3-\arctan t+C$$

$$=\frac{1}{x}-\frac{1}{3x^3}-\arctan\frac{1}{x}+C.$$

倒代换并不局限于求解有理函数的不定积分,我们可以灵活使用,下面举一例说明.

例 10　求$\int\frac{1-\ln x}{(x-\ln x)^2}\mathrm{d}x$.

解　设 $x=\frac{1}{t}$,则 $\mathrm{d}x=-\frac{1}{t^2}\mathrm{d}t$,

$$\int\frac{1-\ln x}{(x-\ln x)^2}\mathrm{d}x=\int\frac{1-\ln\frac{1}{t}}{\left(\frac{1}{t}-\ln\frac{1}{t}\right)^2}\cdot\left(-\frac{1}{t^2}\right)\mathrm{d}t=-\int\frac{1+\ln t}{(1+t\ln t)^2}\mathrm{d}t$$

$$=-\int\frac{\mathrm{d}(t\ln t)}{(1+t\ln t)^2}=-\int\frac{\mathrm{d}(1+t\ln t)}{(1+t\ln t)^2}$$

$$=\frac{1}{1+t\ln t}+C=\frac{x}{x-\ln x}+C.$$

例 11　求$\int\frac{\sin x}{\cos x-\cos^2 x}\mathrm{d}x$.

解　$\int\frac{\sin x}{\cos x-\cos^2 x}\mathrm{d}x=-\int\frac{\mathrm{d}\cos x}{\cos x-\cos^2 x}$. 令 $t=\cos x$, 则

$$\int\frac{\sin x}{\cos x-\cos^2 x}\mathrm{d}x=-\int\frac{\mathrm{d}t}{t(1-t)}=-\int\left(\frac{1}{t}+\frac{1}{1-t}\right)\mathrm{d}t$$

$$=-\ln|t|+\ln|1-t|+C$$

$$=\ln\left|\frac{1-\cos x}{\cos x}\right|+C.$$

本节中一些例题的结果以后会经常遇到，它们通常也被当作公式来使用．这样，除了基本积分公式外，我们再补充下面几个公式（其中常数 $a>0$）：

(13) $\int \tan x \mathrm{d}x=\ln|\sec x|+C=-\ln|\cos x|+C$；

(14) $\int \cot x \mathrm{d}x=-\ln|\csc x|+C=\ln|\sin x|+C$；

(15) $\int \sec x \mathrm{d}x=\ln|\sec x+\tan x|+C$；

(16) $\int \csc x \mathrm{d}x=\ln|\csc x-\cot x|+C$；

(17) $\int \frac{1}{x^2+a^2}\mathrm{d}x=\frac{1}{a}\arctan\frac{x}{a}+C$；

(18) $\int \frac{1}{x^2-a^2}\mathrm{d}x=\frac{1}{2a}\ln\left|\frac{x-a}{x+a}\right|+C$；

(19) $\int \frac{1}{\sqrt{a^2-x^2}}\mathrm{d}x=\arcsin\frac{x}{a}+C$；

(20) $\int \frac{1}{\sqrt{x^2\pm a^2}}\mathrm{d}x=\ln\left|x+\sqrt{x^2\pm a^2}\right|+C$；

(21) $\int \sqrt{a^2-x^2}\,\mathrm{d}x=\frac{a^2}{2}\arcsin\frac{x}{a}+\frac{x}{2}\sqrt{a^2-x^2}+C$.

例 12　求 $\int \frac{1}{x^2+2x+5}\mathrm{d}x$.

解　$\int \frac{1}{x^2+2x+5}\mathrm{d}x=\int \frac{1}{(x+1)^2+(2)^2}\mathrm{d}(x+1)$，

利用积分公式(17)，得

$$\int \frac{1}{x^2+2x+5}\mathrm{d}x=\frac{1}{2}\arctan\frac{x+1}{2}+C.$$

例 13　求 $\int \frac{2x-2}{x^2+2x+2}\mathrm{d}x$.

解

$$\begin{aligned}\int \frac{2x-2}{x^2+2x+2}\mathrm{d}x&=\int \frac{2x+2-4}{x^2+2x+2}\mathrm{d}x\\&=\int \frac{2x+2}{x^2+2x+2}\mathrm{d}x-4\int \frac{1}{x^2+2x+2}\mathrm{d}x\\&=\int \frac{\mathrm{d}(x^2+2x+2)}{x^2+2x+2}-4\int \frac{\mathrm{d}(x+1)}{(x+1)^2+1}\text{（利用积分公式(17)）}\\&=\ln(x^2+2x+2)-4\arctan(x+1)+C.\end{aligned}$$

例 14　求 $\int \frac{1}{\sqrt{3+2x-x^2}}\mathrm{d}x$.

解 $\int \frac{1}{\sqrt{3+2x-x^2}}dx = \int \frac{1}{\sqrt{2^2-(x-1)^2}}d(x-1)$，

根据积分公式(19)，得

$$\int \frac{1}{\sqrt{3+2x-x^2}}dx = \arcsin \frac{x-1}{2} + C.$$

例 15 $\int \frac{1}{\sqrt{9x^2+6x+4}}dx$.

解
$$\int \frac{1}{\sqrt{9x^2+6x+4}}dx = \int \frac{1}{\sqrt{(3x+1)^2+(\sqrt{3})^2}}dx = \frac{1}{3}\int \frac{1}{\sqrt{(3x+1)^2+(\sqrt{3})^2}}d(3x+1),$$

根据积分公式(20)，得

$$\int \frac{1}{\sqrt{9x^2+6x+4}}dx = \frac{1}{3}\ln(3x+1+\sqrt{(3x+1)^2+3})+C = \frac{1}{3}\ln(3x+1+\sqrt{9x^2+6x+4})+C.$$

习题 5.3

求下列不定积分：

1. $\int \frac{dx}{1+\sqrt{2x}}$
2. $\int \frac{dx}{1+\sqrt[3]{x+1}}$
3. $\int \frac{\sqrt{x}}{1+\sqrt[3]{x}}dx$
4. $\int x\sqrt{x+1}\,dx$
5. $\int x\cdot\sqrt[4]{2x+3}\,dx$
6. $\int \frac{x}{\sqrt{2-3x}}dx$
7. $\int \frac{x^2}{\sqrt{1-x^2}}dx$
8. $\int \frac{1}{x\sqrt{x^2-1}}dx$
9. $\int \frac{1}{\sqrt{(x^2+1)^3}}dx$
10. $\int \frac{x^3}{\sqrt{1+x^2}}dx$
11. $\int \frac{1}{x\sqrt{4-x^2}}dx$
12. $\int \frac{\sqrt{x^2-4}}{x}dx$
13. $\int \frac{1}{1+\sqrt{1-x^2}}dx$
14. $\int \sqrt{5-4x-x^2}\,dx$
15. $\int \frac{1}{\sqrt{9x^2-4}}dx$
16. $\int \frac{1}{\sqrt{4-9x^2}}dx$

17. $\int \frac{1}{\sqrt{x-x^2}}\mathrm{d}x$

18. $\int \frac{1}{\sqrt{9x^2-6x+7}}\mathrm{d}x$

19. $\int \frac{1}{x^8(1-x^2)}\mathrm{d}x$

20. $\int \frac{1}{x(x^7+1)}\mathrm{d}x$

5.4 分部积分法

前面介绍的换元积分法虽然可以解决很多积分的计算问题，但有些积分如$\int x\mathrm{e}^x\mathrm{d}x$，$\int x\cos x\mathrm{d}x$，$\int x\ln x\mathrm{d}x$ 等，利用换元积分法就无法求解. 这类积分有一个共同的特点：被积函数是两类不同函数的乘积. 因此，可以将乘积求导法则反过来用于不定积分之中.

设函数 $u=u(x)$ 及 $v=v(x)$ 具有连续导数，我们知道，两个函数乘积的导数公式为

$$(uv)'=u'v+uv',$$

移项得

$$uv'=(uv)'-u'v.$$

两边求不定积分，得

$$\int uv'\mathrm{d}x=uv-\int u'v\mathrm{d}x \tag{5-3}$$

或

$$\int u\mathrm{d}v=uv-\int v\mathrm{d}u. \tag{5-4}$$

式(5-3) 或式(5-4) 称为分部积分公式，它提供给我们一种新的积分方法称为**分部积分法**.

分部积分法主要用于求解被积函数为某两类函数乘积的不定积分，是将被积表达式分为 u 和 $\mathrm{d}v$ 两部分，并将$\int u\mathrm{d}v$ 的积分转化为$\int v\mathrm{d}u$ 的积分，若后者容易求解，原来的积分便可求解. 下面举例说明分部积分公式的用法.

例 1 求$\int x\cos x\mathrm{d}x$.

解 设 $u=x$，$\mathrm{d}v=\cos x\mathrm{d}x=\mathrm{d}\sin x$，则 $\mathrm{d}u=\mathrm{d}x$，$v=\sin x$. 利用分部积分公式(5-4)，得

$$\int x\cos x\mathrm{d}x=x\sin x-\int \sin x\mathrm{d}x=x\sin x+\cos x+C.$$

如果我们选择 $u=\cos x$，$\mathrm{d}v=x\mathrm{d}x=\mathrm{d}\,\frac{1}{2}x^2$，那么 $\mathrm{d}u=-\sin x\mathrm{d}x$，$v=\frac{x^2}{2}$. 于是

$$\int x\cos x\mathrm{d}x = \frac{x^2}{2}\cos x + \int \frac{x^2}{2}\sin x\mathrm{d}x.$$

因为上式右端的积分并不比原来的积分容易计算，并未起到化难为易的作用，u 和 $\mathrm{d}v$ 的这种选择不像第一次那样有效. 因此，如何适当选择 u 和 $\mathrm{d}v$ 是使用分部积分法的关键. 一般说来，选取 u 和 $\mathrm{d}v$ 的原则是

(1) 由 $\mathrm{d}v$ 易求出 v；

(2) $\int v\mathrm{d}u$ 应比 $\int u\mathrm{d}v$ 容易积出.

例 2　求 $\int x\mathrm{e}^x\mathrm{d}x$.

解　设 $u = x, \mathrm{d}v = \mathrm{e}^x\mathrm{d}x$，则 $\mathrm{d}u = \mathrm{d}x, v = \mathrm{e}^x$. 于是

$$\int x\mathrm{e}^x\mathrm{d}x = x\mathrm{e}^x - \int \mathrm{e}^x\mathrm{d}x = x\mathrm{e}^x - \mathrm{e}^x + C.$$

例 3　求 $\int x^2\mathrm{e}^x\mathrm{d}x$.

解　设 $u = x^2, \mathrm{d}v = \mathrm{e}^x\mathrm{d}x$，则 $\mathrm{d}u = 2x\mathrm{d}x, v = \mathrm{e}^x$. 于是

$$\int x^2\mathrm{e}^x\mathrm{d}x = x^2\mathrm{e}^x - 2\int x\mathrm{e}^x\mathrm{d}x$$

根据例 2，对 $\int x\mathrm{e}^x\mathrm{d}x$ 再用一次分部积分法得

$$\int x^2\mathrm{e}^x\mathrm{d}x = x^2\mathrm{e}^x - 2(x\mathrm{e}^x - \mathrm{e}^x) + C = (x^2 - 2x + 2)\mathrm{e}^x + C.$$

总结上面几个例子可以知道，当被积函数是幂函数和正(余) 弦函数的乘积或幂函数和指数函数的乘积时，就可考虑利用分部积分法，应选取幂函数为 u，选取正(余) 弦函数或指数函数为 v'(与 $\mathrm{d}x$ 凑微分后成 $\mathrm{d}v$). 这样，用一次分部积分法就可以使幂函数的幂次降低一次. 这里假定幂指数是正整数. 另外由例 3 可以看出分部积分法可重复使用.

读者在初做分部积分时，应该把 u, v 分别写出来，然后代入分部积分公式，这样可以避免出错. 当计算比较熟练以后，可以不写出 u 和 v，把积分写成 $\int u\mathrm{d}v$ 的形式后，默认哪个函数是 u，哪个函数是 v，直接利用公式(5-4) 即可.

例 4　求 $\int x\ln x\mathrm{d}x$.

解　
$$\int x\ln x\mathrm{d}x = \int \ln x\mathrm{d}\left(\frac{x^2}{2}\right) = \frac{x^2}{2}\ln x - \int \frac{x^2}{2}\mathrm{d}(\ln x)$$
$$= \frac{x^2}{2}\ln x - \int \frac{x^2}{2}\cdot\frac{1}{x}\mathrm{d}x = \frac{x^2}{2}\ln x - \frac{1}{4}x^2 + C.$$

例 5　求 $\int x\arctan x\mathrm{d}x$.

解 $$\begin{aligned}\int x\arctan x\,\mathrm{d}x &= \frac{1}{2}\int \arctan x\,\mathrm{d}(x^2)\\ &= \frac{1}{2}x^2\arctan x - \frac{1}{2}\int x^2\,\mathrm{d}(\arctan x)\\ &= \frac{1}{2}x^2\arctan x - \frac{1}{2}\int \frac{x^2}{1+x^2}\mathrm{d}x\\ &= \frac{1}{2}x^2\arctan x - \frac{1}{2}\int\left(1-\frac{1}{1+x^2}\right)\mathrm{d}x\\ &= \frac{1}{2}x^2\arctan x - \frac{1}{2}(x-\arctan x)+C\\ &= \frac{1}{2}(x^2+1)\arctan x - \frac{1}{2}x + C.\end{aligned}$$

例 6 求$\int \arcsin x\,\mathrm{d}x$.

解 这里被积函数只有 $\arcsin x$，我们就把 $\mathrm{d}x$ 直接看成 $\mathrm{d}v$，公式中的 v 即为 x，于是

$$\begin{aligned}\int \arcsin x\,\mathrm{d}x &= x\arcsin x \quad \int x\,\mathrm{d}(\arcsin x)\\ &= x\arcsin x - \int \frac{x}{\sqrt{1-x^2}}\mathrm{d}x\\ &= x\arcsin x + \frac{1}{2}\int \frac{1}{\sqrt{1-x^2}}\mathrm{d}(1-x^2)\\ &= x\arcsin x + \sqrt{1-x^2} + C.\end{aligned}$$

总结上面三个例子可以知道，如果被积函数是幂函数和对数函数的乘积或幂函数和反三角函数的乘积，也可以考虑用分部积分法，选取对数函数或反三角函数为 u，并设幂函数为 v'(与 $\mathrm{d}x$ 凑微分后成 $\mathrm{d}v$).

例 7 求$\int \mathrm{e}^x\sin x\,\mathrm{d}x$.

解 $$\begin{aligned}\int \mathrm{e}^x\sin x\,\mathrm{d}x &= \int \sin x\,\mathrm{d}(\mathrm{e}^x)\ (\text{取三角函数为 } u)\\ &= \mathrm{e}^x\sin x - \int \mathrm{e}^x\cos x\,\mathrm{d}x\\ &= \mathrm{e}^x\sin x - \int \cos x\,\mathrm{d}(\mathrm{e}^x)\ (\text{再取三角函数为 } u)\\ &= \mathrm{e}^x\sin x - \mathrm{e}^x\cos x + \int \mathrm{e}^x(-\sin x)\,\mathrm{d}x,\end{aligned}$$

即

$$\int \mathrm{e}^x\sin x\,\mathrm{d}x = \mathrm{e}^x\sin x - \mathrm{e}^x\cos x - \int \mathrm{e}^x\sin x\,\mathrm{d}x,$$

移项得

$$\int e^x \sin x dx = \frac{1}{2}e^x(\sin x - \cos x) + C.$$

在解题过程中,两次使用分部积分法都是取三角函数为 u,如果第一次取 $u = \sin x$,而第二次取 $u = e^x$,将得到恒等式,从而无法得到结果. 此题也可以这样解:

$$\int e^x \sin x dx = -\int e^x d(\cos x)\ (取\ u = e^x)$$

$$= - e^x \cos x + \int e^x \cos x dx$$

$$= - e^x \cos x + \int e^x d\sin x\ (再取\ u = e^x)$$

$$= - e^x \cos x + e^x \sin x + \int e^x(-\sin x)dx,$$

移项得

$$\int e^x \sin x dx = \frac{1}{2}e^x(\sin x - \cos x) + C.$$

一般地,若被积函数是指数函数与正(余)弦函数的乘积,如$\int e^x \sin x dx$,$\int e^x \cos x dx$等,u 和 dv 可任意选取,但在两次分部积分中,选作 u 的函数类型应该一致,以便经过两次分部积分后产生循环式,从而解出所求积分.

综上所述,使用分部积分法的经验告诉我们选择 u 和 dv 时,可以按照反三角函数、对数函数、幂函数、指数函数、三角函数的顺序(即"反对幂指三"的顺序),把排在前面的函数取为 u,而把排在后面的那类函数取为 v'(与 dx 凑微分后成 dv). 通常情况下,使用这个经验次序可求出不定积分,但要注意的是,这只是大多数解题经验的总结,实际应用时应灵活使用分部积分法. 下面再举一些例子,请读者悉心体会其解题方法.

例 8 求$\int \frac{x}{\sin^2 x}dx$.

解

$$\int \frac{x}{\sin^2 x}dx = \int x\csc^2 x dx = -\int x d(\cot x)$$

$$= -\left(x\cot x - \int \cot x dx\right)\ (利用积分公式(14))$$

$$= - x\cot x + \ln|\sin x| + C.$$

例 9 求$\int \sin(\ln x)dx$.

解

$$\int \sin(\ln x)dx = x\sin(\ln x) - \int x d[\sin(\ln x)]$$

$$= x\sin(\ln x) - \int x\cos(\ln x) \cdot \frac{1}{x}dx$$

$$= x\sin(\ln x) - \{x\cos(\ln x) - \int x \mathrm{d}[\cos(\ln x)]\}$$

$$= x[\sin(\ln x) - \cos(\ln x)] - \int \sin(\ln x)\mathrm{d}x,$$

移项得

$$\int \sin(\ln x)\mathrm{d}x = \frac{1}{2}x[\sin(\ln x) - \cos(\ln x)] + C.$$

例 10 求$\int \frac{x\cos x}{\sin^3 x}\mathrm{d}x$.

解 $\int \frac{x\cos x}{\sin^3 x}\mathrm{d}x = \int \frac{x}{\sin^3 x}\mathrm{d}\sin x$

$$= -\frac{1}{2}\int x \mathrm{d}\, \frac{1}{\sin^2 x}$$

$$= -\frac{x}{2\sin^2 x} + \frac{1}{2}\int \csc^2 x\mathrm{d}x$$

$$= -\frac{1}{2}(x\csc^2 x + \cot x) + C.$$

例 11 求$\int \sec^3 x\mathrm{d}x$.

解 $\int \sec^3 x\mathrm{d}x = \int \sec x \cdot \sec^2 x\mathrm{d}x$

$$= \int \sec x\mathrm{d}(\tan x)$$

$$= \sec x\tan x - \int \sec x\tan^2 x\mathrm{d}x$$

$$= \sec x\tan x - \int (\sec^2 x - 1)\sec x\mathrm{d}x$$

$$= \sec x\tan x - \int \sec^3 x\mathrm{d}x + \int \sec x\mathrm{d}x$$

$$= \sec x\tan x + \ln|\sec x + \tan x| - \int \sec^3 x\mathrm{d}x,$$

移项得

$$\int \sec^3 x\mathrm{d}x = \frac{1}{2}(\sec x\tan x + \ln|\sec x + \tan x|) + C.$$

例 12 求$\int x\tan^2 x\mathrm{d}x$.

解 $\int x\tan^2 x\mathrm{d}x = \int x(\sec^2 x - 1)\mathrm{d}x$

$$= \int x\sec^2 x\mathrm{d}x - \int x\mathrm{d}x$$

$$= \int x\mathrm{d}(\tan x) - \frac{1}{2}x^2$$

$$= x\tan x - \int \tan x\mathrm{d}x - \frac{1}{2}x^2$$

$$= x\tan x - \ln|\sec x| - \frac{1}{2}x^2 + C.$$

例 13　求$\int \frac{x^2\arctan x}{1+x^2}\mathrm{d}x$.

解　$$\int \frac{x^2\arctan x}{1+x^2}\mathrm{d}x = \int \frac{(1+x^2)\arctan x - \arctan x}{1+x^2}\mathrm{d}x$$

$$= \int \arctan x\mathrm{d}x - \int \frac{\arctan x}{1+x^2}\mathrm{d}x$$

$$= x\arctan x - \int x \cdot \frac{1}{1+x^2}\mathrm{d}x - \int \arctan x\mathrm{d}(\arctan x)$$

$$= x\arctan x - \frac{1}{2}\int \frac{1}{1+x^2}\mathrm{d}(1+x^2) - \frac{1}{2}(\arctan x)^2$$

$$= x\arctan x - \frac{1}{2}\ln(1+x^2) - \frac{1}{2}(\arctan x)^2 + C.$$

例 14　求$\int \frac{x^2\mathrm{e}^x}{(x+2)^2}\mathrm{d}x$.

解　$$\int \frac{x^2\mathrm{e}^x}{(x+2)^2}\mathrm{d}x = -\int x^2\mathrm{e}^x\mathrm{d}\frac{1}{x+2}$$

$$= -\frac{x^2\mathrm{e}^x}{x+2} + \int \frac{2x\mathrm{e}^x + x^2\mathrm{e}^x}{x+2}\mathrm{d}x$$

$$= -\frac{x^2\mathrm{e}^x}{x+2} + \int x\mathrm{e}^x\mathrm{d}x$$

$$= -\frac{x^2\mathrm{e}^x}{x+2} + x\mathrm{e}^x - \mathrm{e}^x + C.$$

分部积分法并不局限于求两类不同函数乘积的不定积分，还可以与换元积分法结合使用，也可以用于求抽象函数的不定积分.

例 15　求$\int \mathrm{e}^{\sqrt{x}}\mathrm{d}x$.

解　令 $t=\sqrt{x}$，则 $x=t^2$，$\mathrm{d}x=2t\mathrm{d}t$，得

$$\int \mathrm{e}^{\sqrt{x}}\mathrm{d}x = 2\int t\mathrm{e}^t\mathrm{d}t.$$

利用例 2 的结果，并将 $t=\sqrt{x}$ 回代，得

$$\int \mathrm{e}^{\sqrt{x}}\mathrm{d}x = 2\int t\mathrm{e}^t\mathrm{d}t = 2(t-1)\mathrm{e}^t + C = 2(\sqrt{x}-1)\mathrm{e}^{\sqrt{x}} + C.$$

例 16　求$\int \arctan\sqrt{x}\,dx$.

解　令$\sqrt{x}=t, x=t^2, dx=2tdt$,得

$$\begin{aligned}\int \arctan\sqrt{x}\,dx &= 2\int t\arctan t\,dt \\ &= \int \arctan t\,dt^2 \\ &= t^2\arctan t-\int \frac{t^2}{1+t^2}dt \\ &= t^2\arctan t-t+\arctan t+C \\ &= (x+1)\arctan\sqrt{x}-\sqrt{x}+C.\end{aligned}$$

例 17　设 $f(x)$ 的一个原函数为$\frac{\ln x}{x}$,求$\int xf'(x)dx$.

解　$$\begin{aligned}\int xf'(x)dx &= \int x d(f(x)) \\ &= xf(x)-\int f(x)dx \\ &= x\left(\frac{\ln x}{x}\right)'-\frac{\ln x}{x}+C \\ &= x\cdot\frac{1-\ln x}{x^2}-\frac{\ln x}{x}+C \\ &= \frac{1}{x}-2\frac{\ln x}{x}+C.\end{aligned}$$

例 18　已知 $f'(e^x)=1+x$,求 $f(x)$.

解　设 $e^x=t$,则 $x=\ln t$,且

$$f'(e^x)=f'(t)=1+\ln t.$$

两边积分得

$$\begin{aligned}f(t)=\int f'(t)dt=\int(1+\ln t)dt &= t+t\ln t-\int t\cdot\frac{1}{t}dt \\ &= t(1+\ln t)-t+C=t\ln t+C.\end{aligned}$$

所以 $f(x)=x\ln x+C$.

顺便指出:对于初等函数而言,在其定义区间内,它的原函数一定存在,但其原函数不一定都是初等函数. 有些看似非常简单的函数,比如

$$\sin x^2,\ e^{-x^2},\ \frac{\sin x}{x},\ \frac{1}{\ln x},\ \frac{1}{\sqrt{1+x^4}}$$

等,它们的原函数都不是初等函数. 通常无法利用直接法、换元法或者分部积分法求解

$\int e^{-x^2}dx$ 这样的积分,因此我们将其称为"积不出来"的积分.

习题　5.4

1. 求下列不定积分:

(1) $\int x\sin 2x\mathrm{d}x$

(2) $\int x^2 e^{-x}\mathrm{d}x$

(3) $\int \arccos x\mathrm{d}x$

(4) $\int x^2 \arctan x\mathrm{d}x$

(5) $\int \frac{\ln x}{x^2}\mathrm{d}x$

(6) $\int \ln^2 x\mathrm{d}x$

(7) $\int x\ln(x-1)\mathrm{d}x$

(8) $\int x\cos\frac{x}{2}\mathrm{d}x$

(9) $\int \sin\sqrt{x}\mathrm{d}x$

(10) $\int \ln(x+\sqrt{1+x^2})\mathrm{d}x$

(11) $\int \frac{\arctan e^x}{e^x}\mathrm{d}x$

(12) $\int \cos(\ln x)\mathrm{d}x$

(13) $\int e^x\sin^2 x\mathrm{d}x$

(14) $\int \frac{x}{\sqrt{1-x^2}}\arcsin x\mathrm{d}x$

(15) $\int (\arcsin x)^2\mathrm{d}x$

(16) $\int \frac{xe^x}{(1+x)^2}\mathrm{d}x$

(17) $\int e^{\sqrt[3]{x}}\mathrm{d}x$

(18) $\int \frac{xe^{\arctan x}}{(1+x^2)^{\frac{3}{2}}}\mathrm{d}x$

2. 已知 $\frac{\sin x}{x}$ 是 $f(x)$ 的一个原函数,求 $\int xf'(x)\mathrm{d}x$.

3. 设 $f(x)$ 的一个原函数是 e^{-x^2},求 $\int xf'(x)\mathrm{d}x$.

复习题五

一、单项选择题

1. 在下列等式中,正确的是(　　).

A. $\int f'(x)\mathrm{d}x = f(x)$

B. $\int \mathrm{d}f(x) = f(x)$

C. $\frac{\mathrm{d}}{\mathrm{d}x}\int f(x)\mathrm{d}x = f(x)$

D. $\mathrm{d}\int f(x)\mathrm{d}x = f(x)$

2. 若 $f(x)$ 是 $g(x)$ 的一个原函数,则正确的是(　　).

A. $\int f(x)\mathrm{d}x = g(x) + C$

B. $\int g(x)\mathrm{d}x = f(x) + C$

C. $\int g'(x)\mathrm{d}x = f(x) + C$

D. $\int f'(x)\mathrm{d}x = g(x) + C$

3. 函数 $\mathrm{e}^{\frac{\pi}{2}x}$ 的一个原函数是(　　).

A. $\frac{\pi}{2}\mathrm{e}^{\frac{\pi}{2}x} + C$　　B. $\frac{2}{\pi}\mathrm{e}^{\frac{\pi}{2}x} + C$　　C. $\frac{2}{\pi}\mathrm{e}^{\frac{2}{\pi}x}$　　D. $\frac{\pi}{2}\mathrm{e}^{\frac{\pi}{2}x}$

4. 设函数 $f(x) = a^x, g(x) = \frac{a^x}{\ln a}(a > 0, a \neq 1)$,则(　　).

A. $g(x)$ 是 $f(x)$ 的不定积分

B. $g(x)$ 是 $f(x)$ 的导数

C. $f(x)$ 是 $g(x)$ 的原函数

D. $g(x)$ 是 $f(x)$ 的原函数

5. 若 $f(x) = x + \ln x$,则$\int f'(x)\mathrm{d}x =$(　　).

A. $1 + \frac{1}{x} + C$　　B. $x + \ln x$　　C. $1 + \frac{1}{x}$　　D. $x + \ln x + C$

6. 设 $f(x)$ 的一个原函数为 $\ln x$,则 $f'(x) =$(　　).

A. $\frac{1}{x}$　　B. $x\ln x$　　C. $-\frac{1}{x^2}$　　D. e^x

7. $\int \frac{\mathrm{d}x}{1 - 2x} =$(　　).

A. $-\frac{1}{2}\ln|1 - 2x|$

B. $\ln|1 - 2x| + C$

C. $\frac{1}{2}\ln|1 - 2x| + C$

D. $-\frac{1}{2}\ln|1 - 2x| + C$

8. $\int \frac{\mathrm{d}x}{\sqrt{1 - 2x}} =$(　　).

A. $\sqrt{1 - 2x} + C$

B. $-\sqrt{1 - 2x} + C$

C. $-\frac{1}{2}\sqrt{1 - 2x} + C$

D. $-2\sqrt{1 - 2x} + C$

9. $\int \frac{x}{4 + x^2}\mathrm{d}x =$(　　).

A. $\frac{1}{2}\ln(4 + x^2) + C$

B. $\ln(4 + x^2) + C$

C. $\frac{1}{2}\operatorname{arccot}\frac{x}{2} + C$

D. $\frac{x}{2}\arctan\frac{x}{2} + C$

10. $\int \frac{\mathrm{d}x}{\sqrt{1 - 25x^2}} =$(　　).

A. $\frac{1}{5}\arcsin 5x+C$　　B. $\arcsin 5x+C$

C. $\ln\left|5x+\sqrt{1-25x^2}\right|+C$　　D. $\frac{1}{5}\ln\left|5x+\sqrt{1-25x^2}\right|+C$

11. $\int \ln\frac{x}{2}\mathrm{d}x=$（　　）.

A. $x\ln\frac{x}{2}-2x+C$　　B. $x\ln\frac{x}{2}-4x+C$

C. $x\ln\frac{x}{2}-x+C$　　D. $x\ln\frac{x}{2}+x+C$

12. 若$\int f(x)\cos\frac{1}{x}\mathrm{d}x=\sin\frac{1}{x}+C$,则 $f(x)=$（　　）.

A. $-\frac{1}{x^2}$　　B. $\frac{1}{x^2}$　　C. $-\frac{1}{x}$　　D. $\frac{1}{x}$

13. 若$\int f(x)\,\mathrm{d}x=\mathrm{e}^{\sqrt{x}}+C$,则当 $x>0$ 时,$\int xf(x^2)\mathrm{d}x=$（　　）.

A. $\frac{1}{2}\mathrm{e}^{\sqrt{x}}+C$　　B. $\frac{1}{2}\mathrm{e}^{x}+C$　　C. $\mathrm{e}^{\sqrt{x}}$　　D. $\mathrm{e}^{\sqrt{x}}+C$

14. 设 $f(x)$ 的一个原函数是 $\sin x$,则$\int xf'(x)\mathrm{d}x=$（　　）.

A. $x\cos x-\sin x+C$　　B. $x\sin x+\cos x+C$

C. $x\cos x+\sin x+C$　　D. $x\sin x-\cos x+C$

15. 已知 $f'(\sin x)=x$,则 $f(\sin x)=$（　　）.

A. $\frac{1}{2}x^2+C$　　B. $x\sin x+\cos x+C$

C. $x\sin x-\cos x+C$　　D. $\sin x-x\cos x+C$

二、填空题

1. 设 $f(x)$ 的一个原函数是 e^{-2x},则 $f(x)=$ ________.

2. 设$\int f(x)\mathrm{d}x=\mathrm{e}^{-x^2}+C$,则 $f'(x)=$ ________.

3. 已知 $f(x)$ 的一个原函数是 $\sin 2x$,则$\int f'(x)\mathrm{d}x=$ ________.

4. 设 $f'(x)\equiv 1$,且 $f(0)=0$,则$\int f(x)\mathrm{d}x=$ ________.

5. 设 $f'(\ln x)=1+x$,则 $f(x)=$ ________.

6. 已知曲线 $y=f(x)$ 过点$(1,-\frac{5}{4})$,且其上任一点(x,y)处的切线斜率为 $x\ln x$,则 $f(x)=$ ________.

7. 若 $f(x)=e^{-x}$，则 $\int f'(\ln x)\mathrm{d}x=$ ______.

8. 设 $\int xf(x)\,\mathrm{d}x=\arcsin x+C$，则 $\int \frac{\mathrm{d}x}{f(x)}=$ ______.

9. 设 $\int f(x)\,\mathrm{d}x=\sin\sqrt{x}+C$，则 $\int x^2 f(1+x^3)\,\mathrm{d}x=$ ______.

10. 已知 $f(x)=e^{-3x}$，则 $\int \frac{f'(\ln x)}{x}\mathrm{d}x=$ ______.

三、求下列不定积分

1. $\int \frac{1}{x\sqrt{1-\ln^2 x}}\mathrm{d}x$

2. $\int \frac{2^x 3^x}{9^x-4^x}\mathrm{d}x$

3. $\int \frac{e^x-1}{e^x+1}\mathrm{d}x$

4. $\int \frac{\arcsin\sqrt{x}}{\sqrt{x(1-x)}}\mathrm{d}x$

5. $\int \frac{1}{1+\sqrt{x}}\mathrm{d}x$

6. $\int \cos\sqrt{x+1}\,\mathrm{d}x$

7. $\int x\sqrt{2-5x}\,\mathrm{d}x$

8. $\int \frac{\sin x\cos x}{1+\sin^4 x}\mathrm{d}x$

9. $\int \tan x(1+\tan x)\mathrm{d}x$

10. $\int \frac{1}{\sin^2 x\cos x}\mathrm{d}x$

11. $\int \frac{1}{x\sqrt{1+x^2}}\mathrm{d}x$

12. $\int \frac{x+\ln(1-x)}{x^2}\mathrm{d}x$

13. $\int \frac{x+1}{x^2\sqrt{x^2-1}}\mathrm{d}x$

14. $\int \frac{1}{x\sqrt{9-x^2}}\mathrm{d}x$

15. $\int \frac{1}{\sqrt{x(1+x)}}\mathrm{d}x$

16. $\int \frac{2x-3}{x^2-2x+2}\mathrm{d}x$

17. $\int \ln(1+x^2)\mathrm{d}x$

18. $\int \frac{x}{1+\cos x}\mathrm{d}x$

四、计算题

1. 设生产某种产品 Q 单位的总成本为 $C(Q)$，边际成本为 $C'(Q)=5+\frac{6}{\sqrt{Q}}$，已知固定成本 $C(0)$ 为 10 万元，求总成本函数.

2. 设 $f(x^2-1)=\ln\frac{x^2}{x^2-2}$，且 $f(\varphi(x))=\ln x$，求 $\int \varphi(x)\,\mathrm{d}x$.

部分习题答案

第　一　章

习题　1.1

1. (1) $(-2,4]$　(2) $(-\infty,0]$　(3) $[-4,4]$　(4) $(0,6)$　(5) $(-\infty,\frac{1}{3}]\cup[1,+\infty)$

(6) $(x_0-\delta,x_0+\delta)$

2. (1) $(0.99,1.01)$　(2) $(-3,-1)$　(3) $(-0.1,0)\cup(0,0.1)$　(4) $(-3,-1)$

(5) $(x_0,x_0+\varepsilon)$　(6) $(x_0-\delta,x_0)\cup(x_0,x_0+\delta)$

习题　1.2

1. (1) 不同　(2) 相同　(3) 不同　(4) 不同　(5) 相同

2. (1) $(-\infty,0)\cup(0,4)\cup(4,+\infty)$　(2) $[-1,1)$　(3) $(\pi,\pi+1)\cup(\pi+1,+\infty)$

(4) $[-2,0]$　(5) $(-2,-1)\cup(-1,+\infty)$　(6) $(-1,3]$

3. $f(x)=\begin{cases}130x, & 0\leqslant x\leqslant 700\\ 117x+9100, & 700<x\leqslant 1000\end{cases}$

4. $L(x)=\begin{cases}8x, & 40\leqslant x\leqslant 80\\ x(11.2-0.04x), & 80<x\leqslant 280\end{cases}$,当 $x>280$ 时,$L(x)<0$,亏本

5. $f(x)=\begin{cases}200x, & 0\leqslant x\leqslant 500\\ 183x+8500, & 500\leqslant x\leqslant 700\\ 136600, & x>700\end{cases}$

6. $f(x)=x(10-2x)^2,\ x\in(0,5)$

习题　1.3

1. (1) 非奇非偶函数　(2) 奇函数　(3) 偶函数　(4) 奇函数　(5) 奇函数　(6) 奇函数

2. (1) 有界,5　(2) 有界,3　(3) 无界　(4) 有界,3

3. (1) 周期函数,π　(2) 非周期函数　(3) 周期函数,2

习题 1.4

1. (1) $y=x^3+1$ (2) $y=\ln\frac{x}{1-x}$ (3) $y=10^{x-1}-2$

2. $f^{-1}(x)=\frac{-dx+b}{cy-a}, a=-d$

3. $a=2,\ b=\frac{5}{2}$

4. (1) $[\frac{1}{3},1]$ (2) $[-\sqrt{2},-1]\cup[1,\sqrt{2}]$ (3) $[-1,1)$ (4) $(-\infty,0)\cup(0,3]$

5. (1) $\frac{\pi}{4}$ (2) $\frac{3\pi}{4}$ (3) $\frac{\pi}{2}$ (4) $-\frac{\pi}{2}$ (5) $\frac{5\pi}{6}$ (6) $-\frac{\pi}{4}$

6. $f^{-1}(x)=\pi-\arcsin x$

习题 1.5

1. $\left[\frac{1}{e},e\right]$

2. (1) $[-1,1]$ (2) $[-2,-1]$ (3) $\left[\frac{1}{4},\frac{3}{4}\right]$

3. $f(-2)=2, f(3)=5, f(1)=1, f(2)$ 没有定义

4. $f(x)=\frac{2-x}{1-2x}$

5. $f(f(x))=1-\frac{1}{x}, x\neq 0,1; f(f(f(x)))=x, x\neq 0,1$

6. $\underbrace{f(f(f\cdots(f}_{n个f}(x)\cdots))), =\frac{x}{\sqrt{1+nx^2}}$

7. $\varphi(x)=\frac{x+1}{x-1}$

8. (1) $y=10^u, u=x^2$ (2) $y=\lg u, u=\cos v, v=\cos x$

(3) $y=\sqrt{u}, u=\arccos v, v=2^x$ (4) $y=\frac{1}{u}, u=\lg v, v=w^3, w=\tan x$

(5) $y=e^u, u=\sin v, v=\frac{1}{x}$ (6) $y=u^3, u=\cos v, v=\sqrt{w}, w=2-x^2$

(7) $y=v^2, v=\arcsin u, u=\sqrt{x}$ (8) $y=\arctan u, u=\sqrt{v}, v=x^2-1$

(9) $y=e^u, u=\sin x\cdot\ln x$

复习题一

一、单项选择题

1. D **2.** B **3.** A **4.** B **5.** C **6.** D **7.** A **8.** B **9.** B **10.** C **11.** D **12.** C

二、填空题

1. $(-1,3]$ **2.** $(2,3)\cup(3,+\infty)$ **3.** $[0,\sqrt{2}]$ **4.** 无 **5.** $y=1-\sqrt{x+2}, x\in(-2,-1)$

6. $f^{-1}(x)=-\sqrt{2x-x^2}\ (0<x<1)$　7. 原点　8. $6-2\pi$　9. $\frac{3}{4}\pi$　10. $\pi+\arcsin\frac{1}{4}$

11. $[-1,1]$, $\left[-\frac{3}{4}\pi, \frac{3}{4}\pi\right]$　12. $[\arcsin a, \pi-\arcsin a]$

三、计算题、证明题

1. (1) $[-4,-\pi)\cup(0,\pi)$　(2) $[0,\sqrt{3})$

2. $f(x+1)=\frac{4}{9}x^2+\frac{8}{3}x-1$

3. $f[g(x)]=\begin{cases}\ln(2x+3), & x\geqslant -1\\ (2x+3)^3, & x<-1\end{cases}$, $g[f(x)]=\begin{cases}2\ln x+3, & x\geqslant 1\\ 2x^3+3, & x<1\end{cases}$

4. (1) $y=\frac{e^x-e^{-x}}{2}$　(2) $y=\begin{cases}x, & x<0\\ x^2, & 0\leqslant x<2\\ 2^x, & x\geqslant 2\end{cases}$

5. (1) $y=\arctan u, u=e^v, v=\sqrt{x}$　(2) $y=e^u, u=x\ln x$

(3) $y=u^3, u=\sin v, v=\cos w, w=3x$

(4) $y=\ln u, u=\sqrt{v}, v=\ln w, w=\sin x$

6. (1) 偶函数　(2) 奇函数

7. (1) 偶函数　(2) 奇函数

9. (1) $\arccos\frac{1}{\pi}>\arccos\frac{\sqrt{2}}{2}=\frac{\pi}{4}=\arctan 1>\arctan\frac{\sqrt{2}}{2}$

(2) $\tan 1>\tan\frac{\pi}{4}=1>\frac{\pi}{4}=\arctan 1$

10. $\beta<\alpha<r$

11. (1) $\frac{2}{\sqrt{5}}$　(2) $\frac{3}{2}\pi$　(3) $\frac{\pi}{4}$　(4) $2\pi-4$

12. $y(x)=\begin{cases}300x, & 0\leqslant x\leqslant 600\\ 240x+36000, & 600<x\leqslant 800\\ 228000, & x>800\end{cases}$

13. (1) $P=\begin{cases}90, & 0\leqslant x\leqslant 100\\ 91-0.01x, & 100<x<1600\\ 75, & x\geqslant 1600\end{cases}$

(2) $L=(P-60)x=\begin{cases}30x, & 0\leqslant x\leqslant 100\\ 31x-0.01x^2, & 100<x<1600\\ 15x, & x\geqslant 1600\end{cases}$　(3) $L=21000$(元)

14. $s=\left(1+\frac{\pi}{4}\right)x+\frac{2A}{x}$

第　二　章

习题　2.1

1. (1) 收敛,0　(2) 发散　(3) 发散　(4) 收敛,0　(5) 收敛,0　(6) 收敛,$\frac{\pi}{2}$　(7) 收敛,0　(8) 收敛,1

2. 提示:用子数列反证.

4. $a = 0$

习题　2.2

2. 存在,$\lim\limits_{x\to 0} f(x) = 1$

3. $\lim\limits_{x\to 0} f(x) = -1$,$\lim\limits_{x\to 2} f(x) = 3$,$\lim\limits_{x\to 1} f(x) = 2$

4. (1) 1,1,1　(2) -1, 1, 不存在　(3) $-\frac{\pi}{2}$, $\frac{\pi}{2}$,不存在　(4) 0, 0, 0

5. $a = 2$ 或 $a = -1$

6. $a = 2$, $b = -3$

7. (1) B　(2) D　(3) B　(4) D　(5) C

8. (1) 无穷小　(2) 无穷大　(3) 无穷大　(4) 既不是无穷大也不是无穷小　(5) 无穷小　(6) 无穷小

9. (1) 0　(2) 0　(3) 不存在　(4) 0　(5) 不存在　(6) 0

习题　2.3

1. (1) 2　(2) $\frac{2}{3}$　(3) 2　(4) $\frac{3}{2}$　(5) $\frac{n}{m}$　(6) $2a$　(7) 0　(8) $\left(\frac{3}{2}\right)^{200}$　(9) 0　(10) 1　(11) $\frac{1}{3}$　(12) 0　(13) $-\frac{1}{2}$　(14) 1

2. (1) 对　(2) 不对,反例:$f(x) = \frac{1}{x}$,$g(x) = x - \frac{1}{x}$,$x \to 0$

3. $a = 3$,$k = \frac{5}{4}$

4. $a = -4$,$b = -1$. $\lim\limits_{x\to 1} f(x) = -3$,$\lim\limits_{x\to -1} f(x) = -5$

5. -3

6. (1) $a = 1$　(2) $\lim\limits_{x\to 1} f(x) = -2$

习题　2.4

1. (1) $\frac{1}{3}$　(2) $\frac{a}{b}$　(3) $\frac{1}{3}$　(4) x　(5) $\frac{4}{3}$　(6) 2　(7) $-\frac{\pi}{2}$　(8) 1　(9) 1　(10) e^{-4}

(11) e^3 (12) e^3 (13) e^{-1} (14) e^4 (15) $\frac{1}{e}$ (16) $\frac{1}{2}$ (17) 1 (18) α

2. $c = \ln 2$

3. $\lim\limits_{x\to 0} f(x) = 1$

4. $a = -2$, $b = -\frac{1}{2}$

5. $a = -\frac{2}{\pi e}$

习题 2.5

2. 2 阶

3. (1) 4 (2) $n > m, 0; n = m, 1; n < m, \infty$ (3) $\frac{1}{2}$ (4) 1 (5) $\frac{1}{2}$ (6) $-\frac{1}{6}$ (7) $\ln 2$

(8) -2 (9) $\frac{3}{2\ln 3}$ (10) $\frac{1}{2}$

4. $a = \pm 1$, $b = 0$

5. $a = -2$, $b = 1$

6. $a = -1$, $b = 1$

习题 2.6

1. (1) 1.75, -1.25 (2) 二,无穷 (3) 第一,跳跃 (4) -1 (5) 2 (6) $(1,2) \cup (2, +\infty)$

2. (1) D (2) C

3. (1) $f(x)$ 在 $x = 1$ 处连续

(2) $x = -1$ 是(第一类) 可去型间断点,$x = 5$ 是(第二类) 无穷型间断点

(3) $x = 0$ 是(第二类) 无穷型间断点

(4) $x = 0$ 是(第二类) 无穷型间断点

(5) $x = 0$ 是(第二类) 振荡型间断点

(6) $x = 0$ 是(第一类) 跳跃型间断点

(7) $x = 1$ 是 $f(x)$ 的连续点

(8) $x = 1$ 是 $f(x)$ 的连续点

4. (1) $a = 1$, $b = 1$ (2) $a = -1, b = 2$ (3) $a = 0$, $b = -\frac{\pi}{4}$ (4) $a = 4$, $b = -\frac{1}{4}$

5. $f(0) = e^2$, $a = e^2 - 1$

6. $f(0) = \frac{1}{2}$

7. $a = b = -1$

8. 连续区间:$(-\infty, -3) \cup (-3, 2) \cup (2, +\infty)$,$\lim\limits_{x\to 0} f(x) = \frac{1}{2}$,$\lim\limits_{x\to -3} f(x) = -\frac{8}{5}$,$\lim\limits_{x\to 2} f(x) = \infty$

9. (1) $\sqrt{3}$ (2) 1 (3) $\frac{2\sqrt{2}}{3}$ (4) 1 (5) $\frac{\pi}{6}$ (6) $-\frac{1}{2a}$ (7) $\frac{3}{\ln a}$ (8) a (9) e^2 (10) e

(11) e^{-1}　(12) $e^{-\frac{\pi^2}{8}}$

10. $a=-\ln 2$

11. $a=1,\ b=-1$

12. $a=-2, b=-2,\ c=-1$

复 习 题 二

一、单项选择题

1. C　**2.** A　**3.** D　**4.** C　**5.** D　**6.** C　**7.** B　**8.** D　**9.** D　**10.** A　**11.** B　**12.** A　**13.** B　**14.** B　**15.** B　**16.** B　**17.** D　**18.** D　**19.** B　**20.** B

二、填空题

1. $\frac{1}{2}$　**2.** $\frac{1}{e}$　**3.** 1　**4.** $\frac{a}{\ln a}$　**5.** 1　**6.** 1　**7.** 0　**8.** $\frac{9}{2}$　**9.** 不存在　**10.** 3　**11.** 0

12. 0^+　**13.** $+\infty$　**14.** $\ln 2$　**15.** $a=4, b=4$　**16.** $[0,\ 3)$　**17.** $x=1, x=0$　**18.** $a=\pi+2$

19. $e^{-2}, 2e^{-2}$　**20.** 3

三、计算题、证明题

1. (1) 1　(2) 3　(3) 2^{-16}　(4) $\frac{4}{3}$　(5) $\frac{1}{2}$　(6) $\frac{1}{2}$　(7) $\frac{2}{\pi}$　(8) e^{-5}　(9) e^2　(10) e^{-2}

(11) 2　(12) e^6　(13) 3　(14) $\frac{1}{3}$　(15) $\frac{1}{2}$　(16) $\frac{1}{e}$　(17) 0　(18) $\frac{1}{10}$　(19) 1　(20) $-\frac{\sqrt{2}}{6}$

(21) 2　(22) $\frac{1}{4}$

2. $a=-3, b=4$

3. (1) $a=-5,\ b=0$　(2) $b\neq 0, a$ 任意

4. $a=-\frac{1}{3}, b=-\frac{2}{3}, k=-\frac{7}{4}$

5. $a=-\frac{1}{2}$

6. $a=2, b=-2$

7. $(-\infty,1)\cup(1,4)\cup(4,+\infty), (-\infty,0)\cup(0,+\infty)$

8. (1) 第二类无穷型间断点　(2) 第一类跳跃型间断点　(3) 连续点　(4) 第一类跳跃型间断点

9. 间断点 $x=0$,第二类无穷型

10. $a=1, b=\frac{1}{2}$

11. (1) 无穷小, $3x+x^2-5x^4=O(x)(x\to 0)$　(2) 无穷小, $\sqrt[5]{x^4}-\sqrt[3]{x^2}=o(x)(x\to 0)$

(3) 无穷小,但不可比较　(4) 无穷小, $1-\cos^2 x=o(x)(x\to 0)$

(5) 无穷小, $\sin(\tan x)\sim x(x\to 0)$　(6) 不是无穷小

12. $a=2,\ b=1,\ c=\frac{5}{4}$

第 三 章

习题 3.1

1. (1) $f'(a)$ (2) $-f'(x_0)$ (3) $f'(x_0)$ (4) $2f'(x_0)$ (5) $f'(0)$ (6) $f'(a)$

2. $n!$

3. (1) 切线方程:$y-\frac{\sqrt{3}}{2}=\frac{1}{2}\left(x-\frac{\pi}{3}\right)$,法线方程:$y-\frac{\sqrt{3}}{2}=-2\left(x-\frac{\pi}{3}\right)$

(2) 切线方程:$y-\ln 2=\frac{1}{2}(x-2)$

4. 在 $x=0$ 处不连续、不可导,在 $x=1$ 处连续且可导,在 $x=2$ 处连续但不可导

5. $a=4,b=-5$

6. $k>1$

习题 3.2

1. (1) $y'=1+\frac{1}{2\sqrt{x}}+\frac{1}{3}x^{-\frac{2}{3}}$ (2) $y'=e^x+ex^{e-1}$ (3) $y'=\frac{2(1+x^2)}{(1-x^2)^2}$

(4) $y'=-\frac{1}{2}x^{-\frac{3}{2}}-\frac{1}{2\sqrt{x}}+\frac{1}{6}x^{-\frac{7}{6}}$ (5) $y'=10xe^x+5x^2e^x$ (6) $y'=\frac{2x-x^2}{e^x}$

(7) $y'=e^x(3\sin x-\cos x)$ (8) $y'=\frac{1-\ln x}{x^2}$ (9) $y'=\frac{-2\cos x}{(1+2\sin x)^2}$

(10) $y'=\tan x+x\sec^2 x+7$ (11) $y'=\frac{1}{2\sqrt{x}}\cdot\arctan x+\frac{\sqrt{x}}{1+x^2}+nx^{n-1}\ln x+x^{n-1}$

(12) $y'=2xe^x\arcsin x+x^2e^x\arcsin x+\frac{x^2e^x}{\sqrt{1-x^2}}$ (13) $y'=\frac{-2}{x(1+\ln x)^2}$

(14) $y'=\frac{(\ln x+1)(1+x)-x\ln x}{(1+x)^2}$ (15) $y'=\frac{(x+1)e^x\sin x-(xe^x-1)\cos x}{\sin^2 x}$

(16) $y'=\frac{5}{1+\cos x}$ (17) $y'=-\frac{1}{2x\sqrt{x}}+2x-2^x\ln 2+\frac{1}{x}-1$

(18) $y'=\sec x\tan^2 x+\sec^3 x+x^{-\frac{2}{3}}\arctan x+\frac{3\sqrt[3]{x}}{1+x^2}$ (19) $y'=2^x\ln 2+4x^3+\frac{3}{x\ln 3}$

(20) $y'=\frac{ad-bc}{(cx+d)^2}$

2. (1) $y'=24x^2(2x^3+5)^3$ (2) $y'=-\frac{x}{\sqrt{1-x^2}}$ (3) $y'=2\cos(2x+3)$

(4) $y'=-10\cos x\cdot(3-2\sin x)^4$ (5) $y'=e^{-x}-2e^{-2x}$ (6) $y'=\frac{1}{2}\sec\frac{x+1}{2}\tan\frac{x+1}{2}$

(7) $y'=-\frac{1}{1+x^2}$ (8) $y'=\frac{1}{x\ln x\ln\ln x}$ (9) $y'=\frac{2\arctan x}{1+x^2}$

(10) $y' = 4\cot 2x$　(11) $y' = -9(3x+1)^2\csc(3x+1)^3\cot(3x+1)^3$

(12) $y' = \dfrac{1}{\sqrt{4-x^2}}$　(13) $-\dfrac{2e^{2x}}{1+e^{4x}}$　(14) $y' = \dfrac{e^{\arctan\sqrt{x}}}{2\sqrt{x}(1+x)}$

(15) $-\dfrac{1}{x^2}e^{\sin\frac{1}{x}}\cos\dfrac{1}{x}$　(16) $y' = -\dfrac{1}{2\sqrt{x}}e^{\sqrt{x}}\tan(e^{\sqrt{x}})$

3. (1) $y' = \dfrac{1}{2}\sec^2\dfrac{x}{2} + 3\cos 3x$　(2) $y' = \dfrac{1}{(1+x^2)^{3/2}}$　(3) $y' = \dfrac{4x}{x^4-1}$

(4) $y' = -6e^{-2x}\sin(3x+5) + 9e^{-2x}\cos(3x+5)$　(5) $y' = 2^{\frac{x}{\ln x}} \cdot \ln 2 \cdot \dfrac{\ln x - 1}{\ln^2 x}$

(6) $y' = (-2x+2)e^{-x^2+2x}$　(7) $y' = \sin 2x \cdot \sin(x^2) + 2x\sin^2 x \cdot \cos(x^2)$.

(8) $y' = \dfrac{e^x + xe^x + 2x}{2\sqrt{xe^x + x^2}}$　(9) $y' = \dfrac{4x(1+x^2)^{-\frac{1}{3}}}{(1+x^2)^{\frac{2}{3}} - 1}$　(10) $y' = -\dfrac{1}{x^2+1}$

(11) $y' = \sqrt{a^2-x^2}$　(12) $y' = \sec x$　(13) $y = \left(\dfrac{b}{a}\right)^x \ln\dfrac{b}{a} - \dfrac{a}{x}\left(\dfrac{b}{x}\right)^a$

(14) $y' = \dfrac{a}{a^2+x^2}$　(15) $y' = 2\cos\ln x$　(16) $y' = \arctan x$　(17) $y' = 2e^x\sqrt{1-e^{2x}}$

(18) $y' = \dfrac{1}{2\sqrt{x+\sqrt{x+\sqrt{x}}}}\left[1 + \dfrac{1}{2\sqrt{x+\sqrt{x}}}\left(1+\dfrac{1}{2\sqrt{x}}\right)\right]$　(19) $y' = \dfrac{4}{(e^t+e^{-t})^2}$　(20) $y' = \arccos\dfrac{x}{2}$

4. (1) $y' = -\dfrac{1}{x^2}f'\left(\dfrac{1}{x}\right)$　(2) $y' = (\ln x + 1)f'(x\ln x)$　(3) $y' = e^{f(x)} \cdot f'(x)$

(4) $y' = \sin 2x[f'(\sin^2 x) - f'(\cos^2 x)]$　(5) $y' = -2\tan x \cdot f(\ln\cos x) \cdot f'(\ln\cos x)$

(6) $y' = 2xf'(x^2)f^2(x) + 2f(x^2) \cdot f(x) \cdot f'(x)$

5. $3x - y + 3 = 0, 3x - y - 1 = 0$

6. $a = \dfrac{1}{2e}, 2x - 2\sqrt{e}y - 1 = 0$

7. $y = -x + 2, y = -(10+6\sqrt{3})(x-2), y = -(10-6\sqrt{3})(x-2)$

9. $$f'(x) = \begin{cases} \dfrac{1}{1+x}, & x > 0 \\ 1, & x = 0 \\ \dfrac{x\sin 2x - \sin^2 x}{x^2}, & x < 0 \end{cases}$$

习题 3.3

1. (1) $y'' = 6x\ln x + 5x$　(2) $y'' = 2(1+4x+2x^2)e^{2x}$　(3) $y'' = (\sin x + \cos^2 x)e^{-\sin x}$

(4) $y'' = -3x(1+x^2)^{-\frac{5}{2}}$　(5) $y'' = 2\arctan x + \dfrac{2x}{1+x^2}$　(6) $y'' = \dfrac{-4x}{(4+x^2)^2}$

(7) $y'' = -\dfrac{\sin(\ln x)}{x}$　(8) $y'' = -\dfrac{x}{(1+x^2)^{\frac{3}{2}}}$

2. (1) $y'' = \sin^2 x \cdot f''(\cos x) - \cos x \cdot f'(\cos x)$　(2) $y'' = e^{f(x)}[f'^2(x) + f''(x)]$

(3) $y'' = \dfrac{-2f \cdot f' + xf \cdot f'' - xf'^2}{f^2}$

3. (1) $y^{(n)} = \dfrac{(-1)^n n!2^n}{(2x-3)^{n+1}}$ (2) $y^{(n)} = (-1)^n(x-n)\mathrm{e}^{-x}$

(3) $y^{(n)} = \alpha(\alpha-1)\cdots(\alpha-n+1)x^{\alpha-n}$ (4) $y^{(n)} = 2^{n-1}\sin\left[2x+(n-1)\cdot\dfrac{\pi}{2}\right]$

(5) $y^{(n)} = \dfrac{(-1)^{n-1}(n-1)!}{(x-1)^n}$ (6) $y^{(n)} = (-1)^n \dfrac{2 \cdot n!}{(x+1)^{n+1}}$

(7) $y^{(n)} = (-1)^n n!\left[\dfrac{1}{(x-2)^{n+1}} - \dfrac{1}{(x-1)^{n+1}}\right]$ (8) $y^{(n)} = n!$

4. $y^{(50)} = 2^{50}\left(-x^2\sin 2x + 50x\cos 2x + \dfrac{1225}{2}\sin 2x\right)$

6. $y^{(n)}\big|_{x=\mathrm{e}} = \dfrac{1}{\mathrm{e}}$

7. $f^{(n)}(x) = n!f^{n+1}(x)$

习题 3.4

1. (1) $y' = -\dfrac{b^2x}{a^2y}$ (2) $y' = -\dfrac{\sqrt{y}}{\sqrt{x}}$ (3) $y' = \dfrac{\sin(y-x) - y\cos x}{\sin x + \sin(y-x)}$

(4) $y' = \dfrac{y\cos(xy)}{1 - x\cos(xy)}$ (5) $y' = \dfrac{y-2x}{2y-x}$ (6) $y' = \dfrac{y - \mathrm{e}^{x+y}}{\mathrm{e}^{x+y} - x} = \dfrac{y-xy}{xy-x}$

(7) $y' = \dfrac{y-x}{x+y}$ (8) $y' = \dfrac{(1+y^2)\mathrm{e}^x}{1-(1+y^2)\mathrm{e}^y}$ (9) $y' = \dfrac{y(y-x\ln y)}{x(x-y\ln x)}$

(10) $y' = -\csc^2(x+y)$ (11) $y' = -\dfrac{y^2}{xy+1}$ (12) $y' = \dfrac{(1+2xy)\sqrt{2xy} - y}{(1-x^2)\sqrt{2xy} + x}$

2. (1) -2 (2) $-\dfrac{1}{2}$ (3) $-\dfrac{1}{2\pi}$ (4) $-\dfrac{1}{4}$ (5) 2 (6) $-\dfrac{4}{3}$

3. (1) $\dfrac{\mathrm{e}^{2y}(3-y)}{(2-y)^3}$ (2) $-2\csc^2(x+y)\cdot\cot^3(x+y)$ (3) $-\dfrac{2}{(2y+1)^3}$ (4) $-\dfrac{y}{(y-1)^3}$

(5) $-\dfrac{1}{16}$ (6) $\pi+2$

4. (1) $y' = x^{x^2}\cdot x(2\ln x+1)$ (2) $y' = \left(1+\dfrac{1}{x}\right)^x\left[\ln\left(1+\dfrac{1}{x}\right) - \dfrac{1}{1+x}\right]$

(3) $y' = x\cdot\sqrt{\dfrac{1-x}{1+x}}\cdot\left[\dfrac{1}{x} - \dfrac{1}{1-x^2}\right]$

(4) $y' = \dfrac{1-x}{x^2}\sqrt{\dfrac{7-x}{(x-4)^2}}\cdot\left[-\dfrac{1}{1-x} - \dfrac{2}{x} - \dfrac{1}{2(7-x)} - \dfrac{1}{x-4}\right]$

(5) $y' = \left(\dfrac{a}{b}\right)^x\left(\dfrac{b}{x}\right)^a\left(\dfrac{x}{b}\right)^b\left[\ln\dfrac{a}{b} - \dfrac{a}{x} + \dfrac{b}{x}\right]$

(6) $x(\sin x)^{\cos x}\left(\dfrac{1}{x} - \sin x\cdot\ln\sin x + \dfrac{\cos^2 x}{\sin x}\right)$

5. $x \pm y + 1 = 0$

6. $y-\sqrt{3}b=\frac{2b}{\sqrt{3}a}(x-2a)$, $y-\sqrt{3}b=-\frac{\sqrt{3}a}{2b}(x-2a)$

习题　3.5

1. (1) 0.0005　(2) 0.099

2. (1) $\mathrm{d}y=\left(\sec^2 x-\frac{1}{2}x^{-\frac{3}{2}}\right)\mathrm{d}x$　(2) $\mathrm{d}y=\sin\frac{1}{1+\sqrt{x}}\cdot\frac{1}{2\sqrt{x}(1+\sqrt{x})^2}\mathrm{d}x$

(3) $\mathrm{d}y=\frac{1+x^2}{(1-x^2)^2}\mathrm{d}x$　(4) $\mathrm{d}y=2\cos(\ln x)\mathrm{d}x$　(5) $\mathrm{d}y=\left[\arctan\sqrt{x}+\frac{\sqrt{x}}{2(1+x)}\right]\mathrm{d}x$

(6) $\mathrm{d}y=\mathrm{e}^x(\sin^2 x+\sin 2x)\mathrm{d}x$　(7) $\mathrm{d}y=\mathrm{e}^{-x}[\sin(3-x)-\cos(3-x)]\mathrm{d}x$

(8) $\mathrm{d}y=\frac{1+\ln^2 x}{(x-x\ln x)^2}\mathrm{d}x$　(9) $\mathrm{d}y=x^x(\ln x+1)\mathrm{d}x$　(10) $\mathrm{d}y=\frac{1}{2}\mathrm{d}x$

3. (1) $\mathrm{d}y=\frac{2+\ln(x-y)}{3+\ln(x-y)}\mathrm{d}x$　(2) $\mathrm{d}y=\frac{\cos y-\cos(y-x)}{x\sin y-\cos(y-x)}\mathrm{d}x$

(3) $\mathrm{d}y=\frac{\mathrm{e}^y}{2y-x\mathrm{e}^y}\mathrm{d}x$　(4) $\mathrm{d}y=\frac{y^2}{x(1-y\ln x)}\mathrm{d}x$

4. (1) $\sqrt[3]{1.02}\approx 1+\frac{1}{3}\times 0.02\approx 1.00667$　(2) $\sqrt[5]{248}\approx 3(1+\frac{1}{5}\times\frac{5}{243})\approx 3.0123$

(3) $\mathrm{e}^{1.01}\approx \mathrm{e}(1+0.01)=1.01\mathrm{e}$　(4) $\ln 1.01\approx 0.01$

5. $\mathrm{d}V=30$, $\Delta V=30.301$

6. $\mathrm{d}S=2\pi$, $\Delta S=2.01\pi$

复 习 题 三

一、单项选择题

1. D　2. B　3. D　4. C　5. A　6. A　7. D　8. B　9. D　10. B　11. C　12. C　13. D　14. A　15. A　16. C　17. A　18. B　19. B　20. B

二、填空题

1. $3f^2(x_0)f'(x_0)$　2. (1, 1)　3. $\frac{1}{2}f'(0)$　4. $\frac{1}{2}$; 0　5. $2^x(\ln 2)^2+2$

6. $\sin 3x$; $2^{\sin 3x}\ln 2\cdot\cos 3x$; $3\ln 2\cos 3x\cdot 2^{\sin 3x}$　7. $-a$　8. $a=0, b=1$　9. $-\frac{2}{x^2}$

10. $y+\mathrm{e}x-2\mathrm{e}=0$　11. 1　12. $y=\mathrm{e}x+1$　13. 2.01　14. $2(-1)^n n!(1+x)^{-(n+1)}$

15. 0　16. $2x_0^2\mathrm{d}x, 2x_0^2$　17. $k>1$　18. $f'(x)=\begin{cases}\frac{1}{x}, & x>1\\ 4x, & x<1\end{cases}$　19. 3　20. $f'(0)$

三、计算题

1. (1) $f'_-(0)=1, f'_+(0)=0, f'(0)$ 不存在　(2) $f'_-(0)=0, f'_+(0)=0, f'(0)=0$.

2. $f'(x)=\begin{cases}\cos x, & x<0\\ 1, & x\geqslant 0\end{cases}$

3. 48！

4. $f'(1) = -\varphi(1)$

5. （1）$y' = -2e^{-x^2}(x\cos 2x + \sin 2x)$　（2）$y' = \dfrac{e^x - 1}{1 + e^{2x}}$　（3）$y' = 9x^2 \arcsin x$

（4）$y' = x^{2^x} \cdot 2^x \left[\ln 2 \cdot \ln x + \dfrac{1}{x}\right]$　（5）$\left.\dfrac{dy}{dx}\right|_{x=0} = -(e+1)$　（6）$dy = 2\sqrt{1+x^2}\,dx$

（7）$y' = x(\sin x)^{\cos x}\left[\dfrac{1}{x} - \sin x \cdot \ln(\sin x) + \cos x \cdot \cot x\right]$　（8）$dy = \ln(1 + x + \sqrt{2x + x^2})dx$

（9）$\dfrac{dy}{dx} = \dfrac{1 + \ln x}{1 + \ln y}$　（10）$\dfrac{1}{x}f'(\ln x)e^{f(x)} + f(\ln x)e^{f(x)}f'(x)$　（11）$\dfrac{f(x)f'(x) + g(x)g'(x)}{\sqrt{f^2(x) + g^2(x)}}$

6. （1）$\dfrac{(-1)^n(n-2)!}{x^{n-1}}$　（2）$2^{n-1}\sin\left[2x + (n-1)\dfrac{\pi}{2}\right]$　（3）$(-1)^n \dfrac{n!}{5}\left[\dfrac{1}{(x-2)^{n+1}} - \dfrac{1}{(x+3)^{n+1}}\right]$

7. $f'(t) = (1 + 2t^2)e^{t^2}$

8. $\arctan 1.02 \approx \dfrac{\pi}{4} + \dfrac{1}{2} \times 0.02 \approx 0.7954$

9. $a = 6, b = -2, f'(x) = \begin{cases} -4x, & x \leqslant 1 \\ -\dfrac{4}{x^2}, & x > 1 \end{cases}$

10. $y = 4x + 6$

11. $y = x - 1$

12. （1）$a = \dfrac{1}{e}$，切点$(e^2, 1)$　（2）$y - 1 = \dfrac{1}{2e^2}(x - e^2)$

13. 提示：$f(x+4) = f(x), f'(x+4) = f'(x), k = -2$

14. 约减少 43.63 cm^2，约增加 104.72 cm^2

第　四　章

习题　4.1

1. （1）$\xi = \dfrac{\pi}{2}$　（2）$\xi = 0$　（3）$\xi = 1$

2. （1）$\xi = \sqrt{\dfrac{4}{\pi} - 1}$　（2）$\xi = e - 1$

3. 方程 $f'(x) = 0$ 所有的三个实根，分别在区间(1,2)，(2,3) 及(3,4) 内．

习题　4.2

1. （1）0　（2）∞　（3）$-\dfrac{1}{8}$　（4）$-\dfrac{1}{6}$　（5）-2　（6）0　（7）-1　（8）1　（9）0　（10）1

（11）0　（12）$\dfrac{\pi}{8}$　（13）$\dfrac{1}{2}$　（14）$\dfrac{2}{3}$　（15）1　（16）e^2　（17）1　（18）$e^{-\frac{2}{\pi}}$

2. 1

3. $\lim\limits_{x\to 1}f(x)\neq f(1)$，所以函数在 $x=1$ 处不连续.若令$f(1)=-\dfrac{4}{\pi^2}$,则函数在 $x=1$ 处连续.

习题 4.3

1. (1) 单调递增区间$(-\infty,-1)$,$(2,+\infty)$;单调递减区间$(-1,2)$;
极大值 $f(-1)=28$;极小值 $f(2)=1$.

(2) 单调递增区间$\left(\dfrac{1}{e},+\infty\right)$,单调递减区间$\left(0,\dfrac{1}{e}\right)$,极小值 $f\left(\dfrac{1}{e}\right)=-\dfrac{1}{e}$.

(3) 单调递增区间$(-\infty,-2)$,$\left(-\dfrac{4}{5},+\infty\right)$;单调递减区间$\left(-2,-\dfrac{4}{5}\right)$;

极大值 $f(-2)=0$;极小值 $f\left(-\dfrac{4}{5}\right)=-8.39808$.

(4) 单调递增区间$(0,1)$,$(2,+\infty)$;单调递减区间$(-\infty,0)$,$(1,2)$;
极大值 $f(1)=1$;极小值 $f(0)=0$,$f(2)=0$.

(5) 单调递增区间$(-\infty,-1)$,$(1,+\infty)$;单调递减区间$(-1,0)$,$(0,1)$;
极大值 $f(-1)=-2$,极小值 $f(1)=2$.

3. (1) 最大值为 $f(8)=14$，最小值为 $f(-1)=-4$.

(2) 最大值为 $f(4)=\dfrac{3}{5}$，最小值为 $f(0)=-1$.

(3) 无最大值，最小值为 $f(0)=2$.

(4) 最大值为 $f(1)=2$，最小值为 $f(-1)=-10$.

4. $-\dfrac{1}{3}\leqslant k\leqslant 0$

5. 当切点为$\left(1,\dfrac{1}{e}\right)$时,面积取到最大值，$S_{\max}=\dfrac{2}{e}$.

习题 4.4

1. (1) 曲线在$(-\infty,1]$是下凹的;曲线在$[1,+\infty)$是上凹的,拐点为$\left(1,\dfrac{4}{3}\right)$.

(2) 曲线的上凹区间是$\left(-\infty,-\dfrac{1}{\sqrt{2}}\right]$和$\left[\dfrac{1}{\sqrt{2}},+\infty\right)$,下凹区间是$\left[-\dfrac{1}{\sqrt{2}},\dfrac{1}{\sqrt{2}}\right]$. 点$\left(-\dfrac{1}{\sqrt{2}},\dfrac{1}{\sqrt{e}}\right)$和$\left(\dfrac{1}{\sqrt{2}},\dfrac{1}{\sqrt{e}}\right)$是拐点.

(3) 曲线的上凹区间是$(2,+\infty)$,下凹区间是$(-\infty,2)$,拐点$(2,2e^{-2})$.

(4) 曲线的上凹区间是$\left(-\dfrac{1}{5},+\infty\right)$,下凹区间是$\left(-\infty,-\dfrac{1}{5}\right)$,拐点$\left(-\dfrac{1}{5},-\dfrac{6}{5}\dfrac{1}{\sqrt[3]{25}}\right)$.

2. (1) 曲线的铅直渐近线 $x=-1$;斜渐近线 $y=x-5$,该曲线无水平渐近线.

(2) 曲线的铅直渐近线 $x=0$;斜渐近线 $y=x$,该曲线无水平渐近线.

(3) 曲线的水平渐近线 $y=0$.

(4) 曲线的铅直渐近线 $x=1$, $x=4$. 斜渐近线 $y=2x+10$.

(5) 曲线的斜渐近线 $y=x+\frac{\pi}{2}$, $y=x-\frac{\pi}{2}$.

(6) 曲线的铅直渐近线 $x=1$,斜渐近线 $y=4x$.

3. $a=0, b=-1, c=3$

习题 4.5

1. $R'(50)=11.5, \Delta R=R(51)-R(50)=11.5302$

2. $C(50)=20375, \bar{C}(50)=407.5, C'(50)=17.5$

3. $R(50)=9975, \bar{R}(50)=\frac{9975}{50}=199.5, R'(50)=(200-0.02x)\big|_{x=50}=199$

4. (1) $C(x)=20x+60000, C'(x)=20x$ (2) $R(x)=60x-\frac{x^2}{1000}, R'(x)=60-\frac{x}{500}$

(3) $\eta=\frac{-p}{60-p}$

5. (1) $\eta=\frac{x'P}{x}=-\frac{P}{16-P}$.

(2) $P=6$ 时, $\eta=-0.6$. 经济意义:在价格水平 $P=6$ 下,若价格上涨 1%,则需求下降 0.6%.

(3) $P=6$ 时,若价格上调 3%,需求将减少 1.8%.

7. (1) $C'(3)=6$. (2) $\bar{C}(3)=6$.

8. 当 $Q=1.25$ 时利润最大,最大利润为 $L_{\max}=6.25$.

9. 故当 $P=14.5$ 时利润最大,最大利润为 $L_{\max}=451.25$.

10. (1) 可以获利的销售量范围 $2<Q<12$. (2) 当 $Q=7$ 千袋时利润最大.

11. $Q=250$ 是 $C(Q)$ 的极小值点,即批量为 250 台时,一年存货总费用最少.

复习题四

一、单项选择题

1. D **2.** A **3.** A **4.** A **5.** C **6.** C **7.** D **8.** D **9.** D **10.** A **11.** B **12.** B **13.** A **14.** C
15. C

二、填空题

1. $\frac{1}{\ln 2}-1$ **2.** $\frac{\pi}{2}$ **3.** $-\frac{1}{2}$ **4.** $x=-1$ 取得极小值 **5.** $(-1, 0)$, $(0, 1)$ **6.** $\frac{1}{3}$ **7.** $(0, 0)$
8. $(-1,1)$ **9.** $y=0$ **10.** $x=1$

三、计算题

1. 1 **2.** 1 **3.** $-\frac{e}{2}$ **4.** $e^{\cot a}$ **5.** $\sqrt{6}$ **6.** 0

7. (1) 函数的递增区间 $(0,1)$;递减区间 $(-\infty,0)$, $(1,+\infty)$;极小值 0.

(2) 上凹区间 $\left(-\frac{1}{2},1\right)$, $(1,+\infty)$;下凹区间 $\left(-\infty,-\frac{1}{2}\right)$;拐点 $\left(-\frac{1}{2},\frac{2}{9}\right)$.

8. $a=2$，$b=3$

9. $a=1, b=-3, c=3, d=0$

10. 渐近线 $y=2x-2$，$y=0$

11. $x=-2$ 为极小值点

四、应用题

1. (1) $p=2$ 时总收益最大. (2) 此时需求量为 8.

2. (1) 飞机票的价格函数为 $P=\begin{cases}900, & 1\leqslant x\leqslant 30\\ 900-10(x-30), & 30<x\leqslant 75\end{cases}$.

(2) 每团人数为 60 人时，旅行社可获最大利润. 最大利润为 21000 元.

3. (1) $Q'=-0.02P$，$Q'(10)=-0.2$，即为 $P=10$ 时的边际需求.

经济意义：$P=10$ 时，价格上涨 1 百元，需求将下降 0.2 吨.

(2) $\eta=-\dfrac{0.02P^2}{12-0.01P^2}$，$\eta(10)=-\dfrac{2}{11}\approx-0.18$.

经济意义：$P=10$ 时，价格上涨 1%，需求将下降 0.18%.

(3) 收益为 $R(P)=PQ=12P-0.01P^3$，$R'(P)=12-0.03P^2$，

$\dfrac{\mathrm{E}R}{\mathrm{E}P}=\dfrac{12P-0.03P^3}{12P-0.01P^3}$，当 $P=10$ 时，$\dfrac{\mathrm{E}R}{\mathrm{E}P}=\dfrac{9}{11}\approx 0.82$.

经济意义：$P=10$ 时，价格上涨 1%，收益将增加 0.82%.

(4) 当 $P=30$ 时，$\dfrac{\mathrm{E}R}{\mathrm{E}P}=-5$.

经济意义：$P=30$ 时，价格上涨 1%，收益将减少 5%.

第　五　章

习题　5.1

1. (1) $\dfrac{1}{3}x^3+x^2+x+C$　(2) $-\dfrac{2}{3}x^{-\frac{3}{2}}+C$　(3) $\dfrac{2}{5}x^{\frac{5}{2}}-2x^{\frac{3}{2}}+C$

(4) $x+2\ln|x|-\dfrac{1}{x}+C$　(5) $3\arctan x-2\arcsin x+C$　(6) $2\mathrm{e}^x+3\ln|x|+C$

(7) $\mathrm{e}^{x-2}+C$　(8) $\dfrac{3^x\mathrm{e}^x}{\ln 3+1}+C$　(9) $\mathrm{e}^x-2\sqrt{x}+C$

(10) e^x+x+C　(11) $2x-\dfrac{5\cdot 2^x}{3^x(\ln 2-\ln 3)}+C$　(12) $\dfrac{x}{2}-\dfrac{\sin x}{2}+C$

(13) $\tan x-\sec x+C$　(14) $-\dfrac{1}{2}\cot x+C$　(15) $-(\cot x+\tan x)+C$

(16) $\sin x-\cos x+C$　(17) $\dfrac{1}{2}\tan x+\dfrac{1}{2}x+C$　(18) $x^3+\arctan x+C$

(19) $x-\arctan x+C$　(20) $2\arctan x-x+C$

2. $\dfrac{-1}{x\sqrt{1-x^2}}$ **3.** $f'(x)=\dfrac{2}{x^3}$ **4.** $-\cos x+C_1x+C_2$ **5.** $y=\ln|x|+1$

6. $s(t)=t^3$，6s **7.** $C(x)=x^2+5x+50$ **8.** $Q=1000\cdot\left(\dfrac{1}{3}\right)^P$

9. $R(x)=200x-\dfrac{1}{100}x^2$，$R(2000)=360000$，$\bar{R}(2000)=180$

习题 5.2

1. (1) $\dfrac{1}{a}$ (2) $\dfrac{1}{7}$ (3) $-\dfrac{1}{2}$ (4) $\dfrac{1}{12}$ (5) $\dfrac{1}{3}$ (6) -2 (7) -2 (8) 1 (9) $-\dfrac{1}{5}$ (10) $\dfrac{1}{3}$

(11) -1 (12) $\dfrac{1}{3}$ (13) 2 (14) -1

2. (1) $\dfrac{1}{12}(2x-3)^6+C$ (2) $\dfrac{1}{2}\ln|2x+5|+C$ (3) $-\dfrac{1}{2}(2-3x)^{2/3}+C$

(4) $\dfrac{1}{2}\ln(x^2+2)+C$ (5) $\ln(x^2-x+1)+C$ (6) $-\dfrac{3}{4}\ln|1-x^4|+C$

(7) $\dfrac{1}{5}e^{5x}+C$ (8) $-\dfrac{1}{2}e^{-x^2}+C$ (9) $-e^{\frac{1}{x}}+C$

(10) $\ln(e^x+1)+C$ (11) $2e^{\sqrt{x}}+C$ (12) $\ln|\ln x|+C$

(13) $\dfrac{(\ln x)^3}{3}+C$ (14) $\ln|\ln\ln x|+C$ (15) $-\dfrac{1}{x\ln x}+C$

(16) $\dfrac{\sin ax}{a}+C$ (17) $\cos\dfrac{1}{x}+C$ (18) $\sin e^x+C$

(19) $\dfrac{1}{4}\sin x^4+C$ (20) $\dfrac{1}{6}\sin^6x+C$ (21) $\dfrac{x}{2}+\dfrac{1}{12}\sin 6x+C$

(22) $\dfrac{1}{11}\tan^{11}x+C$ (23) $\dfrac{1}{3}\sec^3x-\sec x+C$ (24) $\dfrac{1}{2}\tan^2x+\ln|\cos x|+C$

(25) $-\ln|\cos x+\sin x|+C$ (26) $\tan\dfrac{1}{2}x+C$ (27) $-\dfrac{1}{2(\sin x-\cos x)^2}+C$

(28) $\ln|\tan x|+C$ (29) $\ln|x+\sin x|+C$ (30) $\dfrac{10^{\arcsin x}}{\ln 10}+C$

(31) $(\arctan\sqrt{x})^2+C$ (32) $\dfrac{1}{2}\cos x-\dfrac{1}{10}\cos 5x+C$ (33) $\dfrac{1}{3}\sin\dfrac{3x}{2}+\sin\dfrac{x}{2}+C$

(34) $\dfrac{1}{2}\arctan x^2+C$ (35) $\dfrac{1}{3}\ln\left|\dfrac{x-2}{x+1}\right|+C$ (36) $\dfrac{1}{4}\ln\left|\dfrac{2+x}{2-x}\right|+C$

(37) $-2\ln|1-x|-x+C$ (38) $\dfrac{1}{2}x^2-x+\ln|1+x|+C$

习题 5.3

1. (1) $\sqrt{2x}-\ln(1+\sqrt{2x})+C$ (2) $\dfrac{3}{2}(x+1)^{\frac{2}{3}}-3\sqrt[3]{x+1}+3\ln\left|1+\sqrt[3]{x+1}\right|+C$

(3) $6\left(\dfrac{1}{7}\sqrt[6]{x^7}-\dfrac{1}{5}\sqrt[6]{x^5}+\dfrac{1}{3}\sqrt{x}-\sqrt[6]{x}+\arctan\sqrt[6]{x}\right)+C$ (4) $\dfrac{2}{5}(x+1)^{\frac{5}{2}}-\dfrac{2}{3}(x+1)^{\frac{3}{2}}+C$

(5) $\frac{1}{9}(2x+3)^{\frac{9}{4}}-\frac{3}{5}(2x+3)^{\frac{5}{4}}+C$　　(6) $\frac{2}{27}(2-3x)^{\frac{3}{2}}-\frac{4}{9}\sqrt{2-3x}+C$

(7) $\frac{1}{2}\arcsin x-\frac{1}{2}x\sqrt{1-x^2}+C$　　(8) $-\operatorname{sgn}(x)\arcsin\frac{1}{x}+C$

(9) $\frac{x}{\sqrt{1+x^2}}+C$　　(10) $\frac{1}{3}(x^2+1)^{\frac{3}{2}}-\sqrt{x^2+1}+C$

(11) $\frac{1}{2}(\ln(2-\sqrt{4-x^2})-\ln|x|)+C$　　(12) $\sqrt{x^2-4}-2\arccos\frac{2}{x}+C$

(13) $\arcsin x-\frac{x}{1+\sqrt{1-x^2}}+C$　　(14) $\frac{9}{2}\arcsin\frac{x+2}{3}+\frac{x+2}{2}\sqrt{5-4x-x^2}+C$

(15) $\frac{1}{3}\ln\left|3x+\sqrt{9x^2-4}\right|+C$　　(16) $\frac{1}{3}\arcsin\frac{3x}{2}+C$

(17) $\arcsin(2x-1)+C$　　(18) $\frac{1}{3}\ln\left(3x-1+\sqrt{9x^2-6x+7}\right)+C$

(19) $-\frac{1}{7x^7}-\frac{1}{5x^5}-\frac{1}{3x^3}-\frac{1}{x}-\frac{1}{2}\ln\left|\frac{1-x}{1+x}\right|+C$　　(20) $-\frac{1}{7}\ln|1+x^7|+\ln|x|+C$

习题　5.4

1. (1) $-\frac{1}{2}x\cos 2x+\frac{1}{4}\sin 2x+C$　　(2) $-(x^2+2x+2)e^{-x}+C$

(3) $x\arccos x-\sqrt{1-x^2}+C$　　(4) $\frac{1}{3}x^3\arctan x-\frac{1}{6}x^2+\frac{1}{6}\ln(1+x^2)+C$

(5) $-\frac{1}{x}(\ln x+1)+C$　　(6) $x\ln^2 x-2x\ln x+2x+C$

(7) $\frac{1}{2}(x^2-1)\ln(x-1)-\frac{x^2}{4}-\frac{x}{2}+C$　　(8) $2x\sin\frac{x}{2}+4\cos\frac{x}{2}+C$

(9) $-2\sqrt{x}\cos\sqrt{x}+2\sin\sqrt{x}+C$　　(10) $x\ln(x+\sqrt{1+x^2})-\sqrt{1+x^2}+C$

(11) $-e^{-x}\arctan e^x-\frac{1}{2}\ln(e^{-2x}+1)+C$　　(12) $\frac{1}{2}x(\cos\ln x+\sin\ln x)+C$

(13) $\frac{1}{2}e^x-\frac{1}{5}e^x\sin 2x-\frac{1}{10}e^x\cos 2x+C$　　(14) $-\sqrt{1-x^2}\arcsin x+x+C$

(15) $x(\arcsin x)^2+2\sqrt{1-x^2}\arcsin x-2x+C$　　(16) $\frac{e^x}{1+x}+C$

(17) $3e^{\sqrt[3]{x}}(\sqrt[3]{x^2}-2\sqrt[3]{x}+2)+C$　　(18) $\frac{1}{2}e^{\arctan x}\frac{x-1}{\sqrt{x^2+1}}+C$

2. $\cos x-\frac{2\sin x}{x}+C$

3. $-2x^2e^{-x^2}-e^{-x^2}+C$

复 习 题 五

一、单项选择题

1. C　**2.** B　**3.** B　**4.** D　**5.** D　**6.** C　**7.** D　**8.** B　**9.** A　**10.** A　**11.** C　**12.** A　**13.** B　**14.** A

15. B

二、填空题

1. $-2e^{-2x}$　2. $2(2x^2-1)e^{-x^2}$　3. $2\cos 2x+C$　4. $\frac{1}{2}x^2+C$　5. $x+e^x+C$

6. $\frac{1}{2}x^2\ln x-\frac{1}{4}x^2-1$　7. $-\ln x+C$　8. $-\frac{1}{3}\sqrt{(1-x^2)^3}+C$　9. $\frac{1}{3}\sin\sqrt{1+x^3}+C$

10. $\frac{1}{x^3}+C$

三、求下列不定积分

1. $\arcsin\ln x+C$　2. $\frac{1}{2(\ln 3-\ln 2)}\ln\left|\frac{3^x-2^x}{3^x+2^x}\right|+C$

3. $-x+2\ln(e^x+1)+C$　4. $\arcsin^2\sqrt{x}+C$

5. $2\sqrt{x}-2\ln(1+\sqrt{x})+C$　6. $2\sqrt{x+1}\sin\sqrt{x+1}+2\cos\sqrt{x+1}+C$

7. $-\frac{30x+8}{375}(2-5x)^{\frac{3}{2}}+C$　8. $\frac{1}{2}\arctan(\sin^2 x)+C$

9. $-\ln|\cos x|-x+\tan x+C$　10. $\ln|\sec x+\tan x|-\csc x+C$

11. $\ln\left|\frac{\sqrt{1+x^2}-1}{x}\right|+C$　12. $\left(1-\frac{1}{x}\right)\ln(1-x)+C$

13. $\frac{\sqrt{x^2-1}}{x}+\arcsin\frac{\sqrt{x^2-1}}{x}+C$　14. $\frac{1}{3}\ln\left|\frac{3-\sqrt{9-x^2}}{x}\right|+C$

15. $2\ln(\sqrt{x}+\sqrt{1+x})+C$　16. $\ln(x^2-2x+2)-\arctan(x-1)+C$

17. $x\ln(1+x^2)-2x+2\arctan x+C$

18. $x\tan\frac{x}{2}+\ln(1+\cos x)+C$

四、计算题

1. $C(Q)=5Q+12\sqrt{Q}+10$

2. $x+2\ln|x-1|+C$

附录　常用三角函数关系式

三角函数之间的关系式大部分在中学已经详细讲过，只有部分三角函数公式在中学未作要求，这里把微积分中常用的三角函数之间的关系式全部列出来，便于同学们记忆.

1. 同角三角函数的基本关系式

倒数关系：$\sin\alpha\cdot\csc\alpha=1$，$\cos\alpha\cdot\sec\alpha=1$，$\tan\alpha\cdot\cot\alpha=1$.

商数关系：$\tan\alpha=\dfrac{\sin\alpha}{\cos\alpha}$，$\cot\alpha=\dfrac{\cos\alpha}{\sin\alpha}$.

平方关系：$\sin^2\alpha+\cos^2\alpha=1$，$1+\tan^2\alpha=\sec^2\alpha$，$1+\cot^2\alpha=\csc^2\alpha$.

2. 两角和与差的三角函数关系式

(1) 两角和与差的公式：

$\sin(\alpha\pm\beta)=\sin\alpha\cos\beta\pm\cos\alpha\sin\beta$，

$\cos(\alpha\pm\beta)=\cos\alpha\cos\beta\mp\sin\alpha\sin\beta$，

$\tan(\alpha\pm\beta)=\dfrac{\tan\alpha\pm\tan\beta}{1\mp\tan\alpha\tan\beta}$.

(2) 倍角公式：

$\sin2\alpha=2\sin\alpha\cos\alpha$，

$\cos2\alpha=\cos^2\alpha-\sin^2\alpha=2\cos^2\alpha-1=1-2\sin^2\alpha$，

$\tan2\alpha=\dfrac{2\tan\alpha}{1-\tan^2\alpha}$.

降幂公式：$\sin^2\alpha=\dfrac{1-\cos2\alpha}{2}$，$\cos^2\alpha=\dfrac{1+\cos2\alpha}{2}$.

(3) 半角公式：

$\sin\dfrac{\alpha}{2}=\pm\sqrt{\dfrac{1-\cos\alpha}{2}}$，$\cos\dfrac{\alpha}{2}=\pm\sqrt{\dfrac{1+\cos\alpha}{2}}$，

$$\tan\frac{\alpha}{2}=\pm\sqrt{\frac{1-\cos\alpha}{1+\cos\alpha}}=\frac{\sin\alpha}{1+\cos\alpha}=\frac{1-\cos\alpha}{\sin\alpha}.$$

根号前的符号由半角所在象限来决定.

(4) 积化和差公式:

$$\sin\alpha\cos\beta=\frac{1}{2}[\sin(\alpha+\beta)+\sin(\alpha-\beta)],$$

$$\cos\alpha\sin\beta=\frac{1}{2}[\sin(\alpha+\beta)-\sin(\alpha-\beta)],$$

$$\cos\alpha\cos\beta=\frac{1}{2}[\cos(\alpha+\beta)+\cos(\alpha-\beta)],$$

$$\sin\alpha\sin\beta=-\frac{1}{2}[\cos(\alpha+\beta)-\cos(\alpha-\beta)].$$

(5) 和差化积公式:

$$\sin\alpha+\sin\beta=2\sin\frac{\alpha+\beta}{2}\cos\frac{\alpha-\beta}{2},\ \sin\alpha-\sin\beta=2\cos\frac{\alpha+\beta}{2}\sin\frac{\alpha-\beta}{2},$$

$$\cos\alpha+\cos\beta=2\cos\frac{\alpha+\beta}{2}\cos\frac{\alpha-\beta}{2},\ \cos\alpha-\cos\beta=-2\sin\frac{\alpha+\beta}{2}\sin\frac{\alpha-\beta}{2}.$$

$a\sin\alpha+b\cos\alpha=\sqrt{a^2+b^2}\sin(\alpha+\varphi)$(其中 φ 所在位置由 a, b 的符号确定,φ 的值由 $\tan\varphi=\frac{b}{a}$ 确定).

(6) 万能公式:

$$\sin\alpha=\frac{2\tan\frac{\alpha}{2}}{1+\tan^2\frac{\alpha}{2}},\ \cos\alpha=\frac{1-\tan^2\frac{\alpha}{2}}{1+\tan^2\frac{\alpha}{2}},\ \tan\alpha=\frac{2\tan\frac{\alpha}{2}}{1-\tan^2\frac{\alpha}{2}}.$$

(7) 诱导公式:“奇变偶不变,符号看象限”

$\sin(-\alpha)=-\sin\alpha$, $\cos(-\alpha)=\cos\alpha$,

$\tan(-\alpha)=-\tan\alpha$, $\cot(-\alpha)=-\cot\alpha$;

$$\sin\left(\frac{\pi}{2}-\alpha\right)=\cos\alpha,\cos\left(\frac{\pi}{2}-\alpha\right)=\sin\alpha,$$

$$\tan\left(\frac{\pi}{2}-\alpha\right)=\cot\alpha,\cot\left(\frac{\pi}{2}-\alpha\right)=\tan\alpha;$$

$$\sin\left(\frac{\pi}{2}+\alpha\right)=\cos\alpha,\ \cos\left(\frac{\pi}{2}+\alpha\right)=-\sin\alpha,$$

$\tan\left(\frac{\pi}{2}+\alpha\right)=-\cot\alpha$，$\cot\left(\frac{\pi}{2}+\alpha\right)=-\tan\alpha$；

$\sin(\pi-\alpha)=\sin\alpha$，$\cos(\pi-\alpha)=-\cos\alpha$，

$\tan(\pi-\alpha)=-\tan\alpha$，$\cot(\pi-\alpha)=-\cot\alpha$；

$\sin(\pi+\alpha)=-\sin\alpha$，$\cos(\pi+\alpha)=-\cos\alpha$，

$\tan(\pi+\alpha)=\tan\alpha$，$\cot(\pi+\alpha)=\cot\alpha$；

$\sin(2\pi-\alpha)=-\sin\alpha$，$\cos(2\pi-\alpha)=\cos\alpha$，

$\tan(2\pi-\alpha)=-\tan\alpha$，$\cot(2\pi-\alpha)=-\cot\alpha$.